国家社会科学基金项目“半参数函数线性单指标模型的统计推断及其应用研究”

函数型回归模型的统计推断及其应用

唐庆国◎著

STATISTICAL INFERENCE OF FUNCTIONAL REGRESSION MODELS AND THEIR APPLICATION

经济管理出版社
ECONOMY & MANAGEMENT PUBLISHING HOUSE

图书在版编目（CIP）数据

函数型回归模型的统计推断及其应用/唐庆国著．—北京：经济管理出版社，2021.11
ISBN 978-7-5096-8194-7

Ⅰ.①函… Ⅱ.①唐… Ⅲ.①数理统计—应用—统计推断—研究 Ⅳ.①O212

中国版本图书馆 CIP 数据核字（2021）第 240036 号

组稿编辑：魏晨红
责任编辑：魏晨红
责任印制：黄章平
责任校对：董杉珊

出版发行：经济管理出版社
（北京市海淀区北蜂窝 8 号中雅大厦 A 座 11 层 100038）
网　　址：www. E-mp. com. cn
电　　话：（010）51915602
印　　刷：北京市海淀区唐家岭福利印刷厂
经　　销：新华书店
开　　本：720mm×1000mm/16
印　　张：10.5
字　　数：210 千字
版　　次：2021 年 12 月第 1 版　2021 年 12 月第 1 次印刷
书　　号：ISBN 978-7-5096-8194-7
定　　价：68.00 元

前　言

函数型数据分析的主要研究对象是随机过程及其产生的样本。近年来，数据收集和储存技术的不断进步使得人们能够有效地记录和存储图像、网络、传感器以及其他复杂数据的时间过程，函数型数据分析的研究对象更加广泛，包括图像、形状、树、视频、光谱、协方差矩阵及算子等。

函数型数据分析现已成为当今统计界最活跃、最热点的研究分支之一，而函数型回归模型的统计分析是函数型数据分析的主要内容。本书首先介绍了函数型数据分析方面的基础理论、研究方法和最新研究动态，如欧氏空间函数主成分分析、黎曼流形函数主成分分析和随机对象空间函数主成分分析等。本书重点阐述了六类重要函数型回归模型的统计推断以及它们的应用，这些模型包括函数系数模型、函数线性模型、部分函数线性模型、部分函数线性半参数模型、部分函数部分线性单指标模型以及部分函数部分线性可加性模型。对这些模型的研究包括估计方法、计算算法、关键参数选择方法、估计量的理论性质等，也包括稳健性估计、变量选择以及数值模拟和众多的应用等。这些模型既是函数型数据分析中的一些典型模型，也是函数型回归模型中的一些主流模型，这些模型在经济、地质、气象、生态学、传染病学、生物医学、环境科学等社会科学和自然科学领域有着广泛的应用。书中的内容为笔者十多年来在函数型数据分析方面研究成果的梳理和总结，凝聚了笔者十多年来的研究成果的精华，也融合了近年来函数型数据分析的众多新成果和新方法。书中的理论研究成果较丰富，一些主要定理的证明可为年轻学者进入这一领域提供研究方法和研究思路等方面的指引，助力年轻学者快速进入该领域的研究。

目前，国内函数型数据分析方面的专著还很稀缺，在英文专著方面，Springer 出版社曾于 2006 年出版过一本 Ramsay 和 Silverman 合著的 *Functional Data Analysis*（Second Edition）。这本专著为函数型数据分析方面的早期经典之作，该书出版至今虽已十多年，内容虽广，但基本上都是介绍性的，没有展开，未做深入研究，尤其是理论成果欠深刻。经过十多年的迅猛发展，函数型数据分析已涌现出许多新内容、新方法、新理论和新成果，故该书已不能反映近年来函数型数据分析方面的新成果和新动态。

本书注重研究方法、理论结果和应用等方面的阐述，尽可能多地介绍各种典型的方法，运用不同的方法去研究不同的模型。这些方法中既囊括研究函数型数据分析中的常用方法，也包括针对特定模型的特定方法，尽可能做到全面、有重点、不重复。例如，既有广为熟知的函数主成分分析法、局部多项式方法、样条法等，也有分段多项式法、两步法等一些独特方法和技巧。本书的理论性较强，理论结果如估计量的性质等的陈述是本书的一个重点，也是区别于 *Functional Data Analysis* 最为显著的地方。由于函数型数据本身的复杂性，相关的理论性质很难推导，本书对一些具有代表性的典型结果给出了较翔实的推导，以期对初次进入该领域的研究者提供理论研究方面的指引。本书中也有大量的数值计算，包括模拟和应用例子，对那些应用函数型数据分析解决相关具体问题的科研和应用工作者可提供有益的帮助。

书稿虽经笔者多次检查、修改，但疏漏和不足之处仍在所难免，真诚欢迎读者批评指正。

唐庆国

于南京理工大学

2021 年 11 月

目　录

第1章　函数型数据分析简介

1.1　引言

传统函数型数据分析的主要研究对象是随机曲线及其组成的曲线样本。近年来，随着“大数据”时代的到来，在一个密集排列的时间点集上观察更复杂的、通常是非欧几里得的数据变得越来越普遍，数据收集和储存技术的进步使人们能够有效地记录和存储图像、网络、传感器以及其他复杂对象的变化过程，未来函数型数据分析的研究对象将逐渐转移到图像、形状、树、视频、光谱、协方差矩阵及算子等随机对象数据。

1.1.1　函数型数据

函数型数据的基本组成单元是函数或曲线，第一代的函数型数据由随机过程 $X(t)$，$t \in \mathrm{I} = [a, b] \subset R$ 的独立同分布样本 $X_1(t)$，$X_2(t)$，…，$X_n(t)$ 组成，函数型数据又称曲线数据。在函数型数据分析中，通常假定 $X(t) \in L_2(\mathrm{I})$，即满足条件 $E\left(\int_I X^2(t)\,\mathrm{d}t\right) < \infty$，$L_2(\mathrm{I})$ 为定义在 I 上的平方可积函数组成的集合。有时假设 $X(t)$ 为连续函数甚至光滑函数，以便研究它的一阶导数以及二阶导数。在实际问题中，我们所观测到的只能是这些曲线的离散值，这些离散数据在固定或随机的时间节点 t_1，t_2，…，t_k 处被收集，因此，随机过程 $X(t)$ 被看作潜过程。依据观测点数量 k 的不同，函数型数据分为稠密型函数型数据和稀疏型函数型数据。对于稠密型函数型数据，当样本容量 n 趋于无穷时，通常假设 $\max_{1 \leqslant j \leqslant k-1} |t_{j+1} - t_j| \to 0$，因此，$k = k_n$ 随 n 的变化而变化，并随 n 趋于无穷时而趋于无穷。稀疏型函数型数据又称纵向数据，通常假定每个

个体的观测数有限，即满足 $\max_{1\leqslant i\leqslant n}n_i\leqslant C$，$n_i$ 为第 k 个个体的观测数，C 为一固定正常数。

函数型数据分析的历史可追溯到 200 年前 Gauss 估计彗星的轨迹，但函数型数据的研究始于 20 世纪 50 年代，一直到 80 年代才引起更多人的重视。20 世纪 90 年代至 21 世纪初是函数型数据分析发展较快、理论和应用成果都较为丰硕的一段时期。最近 20 年，更是函数型数据研究突飞猛进、突破性成果不断涌现的一段时期，这也使函数型数据分析成为当今统计学的热点研究领域之一。

函数型数据是多元数据的延伸与推广。函数型数据分析适用于解决那些难以转换成向量观测框架的问题，有些问题即使可以用多元数据分析方法来处理，但函数型数据分析方法往往会给出对数据更自然、更精确的描述，以及更准确的推断和预测结果。例如，当我们需要估计函数的导数时，就需要运用函数型数据分析；对于来自某连续过程的数据，将光滑性条件考虑其中将会对分析结果产生重大影响。与有限维的多元数据不同，函数型数据是无穷维的。传统的非参数估计的重点集中在某个或某几个函数的估计上，与非参数估计不同的是函数型数据分析的重点集中在数据的结构及变化方面。现代技术的进步使研究人员能较方便地收集到大量连续变化的数据，使连续记录反映目标复杂变化过程或形状的大容量数据越来越普遍，函数型数据分析的应用也越来越广泛。函数型数据分析现已广泛应用于经济、物理、化学、气象、传染病学、生物医学和环境科学等社会科学、自然科学和工程技术中的众多领域，如生长曲线分析、步态分析、化学实验中的反应曲线分析、神经影像分析、商业广告的收视效果分析、证券领域中的股指曲线分析以及温度与降雨量模型分析等。

1.1.2 函数型数据分析方法

函数型数据分析主要包括函数主成分分析、函数型回归模型、函数型时间序列、函数典型相关分析、函数型数据聚类和分类等。函数主成分分析是研究函数型数据最常用也是最重要的方法，而 Spline 方法也是研究函数型数据的常用方法。Spline 方法又分为 B – spline 方法和 Smoothing Spline 方法。除了函数主成分分析方法和 Spline 方法外，核方法以及局部多项式方法也是估计均值函数、方差函数和协方差函数的常用方法。

函数主成分分析是研究函数型数据的最有力工具，函数型数据是无穷维的，借助于函数主成分分析法可以将无穷维空间中的问题通过降维转化为有限维空间中的问题来分析解决，即对随机轨道的研究减少到对一组函数主成分（随机变量）的研究，并指出其中最重要的一些主成分，同时函数主成分分析能给出更多有关协方差函数的结构及单个曲线的变化模式方面的信息。函数主成分分析的重点是均值函数、方差函数、协方差函数、特征值和特征函数的统计推断。

Spline 函数是一类分段光滑并且在节点处也有一定光滑性的函数。Spline 一词来源于可变形的一种工具，是一种在造船和工程制图时用来画出光滑形状的工具。Spline 函数的研究始于 20 世纪中叶，到了 60 年代它与计算机辅助设计相结合，成功应用在外形设计方面。Spline 函数理论现已成为函数逼近的有力工具。

1.2　函数主成分分析

1.2.1　欧氏空间函数主成分分析

函数主成分分析是多元数据主成分分析在函数型数据领域的推广，其最初的构想由 Karhunen（1946）、Loève（1946）、Grenander（1950）以及 Rao（1958）提出，而其统计推断的最终框架由 Kleffe（1973）、Dauxois 和 Pousse（1976）以及 Dauxois 等（1982）给出。之后，这种方法便迅速流行，成为函数型数据分析最强大的工具。利用函数主成分分析，在较弱的条件下，随机过程可表示为一列多个不相关的随机变量（主成分核）的和，在实际应用中，可截断为有限项的和，从而达到降维的目的。这样一来，就可以运用多元分析中的方法来研究截断的主成分核向量。

下面介绍函数主成分分析方法，假设 $X(t)\in L_2(\mathrm{I})$，随机过程 $X(t)$ 的协方差函数为 $K(s, t)=\mathrm{Cov}(X(s), X(t))$。假设 $K(s, t)$ 是正定的，在这种情况下，$K(s, t)$ 依特征值 λ_j 有谱分解：

$$K(s, t)=\sum_{j=1}^{\infty}\lambda_j\phi_j(s)\phi_j(t),\ s, t\in \mathrm{I} \tag{1.1}$$

其中，λ_j、ϕ_j 分别表示核函数 K 的线性算子的特征值和特征函数，特征值按 $\lambda_1>\lambda_2>\cdots>\lambda_j$ 排序，并且函数 ϕ_1，ϕ_2，…，ϕ_j 组成 $L^2(\mathrm{I})$ 的一个正交基。依据 Karhunen - Loève 表达式，得到：

$$X(t)=\mu(t)+\sum_{j=1}^{\infty}\xi_j\phi_j(t)$$

其中，$\xi_j=\int_I[X(t)-\mu(t)]\phi_j(t)\mathrm{d}t$，$j=1, 2, \cdots, \infty$ 是均值为 0、方差 $E\xi_j^2=\lambda_j$ 的不相关随机变量，ξ_j 称为主成分核。在实际应用中，$X(t)$ 可以用如下方程来近似表示：

$$X_m(t)=\mu(t)+\sum_{j=1}^{m}\xi_j\phi_j(t)$$

m 称为调节参数。

令 $X_i(t)$，$i=1, 2, \cdots, n$ 为来自 $X(t)$ 的一个样本。均值函数 $\mu(t)$ 的估计量为 $\hat{\mu}(t)=\overline{X}(t)=\frac{1}{n}\sum_{i=1}^{n}X_i(t)$，协方差函数 $K(s, t)$ 的估计量及其特征分解如下：

$$\hat{K}(s, t)=\frac{1}{n}\sum_{i=1}^{n}[X_i(s)-\overline{X}(s)][X_i(t)-\overline{X}(t)]=\sum_{j=1}^{\infty}\hat{\lambda}_j\hat{\phi}_j(s)\hat{\phi}_j(t) \tag{1.2}$$

类似于 K 的情况，$\hat{\lambda}_j$、$\hat{\phi}_j$ 是核函数 $\hat{K}$ 的线性算子的特征值、特征函数，样本特征值按 $\hat{\lambda}_1\geqslant\hat{\lambda}_2\geqslant\cdots\geqslant 0$ 排序。$(\hat{\lambda}_j, \hat{\phi}_j)$ 称为 (λ_j, ϕ_j) 的估计量。主成分核 $\xi_{ij}=\int_I[X_i(t)-\mu(t)]\phi_j(t)\mathrm{d}t$ 的估计量为 $\hat{\xi}_{ij}=\int_I[X_i(t)-\hat{\mu}(t)]\hat{\phi}_j(t)\mathrm{d}t$。$X_i(t)$ 的估计量为：

$$\hat{X}_{im}(t)=\hat{\mu}(t)+\sum_{j=1}^{m}\hat{\xi}_{ij}\hat{\phi}_j(t)$$

在渐近性分析中，调节参数 $m=m_n$ 随样本容量 n 的增大而变化，这也是函数主成分分析区别于多元分析之所在。在估计 $X_i(t)$ 时，m 的选择对于估计量 $\hat{X}_{im}(t)$ 而言至关重要，m 越大，产生的偏差越小，但方差就会越大；反之，m 越小，偏差越大，但方差就会越小。m 的选择需要在偏差和方差之间做一个折中。

在具体应用中，观察到的只能是这些函数型数据的离散值，通常还带有测量误差，对于稠密型数据，Zhang 和 Chen（2007）运用“先光滑后估计”的方法进行分析，即先利用局部多项式方法估计单个样本函数，然后构建均值函数和协方差函数；Hall 等（2006）则运用局部线性方法估计均值函数和协方差函数，进而得到特征值和特征函数的估计量。对于稀疏型不规则分布数据，

Yao 等（2005）运用局部线性估计法得到均值函数和协方差函数的估计，而主成分核的估计量则通过估计条件期望得到。Li 和 Hsing（2010）运用局部线性方法估计均值函数和协方差函数并建立了相应估计量的一致收敛速度。他们的结果表明：收敛速度依赖于样本数和每条曲线的观测数。对于稀疏型数据，收敛速度等于这些函数的非参数估计量的最优收敛速度；而对于稠密型数据，选择适当的窗宽，收敛速度可以达到$\sqrt{n}$。调节参数 m 的选择对于估计量 $\hat{X}_{im}(t)$ 而言非常重要，m 可由“去一曲线”交叉核实方法选择，也可以由 BIC 准则选取。

1.2.2 黎曼流形函数主成分分析

通常称取值于黎曼流形上的来自黎曼随机过程的样本函数为黎曼流形数据，这类数据包括飞机航线数据、鸟的迁徙轨迹数据、球面曲线数据以及测地线数据等。

令 $\mathscr{M}$ 为 d 维光滑流形，$T_p\mathscr{M}$ 为 $p\in\mathscr{M}$ 处的切空间，$\mathscr{M}$ 上的一个黎曼度量法被定义为随 p 平稳变化的一族内积 g_p：$T_p\mathscr{M}\times T_p\mathscr{M}\to R$，赋予这个黎曼度量法，$(\mathscr{M},\ g)$ 称为黎曼流形。测地线距离 $d_{\mathscr{M}}$ 就是 $\mathscr{M}$ 上的黎曼度量法。定义 $p\in\mathscr{M}$ 处的指数映射为 $\exp_p(v)=\gamma_v(1)$，这里的 $v\in T_p\mathscr{M}$ 是 p 处的一个切向量，γ_v 为初始位置 $\gamma_v(0)=p$ 并且速度 $\gamma'_v(0)=v$ 的唯一的测地线。对数映射 $\log_p$ 为 $\exp_p$ 的逆映射。如果$\mathbb{N}$是 $\mathscr{M}$ 的一个子流形，其黎曼度量为 h_p：$T_p\mathbb{N}\times T_p\mathbb{N}\to R$，$u$，$v\to g_p(u,\ v)$对 u，$v\in T_p\mathbb{N}$，g 为 $\mathscr{M}$ 的黎曼度量法，那么$(\mathbb{N},\ h)$是$(\mathscr{M},\ g)$的一个黎曼子流形。

考虑 R^{d_0}中 d 维完备黎曼子流形 $\mathscr{M}$，令 $d_{\mathscr{M}}$ 为 $\mathscr{M}$ 上的测地线距离，$\mathscr{X}=\{x:\ T\to\mathscr{M}\mid x\in C(T)\}$表示闭区间 $T\in R$ 上所有 $\mathscr{M}$ 值连续函数组成的样本空间，$\mathscr{H}=\left\{v:\ T\to R^{d_0},\ \int_T v^T(t)v(t)\,\mathrm{d}t<\infty\right\}$。对 $\mathscr{M}$ 值随机函数 $X(t)$，定义 $X(t)$的 Fréchet 均值函数 $\mu_{\mathscr{M}}(t)$如下：

$$M(p,\ t)=E[d_{\mathscr{M}}(X(t),\ p)^2],\qquad \mu_{\mathscr{M}}(t)=\underset{p\in\mathscr{M}}{\operatorname{argmin}}M(p,\ t)$$

假定 Fréchet 均值函数 $\mu_{\mathscr{M}}(t)$存在且唯一，令

$$\Psi_K=\{\psi_k\in\mathscr{H}\mid\psi_k(t)\in T_{\mu_{\mathscr{M}}(t)},\ <\psi_k,\ \psi_l>=\delta_{kl},\ k,\ l=1,\ 2,\ \cdots,\ K\},$$

为 K 个正交函数组成的集合，此处，若 $k=l$，则 $\delta_{kl}=1$；若 $k\neq l$，则 $\delta_{kl}=0$。进一步定义 K 维时间变化测地线黎曼子流形如下：

$$\mathscr{M}_K = \mathscr{M}_K(\Psi_K) := \left\{ x \in \mathscr{X},\ x(t) = \exp_{\mu_{\mathscr{M}}(t)}\left(\sum_{k=1}^{K} a_k \psi_k(t) \right),\ t \in T,\ a_k \in R \right\}$$

对于 $\mathscr{M}$ 值函数 $x \in \mathscr{X}$，定义 x 在时间变化测地线黎曼子流形 Ψ_K 上的映射为：

$$\prod(x, \mathscr{M}_K) = \underset{p \in \mathscr{M}}{\operatorname{argmin}} \int_T d_{\mathscr{M}}(y(t), x(t))^2 \mathrm{d}t$$

极小化测地线映射距离得到的 $X(t)$ 的最优 K 维近似可由在所有 K 个基函数生成的时间变化测地线黎曼子流形中极小化下式产生：

$$F_S(\mathscr{M}_K) = E\int_T d_{\mathscr{M}}(X(t), \prod(x, \mathscr{M}_K)(t))^2 \mathrm{d}t \tag{1.3}$$

在实际应用中，极小化式（1.3）是很难执行的，下面考虑对式（1.3）进行修改的一个版本，假设对所有的 t 对数映射随机函数 $V(t) = \log_{\mu_{\mathscr{M}}(t)}(X(t))$ 几乎处处有定义，V 可看作 $\mathscr{H}$ 中的一个随机元。获得流形主成分的可操作的优化准则是在所有 K 维线性子空间 $V_K(\psi_1,\ \psi_2,\ \cdots,\ \psi_K) = \left\{ \sum_{k=1}^{K} a_k \psi_k(t) \mid a_k \in R \right\}$ 中极小化：

$$F_V(V_K) = E(\| V - \prod(V,\ V_K) \|^2) \tag{1.4}$$

这里的 $\psi_k \in \mathscr{H}$，$\psi_k(t) \in T_{\mu_{\mathscr{M}}(t)}$，$k=1,\ 2,\ \cdots,\ K$。

考虑 V 的协方差函数 G：$T \times T \to R^{d_0^2}$，$G(s,\ t) = \mathrm{Cov}(V(t),\ V(s)) = E(V(T)V(s)^T)$，其谱分解为 $G(s,\ t) = \sum_{j=1}^{\infty} \lambda_j \phi_j(t) \phi_j(s)^T$，这里的 $\phi_j \in \mathscr{H}$：$T \to R^{d_0}$ 为正交向量值特征函数，$\lambda_j \geq 0$ 为相应的特征值，$j=1,\ 2,\ \cdots$。于是有 Karhunen - Loève 分解：

$$V(t) = \sum_{j=1}^{\infty} \xi_j \phi_j(t)$$

其中，$\xi_j = \int_T V(t) \phi_j(t) \mathrm{d}t$，$j=1,\ 2,\ \cdots$，为黎曼函数主成分核。

在实际应用中，常常使用有限元组合来近似表示，令

$$V_K(t) = \sum_{j=1}^{K} \xi_j \phi_j(t), \quad X_K(t) = \exp_{\mu_{\mathscr{M}}(t)}\left(\sum_{j=1}^{K} \xi_j \phi_j(t) \right)$$

其中，$K=0,\ 1,\ \cdots$。在这里，如果 $K=0$，那么 $V_0(t)=0$，$X_0(t) = \mu_{\mathscr{M}}(t)$。从经典的函数主成分分析理论中极小化(1.4)的 $\prod(V,\ V_K)$ 来看，V_K 是 V 的最优 K 维逼近。如果 $\mathscr{M}$ 是完备的，那么由 Hopf - Rinow 定理(Chavel，2006)，对于 $K=0,\ 1,\ \cdots$，$\mathscr{M}$ 值随机函数 $X(t)$ 的截断表示 $X_K(t)$ 能够很好地被定义。

值得指出的是，这些定义与 $T_{\mu_{\mathscr{M}}(t)}$ 上的坐标系选择无关。

1.2.3　对象空间函数主成分分析

信息技术的不断进步使人们能有效地记录和储存图像、网络、传感器等复杂数据的时间变化过程，如脑神经研究中的时间变化协方差矩阵、时间变化交通网、时间变化互联网以及时间变化社会网络等。研究这些复杂数据的结构和变化模式有着理论和现实的必要性。

这里首先介绍与对象空间函数主成分分析相关的一些概念。令(Ω, d)为有界可分度量空间，其中 d 为度量，$\boldsymbol{X}=\{X(t)\}_{t\in[0,1]}$ 为取值于 Ω 的随机过程，就一般的度量空间而言，这里的 $\boldsymbol{X}$ 被称为函数型随机对象数据。令$\{\boldsymbol{X}_i=(X_i(t))_{t\in[0,1]}: i=1, 2, \cdots, n\}$为来自函数型随机对象数据 $\boldsymbol{X}$ 的独立同分布样本。令(U, V)为 $\Omega\times\Omega$ 上的一对随机对象，(U', V')为(U, V)的独立同分布样本，定义 U 和 V 的度量协方差 $\mathrm{Cov}_\Omega(U, V)$为：

$$\mathrm{Cov}_\Omega(U, V)=\frac{1}{4}E\{d^2(U, V')+d^2(U', V)-2d^2(U, V)\}$$

U 的方差定义为$\mathrm{Var}_\Omega(U)=\mathrm{Cov}_\Omega(U, U)$，$U$ 和 V 的度量相关系数$\rho_\Omega(U, V)$则定义为：

$$\rho_\Omega(U, V)=\frac{\mathrm{Cov}_\Omega(U, V)}{\sqrt{\mathrm{Cov}_\Omega(U, U)\mathrm{Cov}_\Omega(V, V)}}$$

定义度量自协方差函数为 $C(s, t)=\mathrm{Cov}_\Omega\{X(s), X(t)\}$，定义度量自协方差算子为：

$$T_C(g)(s)=\int_0^1 C(s, t)g(t)\,\mathrm{d}t$$

由 Mercer 定理，存在由算子 T_C 的特征函数组成的正交基 ϕ_1，ϕ_2，$\cdots$，满足：

$$C(s,t)=\sum_{j=1}^{\infty}\lambda_j\phi_j(s)\phi_j(t),\qquad s,t\in[0,1],$$

其中，λ_j 为特征值。

对于满足 $\int_0^1\phi(t)\,\mathrm{d}t=1$ 的实值函数 ϕ，取值于 Ω 的函数 $S(t)$关于 ϕ 的广义 Frechet 积分定义为：

$$\int_\oplus S(t)\phi(t)\,\mathrm{d}t=\underset{\omega\in\Omega}{\mathrm{arginf}}\int_0^1 d^2\{\omega,S(t)\}\phi(t)\,\mathrm{d}t$$

令 ϕ_k 为 $X(t)$ 的度量自协方差函数 $C(s, t)$ 的单位化特征函数，X_i 和 ϕ_k 的对象函数主成分定义为：

$$\psi_{\oplus}^{ik} = \int_{\oplus} X_i(t) \phi_k(t) \mathrm{d}t$$

对于随机对象过程 $\{X(t)\}_{t\in[0,1]}$，总体 Frechet 均值函数定义为：

$$\mu_{\oplus} = \underset{\omega\in\Omega}{\operatorname{argmin}} E[d^2\{\omega, X(t)\}]$$

而

$$\beta_{ik} = \int_0^1 d\{X_i(t), \mu_{\oplus}(t)\} \phi_k(t) \mathrm{d}t$$

称为 Frechet 核。

由于 Ω 为普通的度量空间，并非线性空间，$X(t)$ 没有 Karhunen - Loève 表达式。

下面介绍对象函数主成分和 Frechet 核的估计量。度量自协方差函数为 $C(s, t)$ 的估计量为：

$$\hat{C}(s,t) = \frac{1}{4n(n-1)} \sum_{i\neq j} f_{s,t}(X_i, X_j)$$

其中，$f_{s,t}(X_i, X_j) = d^2\{X_i(s), X_j(t)\} + d^2\{X_j(s), X_i(t)\} - d^2\{X_i(s), X_i(t)\} - d^2\{X_j(s), X_j(t)\}$。

令 $\hat{\lambda}_j$、$\hat{\phi}_j$ 是核函数 $\hat{C}(s, t)$ 的线性算子的特征值、特征函数，其中样本特征值按 $\hat{\lambda}_1 \geqslant \hat{\lambda}_2 \geqslant \cdots \geqslant 0$ 排序，而 $\hat{\phi}_j$ 为单位特征函数，即 $\int_0^1 \hat{\phi}_j(t)\mathrm{d}t = 1$。对象函数主成分 $\psi_{\oplus}^{ik}$ 的估计量为：

$$\hat{\psi}_{\oplus}^{ik} = \int_{\oplus} X_i(t) \hat{\phi}_k(t) \mathrm{d}t = \underset{\omega\in\Omega}{\operatorname{arginf}} \int_0^1 d^2\{\omega, X_i(t)\} \hat{\phi}_k(t) \mathrm{d}t$$

总体 Frechet 均值函数 $\mu_{\oplus}(t)$ 的估计量为：

$$\hat{\mu}_{\oplus}(t) = \underset{\omega\in\Omega}{\operatorname{argmin}} \frac{1}{n} \sum_{i=1}^{n} d^2\{\omega, X_i(t)\}$$

Frechet 核 β_{ik} 的估计量为：

$$\hat{\beta}_{ik} = \int_0^1 d\{X_i(t), \hat{\mu}_{\oplus}(t)\} \hat{\phi}_k(t) \mathrm{d}t$$

1.3 函数型回归模型

统计模型是统计学家利用数据分析总体的最基本工具。然而，统计模型只是对总体真实的近似，并不等于真实的总体。模型有好坏之分，如何建立一个好的统计模型是统计学家努力追求的目标。作为统计学最常用的模型之一，回归模型一直受到人们的密切关注。从线性模型、非线性模型到广义线性模型及非参数模型，都是在计算技术和计算能力不断提高的情况下，因人们对客观总体的复杂描述提出了更高的要求，而不得不发展的研究路线。非参数技术已被证明是极好的探索复杂模型的潜在结构并减少传统参数回归模型偏差的工具。非参数回归分析的目的之一就是减少参数回归模型可能存在的偏差。一个错误的参数模型能产生额外的偏差，进而导致错误的结论。非参数回归模型企图通过拟合一个大的统计模型类来减少这种偏差，并容许数据本身来决定合适的模型结构，同时提供一个有用的参数建模工具和模型诊断方法。

函数型回归模型是函数型数据分析的另一个重点内容，函数型回归模型分为因变量为随机变量和因变量为随机函数两大类。

1.3.1　因变量为随机变量的函数型回归模型

令 Y 为取值于 $R=(-\infty, +\infty)$ 的随机变量，$X(t)$，$t\in I=[a, b]\subset R$ 为随机过程，满足 $X(t)\in L_2(I)$，即满足条件 $E\left(\int_I X^2(t)\mathrm{d}t\right)<\infty$，$L_2(I)$ 为定义在 I 上的平方可积函数组成的集合。Cardot 等（1999，2003）以及 Hall 和 Horowitz（2007）研究了如下函数线性模型：

$$Y = \mu + \int_I a(t)X(t)\mathrm{d}t + \varepsilon$$

其中，μ 为常数，$a(t)$ 为斜率函数，ε 为随机误差，且满足 $E(\varepsilon)=0$，$D(\varepsilon)=\sigma^2<+\infty$。Müller 和 Stadtmuller（2005）进一步提出并研究了如下广义函数线性模型：

$$Y = g\left(\mu + \int_I a(t)X(t)\mathrm{d}t\right) + \varepsilon$$

其中，联结函数 g 为已知函数。而 Chen 等（2011）则研究了联结函数 g 为未知函数情形下的上述广义函数线性模型。

令 $Z=(Z_1, Z_2, \cdots, Z_d)^T$ 为 d 维随机向量，Shin（2009）研究了如下部分函数线性模型：

$$Y = \int_I a(t)X(t)\mathrm{d}t + Z^T\beta + \varepsilon$$

其中，β 为 d 维未知参数向量。以下模型称为函数型部分线性单指标模型：

$$Y = Z^T\beta + g\left(\int_I a(t)X(t)\mathrm{d}t\right) + \varepsilon$$

该模型由 Wang 等（2016）提出。Li 等（2010）研究了如下具有半参数单指标相互作用的广义函数线性模型：

$$g(\mu_Y(X,Z)) = \int_I a(t,Z_1)X(t)\mathrm{d}t + Z^T\beta,\ V(Y|X,Z) = \sigma_Y^2 V(\mu_Y(X,Z))$$

其中，$\mu_Y(X,\ Z)=E(Y|X,\ Z)$，$g(\cdot)$和$V(\cdot)$为已知的函数，Z_1为Z的子集。

Tang（2015a）研究了如下半函数线性模型：

$$Y = \int_I a(t)X(t)\mathrm{d}t + f(U) + \varepsilon$$

其中，U为随机变量，$f(u)$为未知函数。Peng 等（2016）提出了如下变系数部分函数线性模型：

$$Y = \int_I a(t)X(t)\mathrm{d}t + \sum_{k=1}^{p} a_k(U)Z_k + \varepsilon$$

Tang 和 Kong（2017）提出了如下部分函数部分线性模型：

$$Y = \int_I a(t)X(t)\mathrm{d}t + Z^T\beta + f(U) + \varepsilon$$

Tang 等（2021）则研究了如下部分函数部分线性单指标模型：

$$Y = \int_I a(t)X(t)\mathrm{d}t + Z^T\beta + g(W^T\alpha) + \varepsilon$$

其中，W为随机向量，α为未知参数向量。下述模型称为部分函数部分线性可加性模型：

$$Y = \int_I a(t)X(t)\mathrm{d}t + Z^T\beta + \sum_{k=1}^{p} f_k(U_k) + \varepsilon$$

其中，U_k，$k=1,\ 2,\ \cdots,\ p$为随机变量，$f(u_k)$，$k=1,\ 2,\ \cdots,\ p$为未知函数。

事实上，对于因变量为随机变量的函数型回归模型，国内外学者已给予了广泛的研究，并提出了许多新的模型和新的应用。例如，Ding 等（2017）提出了一类函数型部分线性单指标模型，而 Huang 等（2016）开发了高维函数线性模型的稳健性变量选择方法。Hall 和 Hooker（2016）分别用同时推断和迭代推断两种方法研究了截断函数线性模型，而 Guan 等（2020）运用嵌套组岭方法研究了这类模型。Kong 等（2016）考虑了高维自变量向量条件下的部分函数线性模型，而 Ma 等（2019）则研究了超高维自变量向量条件下的部分函数线性模型，Wong 等（2019）研究了部分函数线性可加性模型，在可加元个数为固定和随样本容量变化两种情况下建立了估计量的渐近性结果。

1.3.2 因变量为随机函数的函数型回归模型

因变量为函数型回归模型包含函数线性模型和并发回归模型两大类。

Yao 等（2005）提出并研究了下述函数线性模型：

$$Y(t)=\mu(t)+\int_c^d a(s,\ t)X(s)\mathrm{d}s+\varepsilon(t),\ a\leqslant t\leqslant b$$

其中，$Y(t)$ 和 $X(s)$ 为随机过程，$a(s,\ t)$ 为光滑且平方可积的二元未知函数。Wu 等（2010）进一步考虑了如下变系数函数线性模型：

$$E(Y(t)\mid X,Z)=\mu_{Y\mid Z}(t)+\int_I a(Z,s,t)[X(s)-\mu_{X\mid Z}(s)]\mathrm{d}s$$

其中，Z 为随机变量，$\mu_{Y\mid Z}(t)$、$\mu_{X\mid Z}(s)$ 分别为 $Y(t)$、$X(s)$ 关于 Z 的条件期望。

Luo 和 Qi（2017）研究了如下多维函数线性模型：

$$Y(t)=\mu(t)+\sum_{k=1}^{p}\int_{c_k}^{d_k}\beta_k(s_k,t)X_k(s_k)\mathrm{d}s_k+\varepsilon(t),\ a\leqslant t\leqslant b$$

其中，$\beta_k(s_k,\ t)$ 为光滑且平方可积的二元未知函数，$X_k(s_k)$ 为随机过程。Qi 和 Luo（2019）又提出并研究了如下多维函数非线性可加模型：

$$Y(t)=\mu(t)+\sum_{k=1}^{p}\int_{c_k}^{d_k}F_k(X_k(s),s,t)\mathrm{d}s+\varepsilon(t),\ a\leqslant t\leqslant b$$

其中，$F_k(s,\ s,\ t)$，$k=1,\ 2,\ \cdots,\ p$ 为未知光滑函数。

历史函数线性模型是因变量为函数型回归模型中的一类重要模型，由于在许多的实际应用中，因变量当前的值只受自变量的当前值和已往值的影响，并不受未来值的影响，因而历史函数线性模型有着广泛的应用。Malfait 和 Ramsay（2003）最早提出了如下形式的一种历史函数线性模型：

$$Y(t)=\mu(t)+\int_{S_0(t)}^{t}u(s,\ t)X(s)\mathrm{d}s+\varepsilon(t),\ a\leqslant t\leqslant b$$

这里的 $S_0(t)$ 为滞后截尾函数，意指在时刻 t 响应过程 $Y(t)$ 仅依赖于自变量过程 $X(s)$ 滞后不超过 $S_0(t)$ 的行为，即 $Y(t)$ 仅依赖于 $X(s)$ 在最近过去的时间区间 $[t-S_0(t),\ t]$ 内的历史数据。Senturk 和 Müller（2010）研究了一个简化的历史函数线性模型，而 Kim 等（2011）研究了稀有且带有测量误差的历史函数线性模型。

并发回归模型指的是因变量过程 $Y(t)$ 只依赖于 t 时刻的自变量过程 $X(t)$，而与自变量过程的其他时刻无关，并发回归模型主要包括变系数模型和可加性模型。Aneiros 和 Vieu（2006）提出了如下半函数部分线性模型：

$$Y = \sum_{j=1}^{p} X_j\beta_j + f(U) + \varepsilon$$

这里的 X_j，$j=1, 2, \cdots, p$ 为随机变量，而 U 是具有函数性质的随机变量，即 U 的观测值为曲线。Zhang 和 Wang（2016）研究了如下半函数部分线性模型：

$$Y_i(t) = \sum_{j=1}^{p} X_{ij}(t)\beta_j + f(U_i(t)) + \varepsilon_i(t), \ i=1, 2, \cdots, n$$

这里的 $Y_i(t)$、$X_{ij}(t)$、$U_i(t)$ 为随机过程。Zhu 等（2012）提出并研究了如下多元变系数模型：

$$Y_{ij}(t) = X_i^T\beta_j(t) + \eta_{ij}(t) + \varepsilon_{ij}(t), \ j=1, 2, \cdots, J$$

这里 $\beta_j(t) = (\beta_{j1}(t), \beta_{j2}(t), \cdots, \beta_{jp}(t))^T$ 为 p 维函数向量，$\eta_{ij}(t)$ 为随机过程。Chen 等（2020）研究了如下曲面函数型模型：

$$Y(s, t) = \mu(s, t) + U(s, t) + \varepsilon(s, t)$$

其中，$\mu(s, t)$ 为二元均值函数，$U(s, t)$ 为零均值二元随机过程，$\varepsilon(s, t)$ 为零均值随机误差过程。

1.4 本书的主要内容和结构

函数型数据分析现已成为当今统计界最活跃、最热点的研究分支之一，而函数型回归模型是函数型数据分析方面研究最多、成果最丰富而且应用范围最广的研究方向，本书主要介绍近二十年来函数型数据分析，尤其是函数型回归模型方面的国内外最新研究成果，包括函数主成分分析、函数系数模型、函数线性模型、部分函数线性模型、部分函数半参数模型、部分函数部分线性单指标模型、部分函数部分线性可加性模型以及它们的应用等内容。

第 2 章介绍函数系数模型及其应用，函数系数模型又称变系数模型，属并发回归模型。内容包括函数系数模型以及部分线性函数系数模型中统计推断，尤其是分位数回归的统计分析。还包括这些模型在城市住房价格差异性分析和影响因素分析中的应用以及在 PM2.5 影响因素分析中的应用等。

第 3 章介绍函数线性模型，包括模型中未知参数和函数的估计、关键参数的选择、估计量的渐近性质以及数值计算和应用等内容。

第 4 章介绍部分函数线性模型，首先介绍了部分函数线性模型中未知参数和函数的估计方法、估计量的大样本性质以及主要定理的证明，然后给出了部分函数线性模型中的线性变量的选择方法；其次叙述了部分函数线性分位数回归中未知参数和函数的估计方法、估计量的大样本性质以及主要定理的证明；最后是两个应用例子，分别是我国城市房地产数据分析和伯克利成长数据分析。

第 5 章介绍部分函数线性半参数模型，首先介绍了部分函数线性半参数模型中未知参数和函数的估计、估计量的渐近性质以及模拟等；其次介绍了模型中未知参数和函数的稳健性估计以及估计量的渐近性质等；最后给出了两个应用例子。

第 6 章介绍部分函数部分线性单指标模型，主要内容包括模型中参数与非参数的估计、估计量的大样本性质、主要定理的证明以及数值分析等。

第2章 函数系数模型及其应用

2.1 引言

随着信息技术的飞速发展，人们逐渐从传统的参数模型中解放出来并试图探究隐藏在模型内部的结构。在处理高维数据的过程中，许多强有力的工具被结合使用以避免所谓的“维数祸根”。这类例子包括可加性模型（Breiman and Friedman，1995；Hastie and Tibshirani，1990）、低维交错模型（Gu and Wahba，1993；Stone et al.，1997）、多指标模型（Härdle and Stoker，1990；Li，1991）、部分线性模型（Green and Silverman，1994）等。不同的模型探究高维数据的不同方面并结合不同的先验知识进行模拟和逼近，共同形成了研究高维数据的有力工具。

函数系数模型又称变系数模型。函数系数模型具有如下形式：

$$Y = a_1(U)X_1 + a_2(U)X_2 + \cdots + a_p(U)X_p + \varepsilon \tag{2.1}$$

这里的 $a_1(U)$，$a_2(U)$，…，$a_p(U)$ 是未知的需要估计的函数，$\boldsymbol{X} = (X_1, X_2, \cdots, X_p)^T$ 是随机向量，U 是随机变量，ε 是一随机误差且满足 $E(\varepsilon \mid \boldsymbol{X}, U) = 0$。令 $X_1 \equiv 1$，模型中可包含一函数截断项。

这个模型最初出现在一些教科书中，例如，在 Shumway（1988）的 *Applied Statistical Time Series Analysis* 第245页中可见到这个模型。直至1992年，这个模型才被人重视，Cleveland 等（1992）在他们的讨论班上对这个模型作了充分的研究，给出了估计系数函数的局部线性方法。之后，Hastie 和 Tibshirani（1993）提出了光滑 Spline 方法，但没有给出估计量的渐近结果。函数系数模型是线性模型的有用推广，是非参数回归模型中的一个重要而应用广泛的模型，它现已应用于经济学、生物医学、流行病学和环境科学等学科中。这个模型的优点之一是能够避免所谓的“维数祸根”。近 20 年来，这类模型已被广泛研究，出现了众多用以估计模型中未知函数的方法。

2.2　函数系数模型中未知函数的估计

2.2.1　局部线性估计法

令$(Y_i, \boldsymbol{X}_i, U_i)$，$i=1, 2, \cdots, n$ 为来自模型(2.1)的独立同分布样本，$\boldsymbol{X}_i=(X_{i1}, X_{i2}, \cdots, X_{ip})^T$。任给一点 u_0，假定 $a_1(u)$，$a_2(u_0)$，$\cdots$，$a_p(u)$在 u_0 的某个邻域内二阶连续可微。我们使用局部线性方法估计 $a_1(u_0)$，$a_2(u_0)$，$\cdots$，$a_p(u_0)$，对 u_0 附近的 u，用线性函数 $a_k+b_k(u-u_0)$作为 $a_k(u)$的近似值。基于观测数据(Y_i, X_i, U_i)，$i=1, 2, \cdots, n$，我们解下面关于 a_k、b_k 的极小化问题：

$$\min_{a_k,b_k}\sum_{i=1}^{n}\left\{Y_i-\sum_{k=1}^{p}\left[a_k+b_k(U_i-u_0)\right]X_{ik}\right\}^2 K((U_i-u_0)/h), \quad (2.2)$$

这里的 $K(\cdot)$为一给定的核函数。令 $\hat{a}_k$，$\hat{b}_k$，$k=1, 2, \cdots, p$ 为式(2.2)的极小值点，则有：

$$\hat{a}_k(u_0)=\hat{a}_k, \ k=1, 2, \cdots, p$$

令 $\boldsymbol{Y}=(Y_1, Y_2, \cdots, Y_n)^T$，

$$\boldsymbol{X}=\begin{pmatrix} X_{11} & X_{12} & \cdots & X_{1p} & (U_{11}-u_0)X_{11} & \cdots & (U_{1p}-u_0)X_{1p} \\ X_{21} & X_{22} & \cdots & X_{2p} & (U_{21}-u_0)X_{21} & \cdots & (U_{2p}-u_0)X_{2p} \\ \vdots & \vdots & \vdots & \vdots & \vdots & \vdots & \vdots \\ X_{n1} & X_{n2} & \cdots & X_{np} & (U_{n1}-u_0)X_{n1} & \cdots & (U_{np}-u_0)X_{np} \end{pmatrix},$$

$W=\mathrm{diag}\Big(K((U_{11}-u_0)/h), \cdots, K((U_{n1}-u_0)/h)\Big)$，$\boldsymbol{a}=(a_1, a_2, \cdots, a_p, b_1, b_2, \cdots, b_p)^T$，那么式（2.2）可写成：

$$\min_a(\boldsymbol{Y}-\boldsymbol{X}\boldsymbol{a})^T W(\boldsymbol{Y}-\boldsymbol{X}\boldsymbol{a}) \quad (2.3)$$

如果矩阵 $\boldsymbol{X}^T\boldsymbol{W}\boldsymbol{X}$ 的逆矩阵存在，那么极小化问题式（2.3）有唯一的解，且

$$\hat{\boldsymbol{a}}=(\boldsymbol{X}^T\boldsymbol{W}\boldsymbol{X})^{-1}\boldsymbol{X}^T\boldsymbol{W}\boldsymbol{Y}$$

为了执行上面的估计程序，我们得先确定窗宽 h 的值，h 的值可由下面的“去一”交叉核实来选取：

$$CV(h) = \sum_{i=1}^{n} \{Y_i - [\hat{a}_1^{-i}(U_i)X_{i1} + \cdots + \hat{a}_p^{-i}(U_i)X_{ip}]\}^2,$$

这里的 $\hat{a}_1^{-i}(U_i)$，$\hat{a}_2^{-i}(U_i)$，…，$\hat{a}_p^{-i}(U_i)$ 为去掉下标为 i 的数据后得到的估计量。使 $CV(h)$ 达到最小的 h 即为我们要选取的窗宽。

纵向数据函数系数模型具有如下形式：

$$Y_{ij} = a_1(U_{ij})X_{ij1} + \cdots + a_p(U_{ij})X_{ijp} + \varepsilon_{ij},\ i=1, 2, \cdots, n;\ j=1, 2, \cdots, n_i \tag{2.4}$$

其中，$\boldsymbol{X}_{ij} = (X_{ij1}, \cdots, X_{ijp})^T$。基于观测数据 $(Y_{ij}, \boldsymbol{X}_{ij}, U_{ij})$，$i=1, 2, \cdots, n$；$j=1, 2, \cdots, n_i$，我们解下面关于 a_k、b_k 的极小化问题：

$$\min_{a_k, b_k} \sum_{i=1}^{n} w_i \sum_{j=1}^{n_i} \left\{ Y_{ij} - \sum_{k=1}^{p} [a_k + b_k(U_{ij} - u_0)]X_{ijk} \right\}^2 K((U_{ij} - u_0)/h) \tag{2.5}$$

常用的选择是 $w_i = 1/N$ 或 $w_i = 1(nn_i)$，其中 $N = \sum_{i=1}^{n} n_i$. 令 $\hat{a}_k$，$\hat{b}_k$，$k=1, 2, \cdots, p$ 为式(2.5)的极小值点，则有 $\hat{a}_k(u_0) = \hat{a}_k$，$k=1, 2, \cdots, p$。

令 $\widetilde{\boldsymbol{Y}} = (Y_{11}, Y_{12}, \cdots, Y_{1n1}, Y_{21}, \cdots, Y_{nn_n})^T$，

$$\widetilde{\boldsymbol{X}} = \begin{pmatrix} X_{111} & \cdots & X_{11p} & (U_{111} - u_0)X_{111} & \cdots & (U_{11p} - u_0)X_{11p} \\ \cdots & \cdots & \cdots & \cdots & \cdots & \cdots \\ X_{1n_11} & \cdots & X_{1n_1p} & (U_{1n_11} - u_0)X_{1n_11} & \cdots & (U_{1n_1p} - u_0)X_{1n_1d} \\ X_{211} & \cdots & X_{21p} & (U_{211} - u_0)X_{211} & \cdots & (U_{21p} - u_0)X_{21p} \\ \cdots & \cdots & \cdots & \cdots & \cdots & \cdots \\ X_{nn_n1} & \cdots & X_{nn_np} & (U_{nn_n1} - u_0)X_{nn_n1} & \cdots & (U_{nn_np} - u_0)X_{nn_np} \end{pmatrix},$$

$\widetilde{\boldsymbol{W}} = \mathrm{diag}(w_1K(U_{11} - u_0)/h, \cdots, w_1K(U_{1n_1} - u_0)/h), \cdots, w_nK((U_{nn_n} - u_0)/h))$，$\widetilde{\boldsymbol{a}} = (a_1, a_2, \cdots, a_p, b_1, b_2, \cdots, b_p)^T$，那么式（2.5）可写成：

$$\min_{\widetilde{a}} (\widetilde{\boldsymbol{Y}} - \widetilde{\boldsymbol{X}}\widetilde{\boldsymbol{a}})\widetilde{\boldsymbol{W}}(\widetilde{\boldsymbol{Y}} - \widetilde{\boldsymbol{X}}\widetilde{\boldsymbol{a}}) \tag{2.6}$$

如果矩阵 $\widetilde{\boldsymbol{X}}^T\widetilde{\boldsymbol{W}}\widetilde{\boldsymbol{X}}$ 的逆矩阵存在，那么极小化问题式（2.6）有唯一的解，且

$$\hat{\boldsymbol{a}} = (\widetilde{\boldsymbol{X}}^T\widetilde{\boldsymbol{W}}\widetilde{\boldsymbol{X}})^{-1}\widetilde{\boldsymbol{X}}^T\widetilde{\boldsymbol{W}}\widetilde{\boldsymbol{Y}}$$

$a_k(u_0)$ 的估计量为 $\hat{a}_k(u_0) = \hat{a}_k$，$k=1, 2, \cdots, p$。

函数系数模型中未知函数局部线性估计量的渐近性质详见唐庆国、王金德（2005，2008）。

2.2.2 B－样条估计法

为了估计 $a_r(u)$，$r=1, 2, \cdots, p$，下面使用 B－样条函数逼近。样条函

数指的是在节点处光滑的逐段多项式函数。具体来说，假定 $U_0 \leqslant u \leqslant U^*$，对固定的整数 $s \geqslant 1$，令 $S(s, \bar{U})$ 为 s 次且带有节点 $\bar{U} = \{U_0 = \bar{u}_0 < \bar{u}_1 < \cdots < \bar{u}_{k_n+1} = U^*\}$ 的样条函数空间，则当 $s=1$ 时，$S(s, \bar{U})$ 为在节点处跳跃的阶梯函数集。当 $s \geqslant 2$ 时，函数 $g(u) \in S(s, \bar{U})$ 当且仅当 $g(u) \in C^{s-2}[U_0, U^*]$，且它在每一个区间 $[\bar{u}_k, \bar{u}_{k+1})$ 上是一阶数不超过 $s-1$ 的多项式。逐段常数函数、线性样条、二次样条和三次样条分别对应于 $s=1, 2, 3, 4$。记

$$B_k(u) = (\bar{u}_k - \bar{u}_{k-s})[\bar{u}_{k-s}, \cdots, \bar{u}_k](z-u)_+^{s-1},$$

$k=1, 2, \cdots, K_n$，在这里，$K_n = k_n + s$，当 $k = 1-s, \cdots, -1$ 时，$\bar{u}_k = \bar{u}_0$，而当 $k = k_n+2, \cdots, K_n$ 时，$\bar{u}_k = \bar{u}_{k_n+1}$，对给定的 u，$[\bar{u}_{k-s}, \cdots, \bar{u}_k](z-u)_+^{s-1}$ 表示函数 $b(z) = (z-u)_+^{s-1}$ 的第 s 次差分，当 $z-u \geqslant 0$ 时，$(z-u)_+ = z-u$，当 $z-u<0$ 时，$(z-u)_+ = 0$。则 $\{B_k(u)\}_{k=1}^{K_n}$ 形成 $S(s, \bar{U})$ 的一个基（Schumaker，1981）。

我们利用 B－样条函数 $\sum_{k=1}^{K_n} a_{rk} B_k(u)$ 逼近函数 $a_r(u)$，这里的 K_n 随样本容量的增加而增加。基于观测数据 (Y_i, X_i, U_i)，$i=1, 2, \cdots, n$，我们解下面关于 a_{rk} 的极小化问题：

$$\min \sum_{i=1}^{n} \left\{ Y_i - \sum_{r=1}^{p} X_{ir} \left[\sum_{k=1}^{K_n} a_{rk} B_k(U_i) \right] \right\}^2 \tag{2.7}$$

令 $\hat{a}_{rk}$，$k=1, 2, \cdots, K_n$；$r=1, 2, \cdots, p$ 为式(2.7)的极小值点，并记 $\hat{\boldsymbol{a}}_r = (\hat{a}_{r1}, \hat{a}_{r2}, \cdots, \hat{a}_{rK_n})^T$，$\hat{\boldsymbol{a}} = (\hat{\boldsymbol{a}}_1^T, \hat{\boldsymbol{a}}_2^T, \cdots, \hat{\boldsymbol{a}}_p^T)^T$，$\boldsymbol{B}(u) = (B_1(u), B_2(u), \cdots, B_{K_n}(u))^T$，$\boldsymbol{B}_i = (X_{i1}\boldsymbol{B}(U_i)^T, X_{i2}\boldsymbol{B}(U_i)^T, \cdots, X_{ip}\boldsymbol{B}(U_i)^T)^T$，则有：

$$\hat{\boldsymbol{a}} = \boldsymbol{A}_n^{-1} \boldsymbol{H}_n$$

其中，$\boldsymbol{A}_n = \sum_{i=1}^{n} \boldsymbol{B}_i \boldsymbol{B}_i^T$，$\boldsymbol{H}_n = \sum_{i=1}^{n} \boldsymbol{B}_i Y_i$。$a_r(u)$ 的估计量为：

$$\hat{a}_r(u) = \hat{\boldsymbol{a}}_r^T \boldsymbol{B}(u) = \sum_{k=1}^{K_n} \hat{a}_{rk} B_k(u)$$

为了执行上面的估计程序，我们得先确定光滑参数 K_n 的值。K_n 的值可由信息准则 BIC 来选取，BIC 作为 K_n 的函数由下式定义：

$$\mathrm{BIC}(K_n) = \log\left\{ \frac{1}{n} \sum_{i=1}^{n} \left[Y_i - \sum_{r=1}^{p} X_{ir} \left(\sum_{k=1}^{K_n} \hat{a}_{rk} B_k(U_i) \right) \right]^2 \right\} + \frac{K_n \log n}{n}$$

使 BIC 达到最小的 K_n 即为我们要选取的。

纵向数据函数系数模型（2.4）中的未知函数也可以用 B－样条函数来逼近，进而获得 B－样条估计量。为此，基于观测数据 $(Y_{ij}, \boldsymbol{X}_{ij}, U_{ij})$，$i=1, 2, \cdots, n$；

$j=1, 2, \cdots, n_i$，我们解下面关于 b_{rk} 的极小化问题：

$$\min \sum_{i=1}^{n} w_i \sum_{j=1}^{n_i} \left\{ Y_{ij} - \sum_{r=1}^{p} X_{ijr} \left[\sum_{k=1}^{K_n} b_{rk} B_k(U_{ij}) \right] \right\}^2 \tag{2.8}$$

令 $\hat{b}_{rk}$，$k=1, 2, \cdots, K_n$；$r=1, 2, \cdots, p$ 为式(2.8)的极小值点，并记 $\hat{\boldsymbol{b}}_r=(\hat{b}_{r1}, \cdots, \hat{b}_{rK_n})^T$，$\hat{\boldsymbol{b}}=(\hat{\boldsymbol{b}}_1^T, \cdots, \hat{\boldsymbol{b}}_p^T)^T$，$\boldsymbol{B}(u)=(B_1(u), \cdots, B_{K_n}(u))^T$，$\boldsymbol{B}_{ij}=(X_{ij1}\boldsymbol{B}(U_{ij})^T, \cdots, X_{ijp}\boldsymbol{B}(U_{ij})^T)^T$，则有：

$$\hat{\boldsymbol{b}}=\widetilde{\boldsymbol{A}}_n^{-1}\widetilde{\boldsymbol{H}}_n,$$

其中，$\widetilde{\boldsymbol{A}}_n=\sum_{i=1}^{n} w_i \sum_{j=1}^{n_i} \boldsymbol{B}_i \boldsymbol{B}_i^T$，$\boldsymbol{H}_n=\sum_{i=1}^{n} w_i \sum_{j=1}^{n_i} \boldsymbol{B}_i Y_i$。$a_r(u)$ 的估计量为：

$$\hat{a}_r(u)=\hat{\boldsymbol{a}}_r^T \boldsymbol{B}(u)=\sum_{k=1}^{K_n} \hat{a}_{rk} B_k(u)$$

函数系数模型中未知函数 B－样条估计量的渐近性质参见 Tang 和 Cheng（2008，2012）。

2.3 函数系数分位数回归

我们研究自变量 x 与因变量 y 之间的关系时常用回归分析方法，传统的回归分析主要关注条件期望 $E(y|x)$ 的影响，这实际上是均值回归。但我们真正关心的是 x 对整个条件分布 $F(y|x)$ 的影响，均值回归并不能拓展到“非中心位置”，故不能刻画整个条件分布的情况。此外，使用最小二乘法回归的古典“均值回归”，以最小化残差平方和为目标函数，容易受到极端值的影响。

为此，Koenker 和 Bassett（1978）提出“分位数回归”（Quantile Regression，QR）使用残差绝对值的加权平均作为最小化的目标函数，故不易受极端值的影响，较为稳健。更重要的是，分位数回归能提供关于条件分布 $F(y|x)$ 的全面信息，不仅包括“中心位置”，还包括上尾和下尾等“非中心位置”的分布信息。

假设 Y 是一实值随机变量，其分布函数满足 $F_Y(y)=P(Y\leqslant y)$，则对任意的 $0<\tau<1$，称 $Q_Y(\tau)=F_Y^{-1}(\tau)=\inf\{y: F_Y(y)\geqslant\tau\}$ 为 $F_Y(y)$ 的第 τ 分位数。

定义损失函数 $\rho_\tau(u)=u(\tau-I_{u<0})$，其中 I 是示性函数。通过最小化损失函数的期望就可以找到所求的分位数：

$$\min_{u} E(\rho_{\tau}(Y-u)) = \min_{u}\left\{(\tau-1)\int_{-\infty}^{u}(y-u)dF_Y(y) + \tau\int_{u}^{+\infty}(y-u)dF_Y(y)\right\}$$

下面对损失函数关于 u 求一阶导数，并令其值为0，即：

$$0=(1-\tau)\int_{-\infty}^{u}dF_Y(y)-\tau\int_{u}^{+\infty}dF_Y(y)$$

上式可以简化得到：

$$0=F_Y(u)-\tau$$

所以，当 u 满足 $F_Y(u)=\tau$时，期望损失值最小。当只有唯一解时，$u=F_Y^{-1}(\tau)$；当解不唯一时，$u=\inf\{y:F_Y(y)\geqslant\tau\}$，符合分位数的定义。

求解分位数的过程就是一个类似线性规划的求解过程，分位数的实质可以看成是求最小化问题的解。

纵向数据函数系数分位数回归具有如下形式：

$$Y_{\tau ij}=a_{\tau 1}(U_{ij})X_{ij1}+\cdots+a_{\tau p}(U_{ij})X_{ijp}+\varepsilon_{\tau ij},\ i=1,2,\cdots,n;\ j=1,2,\cdots,n_i \tag{2.9}$$

其中，$\varepsilon_{\tau ij}$满足 $P(\varepsilon_{\tau ij}\leqslant 0)=\tau$。

我们利用B-样条函数$\sum_{k=1}^{K_n}a_{\tau rk}B_k(u)$逼近函数 $a_{\tau r}(u)$，基于观测数据 $(Y_{\tau ij},\boldsymbol{X}_{ij},U_{ij})$，$i=1,2,\cdots,n$；$j=1,2,\cdots,n_i$，我们解下面关于 $b_{\tau rk}$的极小化问题：

$$\min_{b_{\tau}}\sum_{i=1}^{n}w_i\sum_{j=1}^{n_i}\rho_{\tau}\left(Y_{\tau ij}-\sum_{r=1}^{p}X_{ijr}\left[\sum_{k=1}^{K_n}b_{\tau rk}B_k(U_{ij})\right]\right) \tag{2.10}$$

其中，$\rho_{\tau}(u)=u(\tau-I_{(u<0)})$是分位数损失函数，$I_{(u<0)}$为示性函数。式(2.10)的解可通过解以下的线性规划问题来求得：

$$\mathrm{Min}\sum_{i=1}^{n}w_i\sum_{j=1}^{n_i}(\tau\xi_{ij}+(1-\tau)\zeta_{ij})$$

$$\text{Subject to } \xi_{ij}-\zeta_{ij}=Y_{\tau ij}-\sum_{r=1}^{p}X_{ijr}\left[\sum_{k=1}^{K_n}b_{\tau rk}B_k(U_{ij})\right],$$

$\xi_{ij}\geqslant 0$，$\zeta_{ij}\geqslant 0$，$i=1,2,\cdots,n$；$j=1,2,\cdots,n_i$。

令 $\hat{b}_{\tau rk}$为上式最小值点，则 $a_{\tau r}(u)$ 的估计量为：

$$\hat{a}_{\tau r}(u)=\sum_{k=1}^{K_n}\hat{b}_{\tau rk}B_{rk}(u), r=1,2,\cdots,p$$

同均值回归的情形类似，这里的光滑参数K_n的取值对分位数估计量的影响很大，通常可通过 BIC 准则来选择K_n。

Tang 和 Cheng（2008）建立了纵向数据函数系数分位数回归估计量的大样本性质，包括整体收敛速度、渐近正态性以及置信区间等。

2.4 部分线性函数系数模型

部分线性函数系数模型具有如下形式：

$$Y = X_1 a_1(U) + \cdots + X_p a_p(U) + \boldsymbol{Z}^T \boldsymbol{\beta} + \varepsilon, \tag{2.11}$$

这里的 $\boldsymbol{Z} = (Z_1, Z_2, \cdots, Z_q)^T$ 是 q 维随机向量，$\boldsymbol{\beta}$ 是未知的 q 维参数向量，而$a_1(u)$，$a_2(u)$，$\cdots$，$a_p(u)$，X_1，X_2，$\cdots$，X_p，U 以及 ε 与变系数模型（2.1）相同。

类似于函数系数模型中未知函数的估计，我们利用 B－样条函数$\sum_{k=1}^{K_n} b_{rk} B_k(u)$逼近模型（2.11）中的未知函数 $a_r(u)$，$r=1, 2, \cdots, p$。基于观测数据$(Y_i, \boldsymbol{X}_i, \boldsymbol{Z}_i, U_i)$，$i=1, 2, \cdots, n$，我们解下面关于 b_{rk}，$\boldsymbol{\beta}$ 的极小化问题：

$$\min \sum_{i=1}^{n} \left\{ Y_i - \sum_{r=1}^{p} X_{ir} \left[\sum_{k=1}^{K_N} b_{rk} B_k(U_i) \right] - \boldsymbol{Z}_i^T \boldsymbol{\beta} \right\}^2 \tag{2.12}$$

令 $\boldsymbol{b}_r = (b_{r1}, \cdots, b_r K_N)^T$，$\boldsymbol{b} = (\boldsymbol{b}_1^T, \cdots, \boldsymbol{b}_p^T)^T$，那么式(2.12)可写成：

$$\min \sum_{i=1}^{n} (Y_i - \boldsymbol{B}_i^T \boldsymbol{b} - \boldsymbol{Z}_i^T \boldsymbol{\beta})^2 \tag{2.13}$$

极小化问题式（2.13）中关于未知参数 $\boldsymbol{\beta}$ 的解为：

$$\hat{\boldsymbol{\beta}} = \boldsymbol{W}_n^{-1} \boldsymbol{V}_n$$

其中，$\boldsymbol{W}_n = \sum_{i=1}^{n} \boldsymbol{Z}_i \boldsymbol{Z}_i^T - \left(\sum_{i=1}^{n} \boldsymbol{Z}_i \boldsymbol{B}_i^T \right) \left(\sum_{i=1}^{n} \boldsymbol{B}_i \boldsymbol{B}_i^T \right)^{-1} \left(\sum_{i=1}^{n} \boldsymbol{B}_i \boldsymbol{Z}_i^T \right)$，$\boldsymbol{V}_n = \sum_{i=1}^{n} \boldsymbol{Z}_i Y_i - \left(\sum_{i=1}^{n} \boldsymbol{Z}_i \boldsymbol{B}_i^T \right) \left(\sum_{i=1}^{n} \boldsymbol{B}_i \boldsymbol{B}_i^T \right)^{-1} \left(\sum_{i=1}^{n} \boldsymbol{B}_i Y_i \right)$。

而 $\boldsymbol{b}$ 的估计量为：

$$\hat{\boldsymbol{b}} = \boldsymbol{A}_n^{-1} \left[\sum_{i=1}^{n} \boldsymbol{B}_i (Y_i - \boldsymbol{Z}_i^T \hat{\boldsymbol{\beta}}) \right]$$

进而得到 $a_r(u)$的估计量为：

$$\hat{a}_r(u) = \hat{\boldsymbol{b}}_r^T \boldsymbol{B}(u) = \sum_{k=1}^{K_n} \hat{b}_{rk} B_k(u)$$

光滑参数 K_n 的值由下面的信息准则 BIC 来决定：

$$\mathrm{BIC}(K_n) = \log\left\{\frac{1}{n}\sum_{i=1}^{n}\left[Y_i - \sum_{r=1}^{p}X_{ir}\left(\sum_{k=1}^{K_n}\hat{b}_{rk}B_k(U_i)\right)\right]^2 - \boldsymbol{Z}_i^T\hat{\boldsymbol{\beta}}\right\} + \frac{K_n\log n}{n}$$

使 BIC 达到最小的K_n即为我们要选取的。

纵向数据部分线性函数系数分位数回归具有如下形式：

$$Y_{\tau ij} = a_{\tau 1}(U_{ij})X_{ij1} + \cdots + a_{\tau p}(U_{ij})X_{ijp} + \boldsymbol{Z}_{ij}^T\boldsymbol{\beta}_\tau + \varepsilon_{\tau ij},\ i=1,\ 2,\ \cdots,\ n;\ j=1,\ 2,\ \cdots,\ n_i \tag{2.14}$$

其中，$\varepsilon_{\tau ij}$满足$P(\varepsilon_{\tau ij}\leqslant 0)=\tau$。

我们利用 B－样条函数$\sum_{k=1}^{K_n}a_{\tau rk}B_k$（$u$）逼近函数$a_{\tau r}$（$u$），基于观测数据（$Y_{\tau ij}$，$\boldsymbol{X}_{ij}$，$\boldsymbol{Z}_{ij}$，$U_{ij}$），$i=1$，$2$，$\cdots$，$n$；$j=1$，$2$，$\cdots$，$n_i$，我们解下面关于$b_{\tau rk}$的极小化问题：

$$\min_{b_{\tau rk}}\sum_{i=1}^{n}w_i\sum_{j=1}^{n_i}\rho_\tau\left(Y_{\tau ij} - \sum_{r=1}^{p}X_{ijr}\left[\sum_{k=1}^{K_n}b_{\tau rk}B_k(U_{ij}) - \boldsymbol{Z}_{ij}^T\boldsymbol{\beta}_\tau\right]\right). \tag{2.15}$$

Tang（2013）建立了部分线性函数系数模型中未知参数和函数估计量的大样本性质，Tang（2015b）建立了部分线性函数系数分位数回归中未知参数和函数估计量的渐近性质。

2.5　我国城市住房价格差异性影响因素分析

2.5.1　住房价格差异性影响因素选取

现有文献研究认为，造成城市住房价格差异性的因素主要包括宏观层面的供需因素（供给方面包括投资因素、土地因素；需求方面包括人口因素、收入因素、经济因素）和行政因素，以及城市竞争力因素。

（1）投资因素。房地产住房投资关系到住房项目开发建设准备资金的多少，它直接影响到商品房的开工、施工等能否顺利进行。各城市的发展潜力不同，地产开发商对各城市住房市场的发展预期也不同，这直接关系到投资的多少，进而影响到住房的供给情况，再影响到各城市的住房价格。

（2）土地因素。土地因素通过土地供应量（尤其是城市居住用地面积供应量）来决定商品房的新建或销售面积，进而决定住房的供给。各城市的区域面积大小不一，可用于住房用地建设的土地面积以及土地供给的能力也存在差异；在住房建造成本相差不大的情况下，土地价格的差异几乎成为住房成本差异的决定性因素，最终影响住房价格。

（3）人口因素。说到底，住房是提供给人们居住的场所，人口数量的多少直接决定了住房的潜在需求的大小。中国人自古以来就遵循“民以居为安”，有了自己的住房心里才会有安定感。外来人口的增多、新增加的新婚适龄人口购买婚房的考虑、中年后出于改善住房条件等，都会不断导致住房需求的增加，若是住房供给跟不上，就会造成供需关系不平等，最终导致房价出现波动。

（4）收入因素。收入是衡量居民购买力的主要指标。居民人均可支配收入越高，表明居民可自由支配的收入水平越高，那么可用于住房的实际购买力也越高，进而推动住房有效需求的增长。对于低收入居民而言，收入的增加会提高对住房的刚性需求，将对住房的购买意向转变为实际的刚性需求；对于中高收入水平的居民而言，收入的增加会提高住房改善的需求以及投资投机的需求。高房价常常对应着高购买力，没有相应的收入为基础根本买不起房。

（5）经济因素。城市住房价格与宏观经济紧密联系。城市人均 GDP 是衡量一个城市经济发展水平的重要指标。人均 GDP 高表明城市经济发展水平高，经济的不断发展会带动居民收入的提升，进而提高居民购买力，推升居民的住房需求，从而推高房价。此外，人均 GDP 不断增长的城市，会使人们对未来抱有较为乐观的预期，对房价的变动普遍抱有看涨的趋势，“迟早都要买，不如早买”的观念会使需求攀升，进而推高房价。

（6）行政因素。我国房地产市场带有很强烈的政府调控色彩。政府会适时地根据提高房价的变化情况出台相关政策对房价进行调控。当房价过高时，出台政策抑制房价增速（负向调控）；当房价过低时，则出台政策刺激房价提高（正向调控）。为了便于量化，这里选择金融货币因素中的贷款利率和信贷规模进行研究。常用的金融货币手段包括贷款利率和信贷规模等因素。贷款利率和信贷规模都是通过调节对消费者或企业的贷款能力最终来影响房价。

（7）城市竞争力因素。城市竞争力反映的是一个城市与其他城市相比较在发展过程中所拥有的吸引、控制和转化资源，抢占市场，创造价值，为其居民提供福利的能力。反映的是一个城市现在和未来的发展潜力，研究所选择的城市竞争力包括综合经济竞争力、宜居竞争力以及可持续竞争力三部分。

城市综合经济竞争力是城市竞争力的产出，其代表的是各城市当前创造价值、获取经济成果的能力。城市综合经济竞争力的指数越高，表明其当前的经济发展成果相对越好。经济发展较好，那么相应的居民的收入也会随之增长，各项用于固定资产的投资也会不断增加，同时影响着住房的需求与供给，最终影响到房价。

宜居竞争力指的是城市适宜居住的程度。宜居竞争力是一个城市吸引人才特别是高端人才的重要衡量因素，从而最终影响城市的产业体系竞争力。宜居竞争力一般包括人口素质、社会环境、生态环境、居住环境和市政设施五个方面。宜居竞争力较强的城市一般具有良好的居住和生态环境，房价可以说是影响居住环境的重要指标，高房价往往使人们背上沉重的房贷，削减非必要的生活开销，降低生活质量，生活幸福感降低，进而影响城市宜居体验感，宜居竞争力低，使得对人才的吸引力下降，缺少住房需求，房价则会降低。但也有另一种情况，就是当城市的市政设施和提供的其他公共服务给人的体验感强于高房价带来的负面影响时，则虽然房价高，但人们还是愿意“被吸引来”。

城市可持续竞争力是指一个城市提升自身在经济、社会、生态、创新等方面的优势，是克服各种“城市病”、实现可持续健康发展的能力。可持续竞争力注重城市的科技创新考量，这是衡量一个城市未来发展潜力的重要指标。可持续竞争力越强的城市，未来的发展前景越好，可提供的就业机会可能越多，对人口的吸引能力将增强，这会提高潜在的住房需求，进而最终推高房价。

总的来说，三个城市竞争力指标就是通过对城市现今经济发展情况、宜居生活情况以及未来发展潜力三个方面进行考量，人们都会希望自己生活的城市越来越好，城市越具有竞争力，代表其发展潜力越好，对人才的吸引能力就会越强，最终将影响到房价。

2.5.2　城市层级划分

总体上，我国的房价随着城市等级的提升而不断升高，如一线城市的房价高于二、三、四线城市的房价，二线城市的房价高于三、四线城市的房价，而三线城市的房价高于四线城市的房价。

这里参照第一财经新一线城市研究所发布的《2019 城市商业魅力排行榜》中的城市等级划分，如表 2.1 所示。

表 2.1　2019 年各层级城市划分

城市等级	各层级城市内部划分	城市名称
一线城市（4 城）		北京、上海、广州、深圳
二线城市（45 城）	高房价城市（10 城）	杭州、苏州、天津、南京、东莞、宁波、福州、厦门、温州、珠海
	中等房价城市（17 城）	成都、武汉、青岛、无锡、佛山、合肥、大连、济南、金华、常州、嘉兴、太原、中山、台州、绍兴、海口、扬州
	低房价城市（18 城）	重庆、西安、长沙、郑州、沈阳、昆明、哈尔滨、南宁、长春、泉州、石家庄、贵阳、南昌、南通、徐州、惠州、烟台、兰州
三线城市（70 城）	高房价城市（15 城）	汕头、湖州、镇江、泰州、乌鲁木齐、漳州、廊坊、三亚、江门、莆田、舟山、宁德、丽水、龙岩、三明
	中等房价城市（35 城）	盐城、潍坊、保定、唐山、赣州、呼和浩特、芜湖、桂林、银川、湛江、绵阳、淮安、连云港、淄博、宜昌、邯郸、上饶、柳州、威海、阜阳、大庆、沧州、肇庆、清远、滁州、蚌埠、马鞍山、潮州、梅州、秦皇岛、南平、吉林、安庆、泰安、包头
	低房价城市（20 城）	洛阳、临沂、揭阳、遵义、济宁、咸阳、九江、衡阳、株洲、南阳、襄阳、信阳、岳阳、商丘、荆州、新乡、鞍山、湘潭、宿迁、郴州
四线城市（81 城）	高房价城市（17 城）	六安、汕尾、西宁、茂名、丽江、衢州、北海、东营、阳江、日照、淮南、榆林、黄山、铜陵、承德、保山、眉山、
	中等房价城市（34 城）	韶关、常德、南充、宜春、景德镇、开封、宿州、黄石、晋中、许昌、锦州、抚州、营口、齐齐哈尔、河源、德阳、张家口、大同、德州、盘锦、宣城、十堰、宜宾、丹东、乐山、吉安、鄂尔多斯、泸州、枣庄、聊城、亳州、鹰潭、滨州、赤峰
	低房价城市（30 城）	驻马店、邢台、黄冈、怀化、菏泽、周口、佳木斯、曲靖、牡丹江、邵阳、孝感、焦作、益阳、运城、玉林、平顶山、渭南、安阳、铜仁、永州、宝鸡、娄底、六盘水、毕节、安顺、百色、临汾、梧州、绥化、咸宁

一线城市为北上广深 4 个老牌城市，在这里，15 个新一线城市并没有归为一线城市内，还是将它们归为二线城市，二线城市共包含 45 个城市。三线

城市则由 70 个城市组成。四线城市在剔除部分数据难获取的城市后包含 81 个城市。至此，本书所涵盖的一线至四线城市的数量共 200 个。除一线城市外，各层级城市根据房价高低再划分为高、中、低三个等级。

2.5.3　数据来源与指标变量处理

本书使用的数据为 2010～2018 年一线至四线 200 个城市的纵向数据。城市分级主要参照第一财经新一线城市研究所发布的《2019 城市商业魅力排行榜》中的城市等级。需要指出的是，我国一线至四线城市共计 209 个，其中大理、延边、黔东南、黔南、红河、拉萨、西双版纳、恩施、德宏 9 个城市因为数据缺失严重而被剔除。

本书使用的房价是指新开发商品房的均价，数据主要来自知网统计数据中的各省市统计年鉴，广西、贵州、吉林和云南 4 省区的部分城市统计年鉴中无房价数据，采用的是该市当年统计公报中给出的当年商品房销售额以及销售面积，根据公式：房价 = 销售额 ÷ 销售面积，得到商品房房价来近似替代住房房价。

本书用到的 CPI 数据、经济因素（人均 GDP）、投资因素（房地产开发住房投资额）、收入因素（城镇家庭人均可支配收入）、人口因素（常住人口）均来自各省市的统计年鉴；产业结构（第三产业占 GDP 的比重）、土地供给（住房用地面积）、信贷规模（年末金融机构存贷比）和开放程度（当年外资实际利用情况）的数据来自各年《中国城市统计年鉴》；各年人民币兑美元汇率来自《中国金融年鉴》；综合经济竞争力、宜居竞争力和可持续竞争力的数据来自《城市竞争力蓝皮书：中国城市竞争力报告》。

根据前文关于城市住房价格差异性影响因素的描述，我们选取了 13 个指标作为自变量，各变量指标的描述性统计如表 2.2 所示。

表 2.2　变量指标的描述性统计

因素类别	因素名称	变量指标	变量指标名称	单位	最小值	最大值	均值	标准差
		Y	住房价格	元/平方米	1603	44776	5079	3521
供给因素	投资因素	X_2	房地产开发住房投资额	亿元	7.09	2510.59	244.61	324.80
	土地因素	X_5	土地价格	元/平方米	394	47609	3495	5067.89
		X_7	住房用地面积	平方公里	0	1259	55.85	87.72

续表

因素类别	因素名称	变量指标	变量指标名称	单位	最小值	最大值	均值	标准差
需求因素	人口因素	X_6	常住人口	万人	28.75	3101.79	542.62	39.43
	收入因素	X_3	城镇家庭人均可支配收入	元	9468	54837	24456	7201.68
	经济因素	X_1	人均 GDP	元	9528	234506	47534	281945
	产业结构	X_4	第三产业占 GDP 的比重	%	14.01	80.98	46.61	10.83
	开放程度	X_8	当年外资实际利用情况	万元	0	1741.65	70.96	140.83
行政因素	信贷规模	X_9	金融机构存贷比		0.085	5.613	0.683	0.208
	利率因素	X_{10}	贷款利率	%	0.045	6.494	3.336	1.006
城市竞争力	经济情况	X_{11}	综合经济竞争力		0.016	1	0.104	0.099
	宜居程度	X_{12}	宜居竞争力		0	1	0.399	0.165
	发展潜力	X_{13}	可持续竞争力		0	0.989	0.400	0.155

为了在一定程度上消除异方差，我们在回归时对房价取对数，即取房价的对数为因变量；为了消除各变量量纲不同所带来的数据值差异悬殊问题，对所有自变量作归一化处理。

2.5.4 我国城市住房价格差异性影响因素分析

下面我们运用纵向数据函数系数分位数回归模型研究我国城市住房价格差异性及其影响因素，为此，构建如下函数系数分位数回归模型：

$$\ln(Y_{\tau ij}) = \alpha_{\tau 0}(t_{ij}) + \alpha_{\tau 1}(t_{ij})X_{ij1} + \alpha_{\tau 2}(t_{ij})X_{ij2} + \alpha_{\tau 3}(t_{ij})X_{ij3} + \alpha_{\tau 4}(t_{ij})X_{ij4} + \alpha_{\tau 5}(t_{ij})X_{ij5} + \alpha_{\tau 6}(t_{ij})X_{ij6} + \cdots + \alpha_{\tau 12}(t_{ij})X_{ij12} + \alpha_{\tau 13}(t_{ij})X_{ij13} + \varepsilon_{\tau ij} \tag{2.16}$$

其中，t_{ij} 表示第 i 个城市第 j 年，共选取了 200 个城市，$i=1, 2, \cdots, 200$；$j=0, 1, \cdots, 8$。2010 年 t_{ij} 值为 0，2011 年 t_{ij} 值为 1，依次类推，2018 年 t_{ij} 值为 8。$Y_{\tau ij}$ 表示第 i 个城市第 j 年的住房价格。

运用 B－样条函数逼近模型（2.16）中的分位数系数函数 $\alpha_{\tau r}(t)$，$r=0, 1, \cdots, 13$ 并解最小化问题（2.10）获得分位数系数函数 $\hat{\alpha}_{\tau r}(t)$，$r=0, 1, \cdots, 13$，在式（2.10）中，我们取 $w_i=\frac{1}{N}$，$N=\sum_{i=1}^{n} n_i$，此处，$n=200$，$n_i=9$。图 2.1 给出了分位数水平 $\tau=0.2, 0.58, 0.87, 0.99$ 时系数函数 $\alpha_{\tau r}(t)$，$r=0, 1, \cdots, 13$ 的估计曲线。四线城市共 81 个，我们将这 81 个城市按房价从低到高排列，取中间第 41 个城市来确定分位点，由于城市总数是 200 个，中间

第 41 个城市对应的样本分位点为 0.2（41 ÷ 200），我们取 0.2 分位点来表示四线城市的房价。类似地，0.58、0.87、0.99 分别代表三线、二线和一线城市的房价。为便于比较，图 2.1 还给出了通过解式（2.8）得到的系数函数 $\alpha_r(t)$，$r=0, 1, \cdots, 13$ 的估计曲线，即均值回归估计曲线。

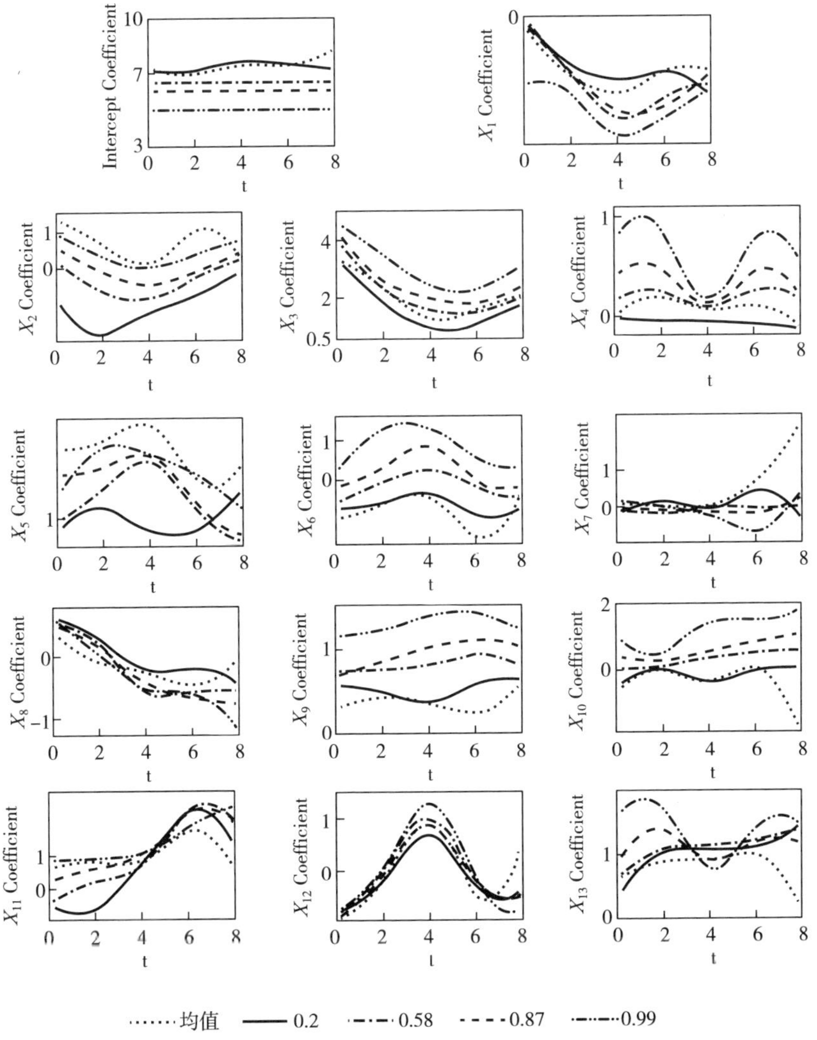

图 2.1 各层级城市房价差异影响因素波动变化趋势

从图 2.1 可知，人均 GDP（X_1）对一、二、三线城市房价的影响以 2014 年为分界线可分为两个阶段，2010 ~ 2014 年总体呈下降趋势，2014 ~ 2018 年呈不断增长的趋势；对四线城市房价的影响总体呈下降趋势，不过在 2014 ~

2016 年有震荡上升趋势，后又下降。

房地产开发住房投资额（X_2）对四线城市房价的影响在 2010 ~ 2012 年是下降的，在 2012 年之后则是递增的；2010 ~ 2014 年，住房投资额对一、二、三线城市房价的影响是递减的，2014 ~ 2018 年的影响程度则不断增加。

城镇家庭人均可支配收入（X_3）对各层级城市房价的影响总体上在 2010 ~ 2014 年不断下降，2014 ~ 2018 年呈增长的趋势。

第三产业占 GDP 的比重（X_4）对一、二线城市房价的影响总体上在 2010 ~ 2014 年呈下降趋势，2014 ~ 2017 年呈不断增长趋势，2017 年后又转为下降。

土地价格（X_5）对二、三线城市房价的影响在 2014 年前是不断增长的，2014 年后则不断下降；对一线城市的影响在 2010 ~ 2012 年增长，2012 ~ 2018 年一直处于下降趋势；对四线城市房价的影响在 2012 年前是不断上升的，2012 ~ 2016 年呈下降趋势，2016 年后影响程度又不断增加。

常住人口（X_6）对一、二、三、四线城市房价的影响在 2010 ~ 2014 年是增长的，2014 ~ 2016 年呈下降趋势，在 2016 年后则又呈上升状态。

对一线城市而言，住房用地面积（X_7）对房价的影响在 2010 ~ 2016 年一直处于下降趋势，2016 ~ 2018 年影响又转而增加。

当年外资实际利用情况（X_8）对各层级房价的影响不显著，此处不做分析。

金融机构存贷比（X_9）对一、二、三线城市住房价格的影响在 2010 ~ 2016 年呈现不断增长的趋势，2016 年后则转而下降；对四线城市房价的影响在 2014 年前呈微弱的下降趋势，2014 年后转而增长。

贷款利率（X_{10}）对三线城市房价的影响在 2010 ~ 2018 年总体呈不断增长趋势，对四线城市的影响在 2012 年前不断增长，2012 ~ 2014 年缓慢下降，2014 年后又转为缓慢增长。

综合经济竞争力（X_{11}）对二、三、四线城市房价的影响在 2016 年前总体呈递增状态，2016 年后呈下降趋势；对一线城市房价的影响总体上呈不断增长趋势。

宜居竞争力（X_{12}）对各层级房价的影响在 2014 年前是在不断增长的，2014 ~ 2017 年呈下降趋势，2017 年之后又转为上升趋势。

可持续竞争力（X_{13}）对三、四线城市房价的影响在 2010 ~ 2018 年总体呈不断增长的趋势；对一、二线城市房价的影响在 2010 ~ 2012 年增长，2012 ~ 2014 年下降，2014 ~ 2016 年转升，2016 年后又下降。

综上所述，结合我国住房市场的调控政策可以发现，层级间的住房价格差异性影响因素随时间变化的波动趋势有随政策调控变化而不断变化的特征，进一步来讲，各因素对房价影响波动转变的节点基本上都是政策变换的节点。

就层级间城市住房价格的差异性影响因素而言，各层级城市住房价格的驱动因素不同是造成层级间房价差异的主要原因。一线城市房价是典型的由供给端因素驱动，二、三线城市房价是由供需两端因素共同驱动，四线城市房价则是由需求端因素驱动。具体来说，影响层级间城市住房价格差异性的首要因素是土地（包括土地供给和土地价格），其次是收入，再次是产业结构、城市竞争力、人口，最后是投资。预期因素尤其是滞后1期和滞后3期的房价对各层级住房价格有微弱的正向影响，这表明大家普遍对城市房价抱有看涨的乐观预期态度，这将会刺激人们的购房和投资需求，尤其是对一线城市房价的看涨态度更强烈。

就城市住房价格差异性影响因素随时间的波动情况而言，在不同的政策调控时间内，各影响因素的变化情况不尽相同。在2010~2014年负向调控期间，投资对一、二、三线城市，产业结构和可持续竞争力对一、二线城市，土地供给对一线城市房价的影响总体上呈下降趋势；地价对二、三线城市，可持续竞争力对三、四线城市，人口、经济竞争力等因素对一线城市房价的影响总体上呈增长趋势。在2014~2016年正向调控期间，产业结构和可持续竞争力对一、二线城市房价的影响不断增长，住房投资和收入等因素对房价的影响总体上呈增长趋势；地价对一、二、三线城市房价的影响不断增长，经济竞争力和人口等因素对房价的影响在不断下降；在2016~2018年负向调控期间，地价对四线城市，住房投资、收入和人口等因素对房价的影响不断增长；地价对一、二、三线城市，产业结构对一、二线城市，可持续竞争力对一、二线城市房价的影响转而下降。

2.5.5 二线城市住房价格差异性影响因素分析

下面运用纵向数据函数系数分位数回归模型研究二线城市住房价格差异性及其影响因素，构建如下函数系数分位数回归模型：

$$\ln(Y_{\tau ij}) = \alpha_{\tau 0}(t_{ij}) + \alpha_{\tau 1}(t_{ij})X_{ij1} + \alpha_{\tau 2}(t_{ij})X_{ij2} + \alpha_{\tau 3}(t_{ij})X_{ij3} + \alpha_{\tau 4}(t_{ij})X_{ij4} + \alpha_{\tau 5}(t_{ij})X_{ij5} + \alpha_{\tau 6}(t_{ij})X_{ij6} + \cdots + \alpha_{\tau 12}(t_{ij})X_{ij12} + \alpha_{\tau 13}(t_{ij})X_{ij13} + \varepsilon_{\tau ij} \quad (2.17)$$

其中，t_{ij}表示第i个城市第j年，共选取了45个二线城市，$i=1, 2, \cdots, 45$；$j=0, 1, \cdots, 8$。

运用B-样条函数逼近模型（2.17）中分位数系数函数$\alpha_{\tau r}(t)$，$r=0, 1, \cdots,$

13，并解最小化问题式（2.10）获得分位数系数函数$\hat{\alpha}_{\tau r}(t)$，$r=0$，1，…，13，在式(2.10)中，我们取$w_i=\frac{1}{N}$，$N=\sum_{i=1}^{45}n_i$。图2.2给出了分位数水平$\tau=0.2$、0.6、0.89时系数函数$\alpha_{\tau r}(t)$，$r=0$，1，…，13的估计曲线。二线城市共有45个，将各城市2010~2018年的房价均值小于6000元的城市划为低房价城市，共包含18个城市，再将这些城市按房价从低到高排列，我们取中间第9个城市来确定分位点，对应的样本分位点为0.2(9÷45)，我们取0.2分位点来表示二线城市的低房价。将房价均值大于6000元且小于9000元的城市划为中等房价城市，共包含17个城市，再将这些城市按房价从低到高排列，我们取中间第9个城市来确定分位点，对应的样本分位点为0.6[(18+9)÷45]，我们取0.6分位点来表示二线城市的中等房价。将房价均值大于9000元的城市划为高房价城市，共包含10个城市，再将这些城市按房价从低到高排列，我们取中间第5个城市来确定分位点，对应的样本分位点为0.89[(18+17+5)÷45]，我们取0.89分位点来表示二线城市的高房价。下面对一些指标做重点分析（下同）。

从图2.2中可以看出，人均GDP（X_1）对二线高房价城市的影响在2010~2014年总体呈下降趋势，2014~2018年呈不断上升趋势；对低房价城市的影响在2014年之前不断增加，2014~2016年减少，2016年后又转升；而对中等房价城市的影响则与低房价城市相反。

房地产开发住房投资额（X_2）对二线高房价城市的影响以2014年为节点，2010~2014年不断增加，2014~2018年则呈下降趋势。

城镇家庭人均可支配收入（X_3）对二线城市高中低房价的影响波动变化各不相同。收入对高房价城市的影响在2010~2012年和2014~2016年呈下降趋势，2012~2014年和2016~2018年则转而上升；对中等房价城市的影响在2014年前不断增加，2014~2016年下降，2016年后增加；对低房价城市的影响在2012年前增加，2012~2016年呈下降趋势，2016年后又转升。

第三产业占GDP的比重（X_4）对二线高房价城市的影响在2010~2012年呈下降趋势，2012~2016年不断增加，2016年后转而下降。

土地价格（X_5）对二线中低房价城市的影响在2014年前不断增长，2014年后不断降低；对高房价城市的影响在2016年前是处于增长趋势，2016年后转而下降。

常住人口（X_6）对二线中高房价城市的影响在2016年前总体呈增长趋势，2016年后转而下降；对低房价城市的影响则在2010~2014年呈上升趋势，2014~2016年呈下降趋势，2016年后又转升。

当年外资实际利用情况（X_8）对各水平房价的影响在2010~2018年总体呈下降趋势。

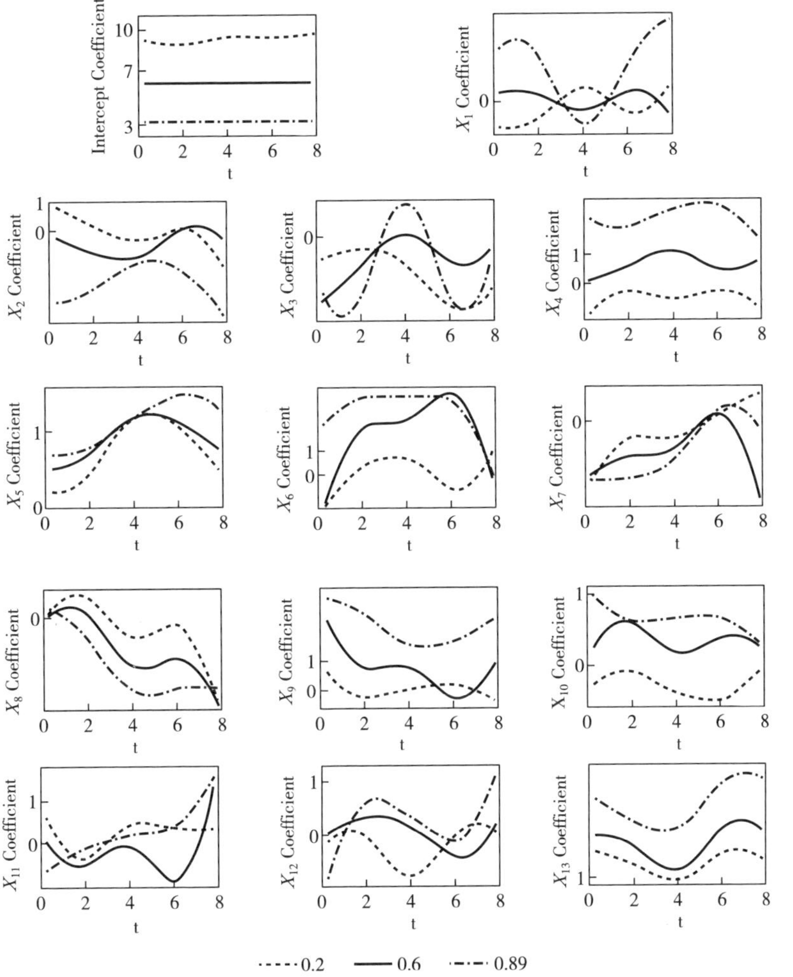

图2.2 二线城市房价差异影响因素随时间波动变化趋势

金融机构存贷比（X_9）对二线中低房价城市的影响在2012年前足递减的，2012~2016年对低房价的影响不断增加，对中等房价城市的影响则处于下降趋势，2016年后，对中等房价城市的影响转而上升，而对低房价城市的影响下降。对二线高房价城市的影响在2014年之前不断下降，在2014年后处于增长趋势。

综合经济竞争力（X_{11}）对二线高房价城市的影响总体上处于增长趋势，对中低房价的影响在2012年之前下降，2012~2014年增长，2016年后，对低房价城市的影响继续以微弱速度下降，而对中等房价城市的影响则以较快速度增长。

可持续竞争力指数（X_{13}）对二线城市各水平房价的影响在2010～2014年呈下降趋势，2014～2016年增长，2016年后转而下降。

综上所述，就二线城市不同房价水平的差异性影响因素而言，土地价格、收入和可持续竞争力是造成房价差异的主要因素。就预期因素对二线不同房价水平的城市而言，滞后2期的房价对住房价格有微弱的正向影响，且人们对二线高房价城市未来房价看涨的乐观态度较中低房价城市更强烈。

就二线城市不同房价水平差异性影响因素的波动变化趋势而言，在不同的政策调控时期内，各影响因素的变化波动情况不同。总的来说，在2010～2014年负向调控期内，可持续竞争力对各房价的影响在不断减少，收入对中等房价、综合经济竞争力对高房价、人口和土地价格对各房价城市的影响处于增长趋势，综合经济竞争力对中低房价城市的影响以2012年为节点先降后升，收入对高房价城市的影响也以2012年为节点先降后升，对低房价城市的影响则以2012年为节点先升后降。在2014～2016年正向调控期内，人口对中高房价、综合经济竞争力和地价对高房价以及可持续竞争力对各水平房价的影响增加，人口对低房价、综合经济竞争力和地价对中低房价以及收入对各房价的影响处于下降状态。在2016～2018年负向调控期内，综合经济竞争力对中高房价、人口对低房价以及收入对各水平房价的影响不断增加，综合经济竞争力对低房价、人口对中高房价、可持续竞争力和地价对各水平房价的影响不断下降。

2.5.6 三线城市住房价格差异性影响因素分析

构建如下纵向数据函数系数分位数回归模型来研究三线城市住房价格差异性及其影响因素：

$$\ln(Y_{\tau ij}) = \alpha_{\tau 0}(t_{ij}) + \alpha_{\tau 1}(t_{ij})X_{ij1} + \alpha_{\tau 2}(t_{ij})X_{ij2} + \alpha_{\tau 3}(t_{ij})X_{ij3} + \alpha_{\tau 4}(t_{ij})X_{ij4} + \alpha_{\tau 5}(t_{ij})X_{ij5} + \alpha_{\tau 6}(t_{ij})X_{ij6} + \cdots + \alpha_{\tau 12}(t_{ij})X_{ij12} + \alpha_{\tau 13}(t_{ij})X_{ij13} + \varepsilon_{\tau ij} \tag{2.18}$$

其中，$i=1, 2, \cdots, 70$；$j=0, 1, 2, \cdots, 8$。三线城市共有70个。

图2.3给出了分位数水平$\tau=0.14$、0.54、0.9时系数函数$\alpha_{\tau r}(t)$，$r=0, 1, 2, \cdots, 13$的估计曲线。三线城市共有70个，将各城市2010～2018年的房价均值小于3700元的城市划为低房价城市，共包含20个城市，再将这些城市按房价从低到高排列，我们取中间第10个城市来确定分位点，对应的样本分位点为0.14（10÷70），我们取0.14分位点来表示三线城市的低房价。将房价

均值大于 3700 元且小于 5000 元的城市划为中等房价城市，共包含 35 个城市，再将这些城市按房价从低到高排列，我们取中间第 18 个城市来确定分位点，对应的样本分位点为 0. 54[（20 + 18）÷70]，我们取 0. 54 分位点来表示三线城市的中等房价。将房价均值大于 5000 元的城市划为高房价城市，共包含 15 个城市，再将这些城市按房价从低到高排列，我们取中间第 8 个城市来确定分位点，对应的样本分位点为 0. 9[（20 + 35 + 8）÷70]，我们取 0. 9 分位点来表示三线城市的高房价。

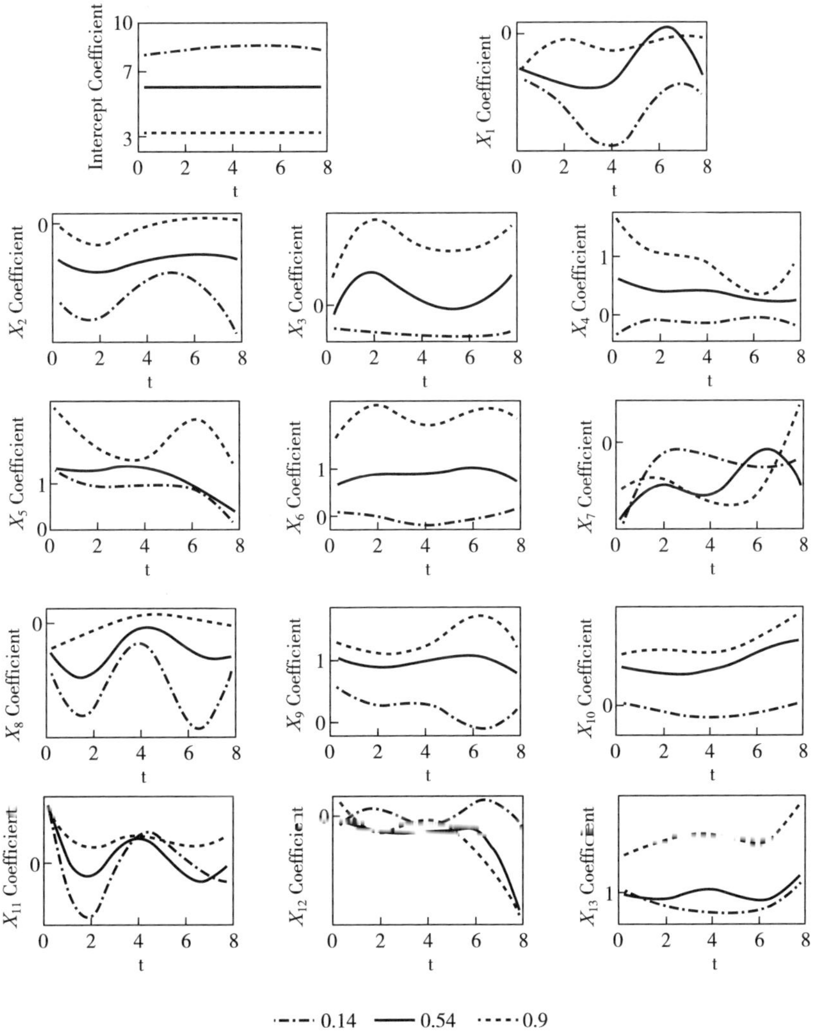

图 2. 3 三线城市房价差异影响因素随时间波动变化趋势

从图 2.3 中可以看出，人均 GDP（X_1）对三线城市中低房价的影响波动情况大体一致，在 2010～2014 年处于下降趋势，2014～2016 年上升，2016～2018 年又转而下降；对高房价城市的影响在 2012 年前增长，2012～2014 年下降，2014 年后以较缓的趋势增长。

房地产开发住房投资额（X_2）对各水平房价的影响在 2012 年前不断下降，2012～2016 年影响程度在不断增加，2016 年后影响转而下降。

城镇家庭人均可支配收入（X_3）对中高房价的影响在 2012 年前呈上升趋势，2012～2016 年影响降低，2018 年后又增长；收入对低房价城市的影响较为平缓，总体波动变化不大。

第三产业占 GDP 的比重（X_4）对中高房价城市的影响在 2016 年前呈下降趋势，2016 年后对高房价城市的影响转而上升，而对中等房价城市的影响则继续以微弱幅度下降。

土地价格（X_5）对高房价城市的影响在 2010～2014 年处于下降趋势，2014～2016 年上升，2016～2018 年下降；地价对中等房价城市的影响在 2014 年前有微弱的上升趋势，2014 年后转而下降；而地价对低房价城市的影响则在 2010～2018 年总体上处于下降趋势。

常住人口（X_6）对各水平房价的影响均不相同；对高房价的影响在 2012 年前和 2014～2016 年呈增长趋势，2012～2014 年和 2016 年后处于下降趋势；对中等房价城市的影响在 2016 年前一直处于增长趋势，2016 年后转降；而对低房价城市的影响在 2014 年前处于下降趋势，2014 年后则处于上升趋势。

住房用地面积（X_7）对高低房价城市的影响在 2012 年前处于增长态势，2012～2016 年下降，2016 年后转升；对中等房价城市的影响在 2010～2012 年和 2014～2016 年呈上升趋势，在 2012～2014 年和 2016～2018 年则处于下降趋势。

金融机构存贷比（X_9）对低房价城市的影响在 2010～2016 年总体处于下降趋势，在 2016～2018 年转而上升；对中高房价城市的影响在 2014 年前下降，2014～2016 年增加，2016 年后下降。

综合经济竞争力（X_{11}）对三线城市各水平房价的影响在 2012 年前处于下降趋势，2012～2014 年处于上升态势，2014～2016 年又下降，2016 年后对中高房价的影响增加，而对低房价的影响继续下降。

可持续竞争力（X_{13}）对低房价城市的影响在 2016 年前不断下降，2016 年后上升；对高房价城市的影响在 2014 年前不断增加，2014～2016 年有下降的趋势，2016 年后又转而上升；对中等房价城市的影响仅在 2014 年前和对高房价的影响不同，以 2012 年为时间节点，可持续竞争力对低房价的影响先降后升。

综上所述，就三线城市住房价格差异性影响因素而言，首要因素是收入，其次是土地价格，最后是可持续竞争力。就预期因素对三线不同房价水平的城市而言，滞后 2 期的房价对住房价格有微弱的正向影响，表明人们对房价的乐观预期在一定程度上能推升房价。

就三线城市房价差异的影响因素随时间变化波动的趋势而言，在各政策调控期内，变化趋势不尽相同。在 2010 ~ 2014 年负向调控期间，以 2012 年为节点，可持续竞争力对低房价，以及住房投资和综合经济竞争力对各水平房价的影响先降后升，收入对中高房价的影响先升后降，地价对高低房价和信贷对各水平房价的影响不断降低，地价对中等房价的影响却不断上升；在 2014 ~ 2016 年正向调控期间，地价对高低房价、住房投资和信贷对中高房价的影响增加，而地价对中等房价、住房投资和信贷对低房价、收入对中高房价以及综合经济竞争力和可持续竞争力对各水平房价的影响在降低；在 2016 ~ 2018 年负向调控期间，收入对中高房价、信贷对低房价、综合经济竞争力对中高房价以及可持续竞争力对各水平房价的影响处于增长趋势，信贷对中高房价、综合经济竞争力对低房价以及住房投资对各水平房价的影响处于下降趋势。

2.5.7　四线城市住房价格差异性影响因素分析

与前面类似，我们构建纵向数据函数系数分位数回归模型研究四线城市住房价格差异性及其影响因素。四线城市共 81 个，将各城市 2010 ~ 2018 年的房价均值小于 3200 元的城市划为低房价城市，共包含 30 个城市，再将这些城市按房价从低到高排列，我们取中间第 15 个城市来确定分位点，对应的样本分位点为 0.19（≈15 ÷ 81），所以我们取 0.19 分位点来表示四线城市的低房价。将房价均值大于 3200 元且小于 3900 元的城市划为中等房价城市，共包含 34 个城市，再将这些城市按房价从低到高排列，我们取中间第 17 个城市来确定分位点，对应的样本分位点为 0.58[（30 + 17）÷ 81]，所以我们取 0.58 分位点来表示四线城市的中等房价。将房价均值大于 3900 元的城市划为高房价城市，共包含 17 个城市，再将这些城市按房价从低到高排列，我们取中间第 9 个城市来确定分位点，对应的样本分位点为 0.9[≈（30 + 34 + 9）÷ 81]，所以我们取 0.9 分位点来表示四线城市的高房价。

从图 2.4 中可以看出，人均 GDP（X_1）对四线城市各水平房价的影响波动情况不一，其对高房价城市的影响在 2010 ~ 2014 年处于下降趋势，在 2014 ~ 2016 年呈上升趋势，2016 ~ 2018 年又转而下降；对中等房价城市的影响在 2016 前不断降低，2016 年后增加；而对低房价城市的影响在 2014 年前不断降低，2014 年后又增加。

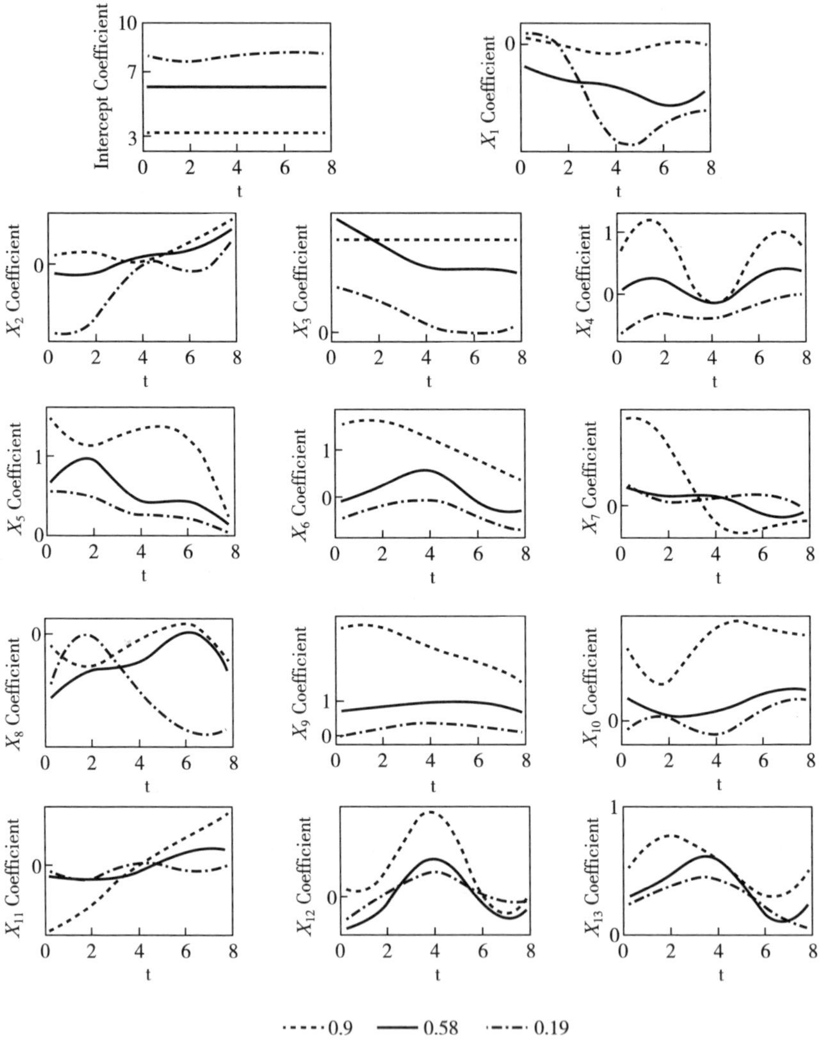

图 2.4　四线城市房价差异影响因素随时间波动变化趋势

房地产开发住房投资额（X_2）对高房价城市的影响在 2014 年前处于下降趋势，对中低房价城市的影响则不断上升；2014 年后对中高房价城市的影响则不断上升，对低房价城市的影响则以 2016 年为节点先降后升。

城镇家庭人均可支配收入（X_3）对高房价城市的影响较为稳定；对中低房价城市的影响在2016年前处于下降趋势，2016年后开始上升。

土地价格（X_5）对四线城市高中低房价的影响波动不一，具体来说，地价对高房价城市的影响在2010～2012年降低，2012～2016年上升，2016～2018年又下降；对中等房价城市的影响在2012年前上升，2012～2014年下降，2014～2016年又以微弱的幅度上升，2016年后转而下降；对低房价城市的影响在2010～2018年一直以缓慢的速度处于下降趋势。

常住人口（X_6）对四线高房价城市的影响在2012年前上升，2012年后下降。人口因素对中低房价的影响在2014年前处于上升趋势，2014年后总体处于下降趋势。

住房用地面积（X_7）对高房价城市的影响在2015年前总体呈下降趋势，2015年后呈上升趋势；对中等房价城市的影响在2012年前下降，2012～2014年缓慢上升，2014～2016年又下降，2016年后上升；对低房价城市的影响在2012年前下降，2012～2016年呈增长趋势，2016年后转而下降。

金融机构存贷比（X_9）对中低房价城市的影响以2014年为节点，2014年前总体呈微弱上升趋势，2014年后则呈微弱的下降趋势；其对四线高房价城市的影响在2010～2012年呈增长趋势，2012年后则不断下降。

可持续竞争力（X_{13}）对高房价城市的影响在2012年前呈上升趋势，2012～2016年处于下降趋势，2016年后转而上升；对中等房价城市的影响在2014年前不断增长，2014～2016年下降，2016年后转而上升；而对低房价城市的影响在2014年前呈增长趋势，2014年后转而下降。

综上所述，就四线城市不同水平房价的差异性影响因素而言，首要影响因素就是收入，其次是人口，最后是信贷。就预期因素对四线各城市不同水平的房价而言，滞后2期的房价对目前的房价均会产生正向影响，但滞后1期的房价影响更大，人们对房价抱有看涨的乐观态度。

就四线城市房价差异的影响因素随时间变化波动的趋势而言，在不同的政策调控期内，各影响因素变化情况不同。在2010～2014年负向调控期间，以2012年为节点，住房投资和人口对高房价、土地价格对中等房价城市的影响先升后降，住房投资对中等房价以及土地价格对高房价的影响先降后升。人口和信贷规模对中低房价以及投资对低房价的影响呈上升趋势，收入和土地价格对低房价城市的影响呈下降趋势。在2014～2016年正向调控期间，投资和地价对低房价、收入对中低房价、人口和信贷对各水平房价等的影响均处于下降态势，投资和地价对中高房价等的影响处于增长态势。在 2016 ~ 2018 年负向调控期间，人口对高低房价城市以及信贷和地价对各水平房价城市的影响降低，人口对中等房价城市、收入对中低房价城市以及投资对各水平房价城市的影响则不断上升。

2.6 波士顿住房的数据分析

下面运用函数系数模型和部分线性函数系数模型分析波士顿数据集，该数据集中共有 506 次观测（每个人口普查区域有 1 次观测）结果，每个观察结果包含 14 个变量。这些变量包括氮氧化物的水平（*NOX*）、平均房间数（*RM*）、1940 年以前建造的建筑比例（*AGE*）、黑人人口比例（*B*）、较低地位的人口比例（*LSTAT*）、犯罪率（*CRIM*）、大地块划分面积的比例（*ZN*）、非零售商业区域比例（*INDUS*）、财产税率（*TAX*）、学生与教师的比例（*PTRATIO*）、位置毗邻查尔斯河流（*CHAS*）、到就业中心的加权距离（*DIS*）以及可访问性的指标（*RAD*）。此数据集已被众多学者所分析，包括 Harrison 和 Rubinfeld（1978）以及 Pace 和 Gilley（1997）等。

Harrison 和 Rubinfeld（1978）运用不同的方法研究该数据集，目的是评估清洁空气产生的影响。我们的目的是通过 *NOX*、*CHAS*、*RM*、*AGE*、*CRIM*、*B*、*PTRATIO*、*TAX*、*ZN*、*LSTAT*、*INDUS*、*DIS* 以及 *RAD* 评估氮氧化物（*NOX*）的变化对住房价格的影响。在这里，我们选择 *NOX* 作为系数函数解释变量，并构造以下函数系数模型：

$$\begin{aligned}\ln(Price) = {}&\alpha_0(NOX) + \alpha_1(NOX)CHAS + \alpha_2(NOX)RM + \alpha_3(NOX)AGE + \\ &\alpha_4(NOX)CRIM + \alpha_5(NOX)B + \alpha_6(NOX)PTRATIO + \alpha_7(NOX)TAX + \\ &\alpha_8(NOX)ZN + \alpha_9(NOX)LSTAT + \alpha_{10}(NOX)INDUS + \alpha_{11}(NOX)DIS + \\ &\alpha_{12}(NOX)RAD + \varepsilon \end{aligned} \tag{2.19}$$

我们注意到，在 *RM*、*AGE*、*CRIM*、*B*、*PTRATIO*、*TAX*、*ZN*、*LSTAT*、*INDUS*、*DIS* 和 *RAD* 这些变量中，一些变量的数据（如 *RM* 和 *CRIM*）很小，而一些变量的值（如 *B* 和 *TAX*）却很大。为此，对于这些变量的数据，我们先做以下变换：令 z_i（$i=1, 2, \cdots, 506$）为 *RM* 的观察值，令 $x_i = z_i/\max_i z_i$（$i=1, 2, \cdots, 506$），使得修改后的 *RM* 的最大值为 1。*AGE*、*CRIM*、*B*、*PTRATIO*、*TAX*、*ZN*、*LSTAT*、*INDUS*、*DIS* 和 *RAD* 以类似的方式进行修改。为了对函数

系数的意义有更清晰的解释，我们将修改后的变量 *RM*、*AGE*、*CRIM*、*B*、*PTRATIO*、*TAX*、*ZN*、*LSTAT*、*INDUS*、*DIS* 和 *RAD* 中心化，以便它们的样本均值为 0。对于变量 *CHAS*，如果位置毗邻查尔斯河流，令 *CHAS* = 1；否则 *CHAS* = 0。这样一来，截距函数 α_0（*NOX*）意指位置不毗邻查尔斯河流并且有平均 *RM*、*AGE*、*CRIM*、*B*、*PTRATIO*、*TAX*、*ZN*、*LSTAT*、*INDUS*、*DIS* 和平均 *RAD* 的区域房价的 ln（*Price*）随 *NOX* 的变化曲线。

我们运用等分节点线性样条函数逼近未知函数系数并解最小化问题式（2.7）求 α_i（*NOX*），$i=0, 1, \cdots, 12$ 的估计量。通过检查估计函数的曲线图我们主观地选择光滑参数 $K_n=6$。图 2.5 显示了估计的系数曲线。

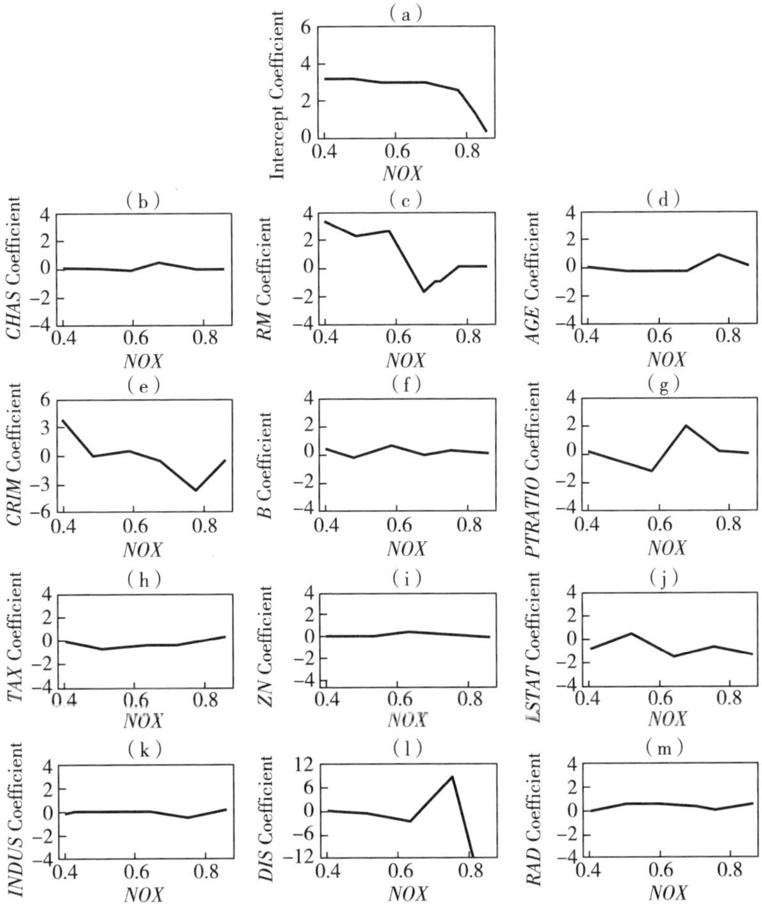

图 2.5　估计的系数函数曲线

我们从图 2.5 中看到，*CHAS*、*AGE*、*B*、*TAX*、*ZN*、*INDUS* 和 *RAD* 的系数函数倾向于在所考虑的 *NOX* 范围内保持稳定。为此，我们假设 *CHAS*、*AGE*、*B*、*TAX*、*ZN*、*INDUS* 和 *RAD* 并不随 *NOX* 的改变而变化，并构建以下部分线性函数系数模型：

$$\begin{aligned}\ln(Price) = {} & \alpha_0(NOX) + \alpha_1(NOX)RM + \alpha_2(NOX)CRIM + \alpha_3(NOX)PTRATIO + \\ & \alpha_4(NOX)LSTAT + \alpha_5(NOX)DIS + \beta_1 CHAS + \beta_2 AGE + \beta_3 B + \\ & \beta_4 TAX + \beta_5 ZN + \beta_6 INUDS + \beta_7 RAD + \varepsilon \end{aligned} \tag{2.20}$$

未知函数 α_i（*NOX*），$i=0$，1，…，5 由具有等分节点的二次样条函数逼近，α_i（*NOX*），$i=0$，1，…，5 和 β_i，$i=1$，2，…，7 的估计量由解最小化问题式（2.12）得到。通过观察估计函数的曲线图我们主观地选择光滑参数 $K_n=5$。表 2.3 报告了未知参数 β_i，$i=1$，2，…，7 的估计量，图 2.6 显示了估计的系数函数曲线。

表 2.3　未知参数 β_i，$i=1$，2，…，7 的估计量

$\hat{\beta}_1$	$\hat{\beta}_2$	$\hat{\beta}_3$	$\hat{\beta}_4$	$\hat{\beta}_5$	$\hat{\beta}_6$	$\hat{\beta}_7$
0.0207	-0.2457	0.2390	-0.4887	0.0171	-0.1689	0.4362

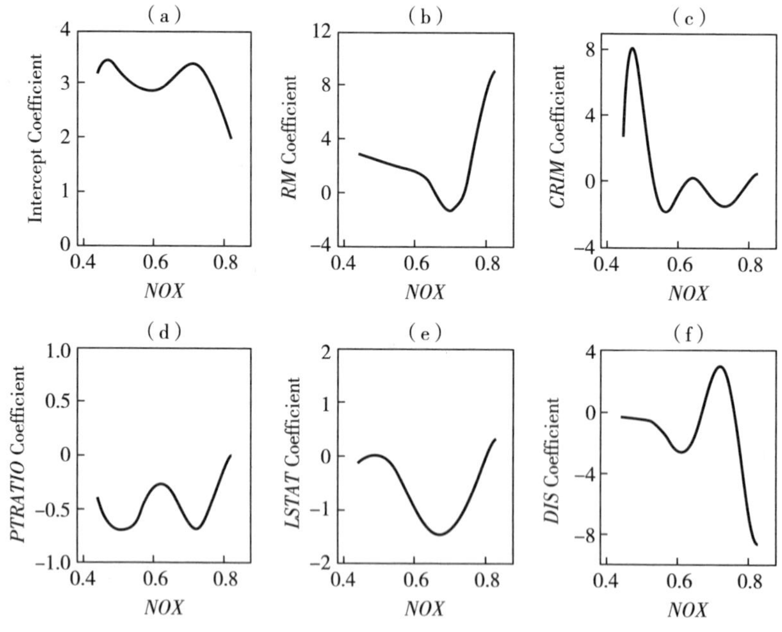

图 2.6　估计的系数函数曲线

从表 2.3 可以看到，*CHAS*、*B*、*ZN* 和 *RAD* 正向联系 ln(*Price*)，而 *CRIM*、*PTRATIO*、*LSTAT* 和 *DIS* 整体上负向联系 ln(*Price*)。这些发现基本上与 Harrison 和 Rubinfeld（1978）以及 Pace 和 Gilley（1997）中的结论一致。图 2.6 显示当 *NOX* 在 0.46～0.59 时，截断曲线（即基准 ln(*Price*) 曲线）随 *NOX* 的增加而减少，而当 *NOX* 在 0.59～0.71 时，随 NOX 的增加而增加，当 *NOX* 大于 0.71 时，截断曲线随 *NOX* 的增加而减少。

2.7　北京市 PM2.5 影响因素分析

PM2.5 是指大气中直径小于或等于 2.5 微米的颗粒物，也称为可入肺颗粒物。PM2.5 主要来自燃料的燃烧以及工业生产和交通运输过程中排放的烟尘。PM2.5 浓度的增加，直接导致灰霾天气频发和雾中有毒、有害物质的大幅增加。虽然 PM2.5 只是地球大气成分中含量很少的组成成分，但它对空气质量和能见度等有重要的影响，且富含大量的有毒、有害物质，被吸入人体后会直接进入支气管，干扰肺部的气体交换，引发哮喘、支气管炎和心血管病等疾病。同时，有研究发现，空气污染会影响胎儿的发育，造成出生儿体重偏低和小头围等现象。

在不同的气候条件下，由于二氧化硫、二氧化氮、臭氧以及一氧化碳对 PM2.5 的影响并不相同，这里将借助函数系数模型综合分析温度、湿度以及二氧化硫、二氧化氮、臭氧、一氧化碳与 PM2.5 之间的相关关系。事实上，某地区当天的 PM2.5 浓度与该地区前一天甚至前几天的 PM2.5 浓度有直接的联系，基于此种联系，我们将运用部分线性函数系数模型进一步研究温度、湿度、二氧化硫、二氧化氮、臭氧、一氧化碳以及前一天的 PM2.5 浓度对当天 PM2.5 浓度的影响。

我们首先分析在不同的温度 t 和湿度 u 条件下二氧化硫（SO_2）、二氧化氮（NO_2）、臭氧（O_3）以及一氧化碳（CO）对 PM2.5 的影响。这里使用的数据是北京市 2016 年 1 月 1 日至 2017 年 6 月 30 日共 547 天的空气质量数据和气象数据。空气质量数据来源于中国环境监测总站，气象数据来源于北京天气网。

我们先构建如下变系数模型：

$$\log(\mathrm{PM2.5}) = a_1(t) + a_2(t)\mathrm{SO}_2 + a_3(t)\mathrm{NO}_2 + a_4(t)\mathrm{O}_3 + a_5(t)\mathrm{CO} + \varepsilon_1 \tag{2.21}$$

$$\log(PM2.5)=h_1(u)+h_2(u)SO_2+h_3(u)NO_2+h_4(u)O_3+h_5(u)CO+\varepsilon_2 \quad (2.22)$$

模型（2.21）和模型（2.22）中未知函数的估计量通过最小化式（2.7）得到，而在式（2.7）中未知函数由等分节点三次样条函数逼近，由信息准则 BIC 选取的光滑参数 K_n 的值皆为 5。图 2.7 给出了式（2.20）中未知函数 $a_1(t)$，$a_2(t)$，…，$a_5(t)$ 的估计曲线。从图 2.7 中可以看到：随着 t 的增加，$a_2(t)$和 $a_3(t)$ 的估计曲线整体上呈下降趋势，$a_4(t)$ 的估计曲线呈先上升后缓慢下降的趋势，而 $a_5(t)$ 的估计曲线呈上升趋势。这说明二氧化硫（SO_2）、二氧化氮（NO_2）、臭氧（O_3）以及一氧化碳（CO）对 PM2.5 的影响随着温度的不同而发生变化，随着温度的增加，SO_2 和 NO_2 对 PM2.5 的影响逐渐减弱，而 CO 对 PM2.5 的影响逐渐增强。在冬天，家庭取暖和供热消耗大量的煤炭等化石燃料，这些化石燃料的燃烧产生大量的 SO_2 和 NO_2，它们被排

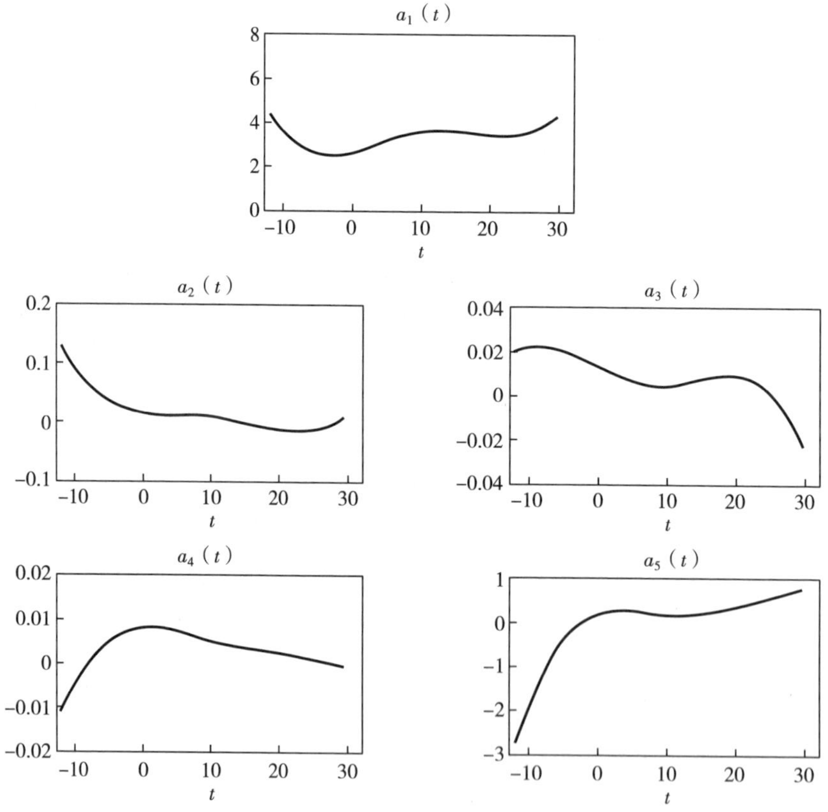

图 2.7　模型（2.21）中的未知函数估计曲线，t 表示温度

放到大气中使得大气中 SO_2 和 NO_2 的含量升高，因而它们对 PM2.5 的贡献较大。CO 是城市大气中含量最多的污染物，城市空气中的 CO 主要来自汽车排放。据不完全统计，1970 年全世界一氧化碳总排放量达 3.71 亿吨，其中汽车废气的排放量为 2.37 亿吨，约占 64%。在夏天，随着燃煤等消耗量的减少，SO_2 和 NO_2 对 PM2.5 的影响减弱，相对地，CO 对 PM2.5 的影响增强。O_3 浓度水平主要受自然条件（日照强度）的影响，图 2.7 表明 O_3 对 PM2.5 的影响较小。从图 2.7 中我们还看到：当温度 t 处在 0 ~ 22℃时，SO_2、NO_2、O_3 和 CO 对 PM2.5 的影响较为稳定，而当温度偏低或偏高时，它们对 PM2.5 的影响变化较大。

图 2.8 给出了模型（2.22）中未知函数 $h_1(u)$，$h_2(u)$，…，$h_5(u)$ 的估计曲线。图 2.8 显示，随着湿度 u 的增加，SO_2 对 PM2.5 的影响整体上呈下降趋势，NO_2 和 O_3 对 PM2.5 的影响逐渐减弱，而 CO 对 PM2.5 的影响逐渐增强。当湿度 u 处在 35 ~ 60℃时，SO_2、NO_2、O_3 和 CO 对 PM2.5 的影响较为

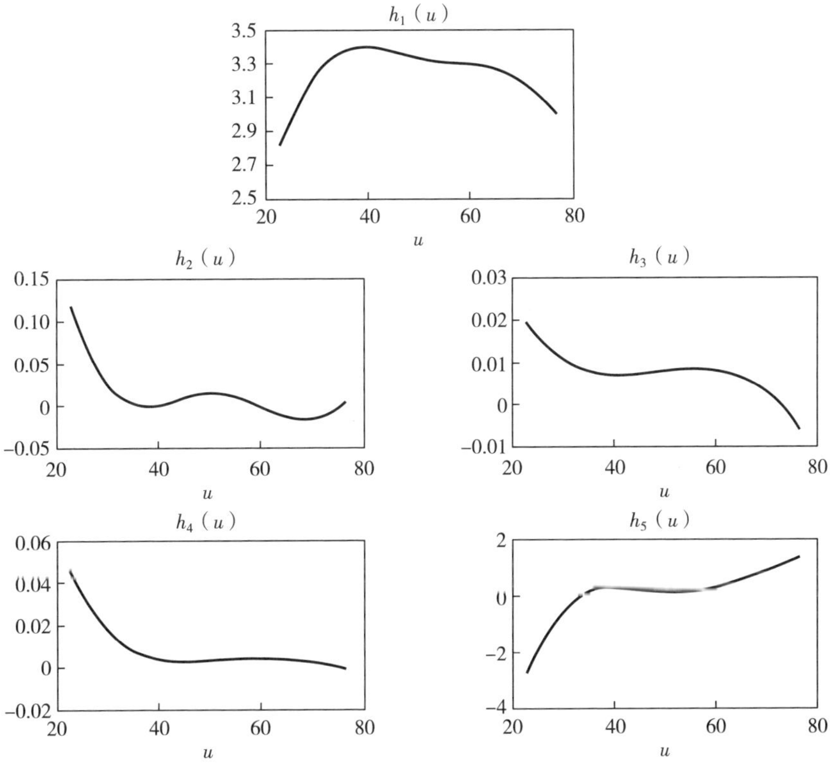

图 2.8　模型（2.22）中的未知函数估计曲线，u 表示湿度

稳定，而当湿度偏小或偏大时，它们对 PM2.5 的影响变化较大。比较图 2.7 和图 2.8 可以发现，SO_2、NO_2 和 CO 对 PM2.5 的影响较为相似。这是由于温度和湿度之间存在着一定的联系，通常情况下，温度较低时，空气干燥，空气中的湿度较低，而温度较高时，空气中的湿度较大。

由于大气中前一天甚至前几天的 PM2.5 含量对当天的 PM2.5 含量产生很大的影响，为简单起见，这里我们仅考虑前一天 PM2.5 含量对当天 PM2.5 含量的影响，进而我们构建如下部分线性变系数模型：

$$\log(PM2.5)_i = a_1(t) + a_2(t)SO_{2i} + a_3(t)NO_{2i} + a_4(t)O_{3i} + a_5(t)CO_i + \beta_1\log(PM2.5)_{i-1} + \varepsilon_1 \quad (2.23)$$

$$\log(PM2.5)_i = h_1(u) + h_2(u)SO_{2i} + h_3(u)NO_{2i} + h_4(u)O_{3i} + h_5(u)CO_i + \beta_2\log(PM2.5)_{i-1} + \varepsilon_2 \quad (2.24)$$

$i=2, 3, \cdots, n$，此处 $\log(PM2.5)_i$、SO_{2i}、NO_{2i}、O_{3i} 以及 CO_i 分别表示第 i 天的 log（PM2.5）、SO_2、NO_2、O_3 和 CO 的值，$n=547$。

模型（2.23）和模型（2.24）中未知函数和参数的估计量由解最小化问题（2.12）得到，由信息准则 BIC 选取的光滑参数 K_n 的值皆为 5。图 2.9 给出了模型（2.23）中未知函数 $a_1(t)$，$a_2(t)$，…，$a_5(t)$ 的估计曲线，图 2.10 给出了模型（2.24）中未知函数 $h_1(u)$，$h_2(u)$，…，$h_5(u)$ 的估计曲线。模型（2.23）中未知参数 β_1 的估计量为 0.3848，模型（2.24）中未知参数 β_2 的估计量为 0.3977，这说明前一天的 PM2.5 含量对当天的 PM2.5 含量有重大影响。比较图 2.7 和图 2.9 以及图 2.8 和图 2.10 可以看到：图 2.9 中，$a_1(t)$，…，$a_5(t)$ 的估计曲线与图 2.7 中函数的估计曲线很类似，而图 2.10 中，$h_1(u)$，…，$h_5(u)$ 的估计曲线与图 2.8 中函数的估计曲线很类似。这些相似性进一步强化了 SO_2、NO_2、O_3 和 CO 对 PM2.5 的影响随温度和湿度的变化趋势。

为了评价函数系数模型（2.21）和模型（2.22）、部分线性函数系数模型（2.23）和模型（2.24）以及线性模型（2.25）和模型（2.26）的拟合数据的效果，我们使用“去一”交叉核实预测方法：

$$\log(PM2.5) = \alpha_1 + \alpha_2 SO_2 + \alpha_3 NO_2 + \alpha_4 O_3 + \alpha_5 CO + \varepsilon_1 \quad (2.25)$$

$$\log(PM2.5)_i = \gamma_1 + \gamma_2 SO_{2i} + \gamma_3 NO_{2i} + \gamma_4 O_{3i} + \gamma_5 CO_i + \beta_3\log(PM2.5)_{i-1} + \varepsilon_2 \quad (2.26)$$

已知第 i 天的 SO_2、NO_2、O_3 和 CO，当使用某个模型预测第 i 天的 log（PM2.5）时，模型中未知参数和函数的估计量由删除第 i 天数据后的剩余数据得到。我们将得到的估计量连同第 i 天的 SO_2、NO_2、O_3 和 CO 的值代入模

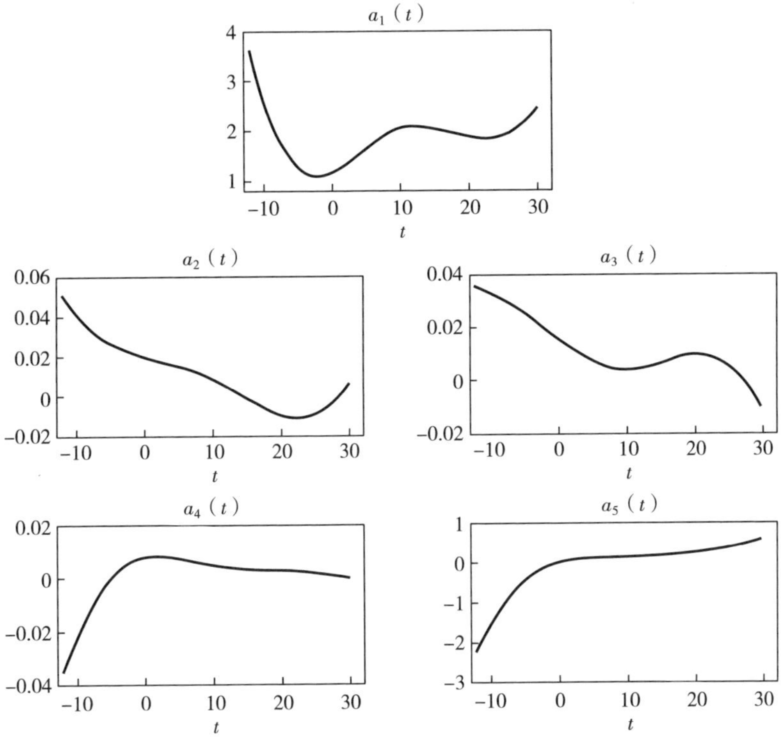

图 2.9　模型（2.23）中的未知函数估计曲线，*t* 表示温度

型中得到第 i 天的 log（PM2.5）的预测值 $\log(\widehat{PM2.5})_i$。图 2.11 显示了使用 6 个不同的模型得到的绝对预测误差 $|\log(\widehat{PM2.5})_i - \log(PM2.5)_i|$，$i=2, 3, \cdots, n$ 的箱线图。而使用模型（2.25）、模型（2.21）、模型（2.22）以及模型（2.26）、模型（2.23）、模型（2.24）得到的平均绝对预测误差分别为 0.4414、0.4235、0.6486、0.3916、0.3820 和 0.5727。从图 2.11 以及平均绝对预测误差结果可以看出：考虑前一天 PM2.5 影响的模型（2.26）、模型（2.23）、模型（2.24）在预测效果方面分别优于未考虑前一天 PM2.5 影响的模型（2.25）、模型（2.21）、模型（2.22）；线性模型（2.25）和模型（2.26）的预测效果分别优于随湿度变化的模型（2.22）和模型（2.24），而随温度变化的模型（2.21）和模型（2.23）的预测效果分别优于线性模型（2.25）和模型（2.26）；在所有模型中考虑前一天 PM2.5 影响的部分线性变系数模型（2.23）的预测效果最佳。

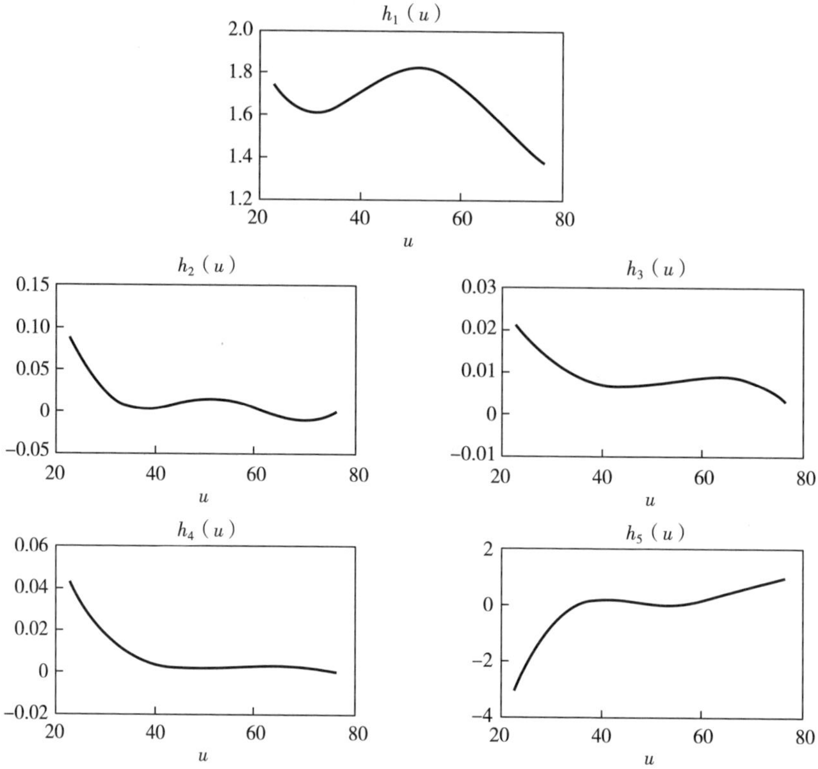

图 2.10　模型（2.24）中的未知函数估计曲线，*u* 表示湿度

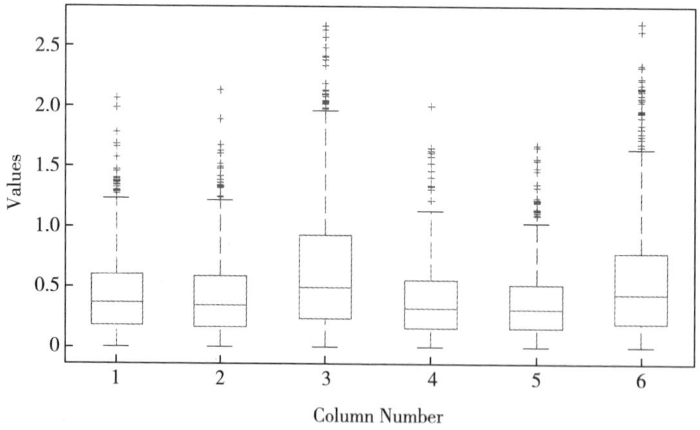

图 2.11　绝对预测误差箱线图

注：第 1 至第 6 个箱线图分别表示由模型（2.25）、模型（2.21）、模型（2.22）以及模型（2.26）、模型（2.23）、模型（2.24）得到的绝对预测误差 $\left|\log \widehat{(PM2.5)}_i - \log (PM2.5)_i\right|$，$i=2, 3, \cdots, n$ 的箱线图。

第3章　函数线性模型

3.1　引言

函数线性模型是函数型回归模型中的基本模型，函数型回归模型的许多复杂模型都是在函数线性模型基础上开发的推广模型。令 Y 为取值于 $R=(-\infty,+\infty)$ 的随机变量，$X(t)$，$t\in I=[a,b]\subset R$ 为随机过程，且 $X(t)\in L_2(I)$，$L_2(I)$ 为定义在 I 上的平方可积函数组成的集合。函数线性模型具有如下形式：

$$Y=\mu+\int_I a(t)X(t)\,\mathrm{d}t+\varepsilon \tag{3.1}$$

其中，μ 为常数，$a(t)$ 为斜率函数且 $a(t)\in L_2(I)$，ε 为随机误差，且满足 $E(\varepsilon)=0$，$D(\varepsilon)=\sigma^2<+\infty$。这个模型已被众多学者所广泛研究，如 Cardot 等（1999，2003）、Hall 和 Horowitz（2007）等。Crambes 等（2009）给出了该模型的一个区别于多元线性模型的有重要意义的应用例子。

3.2　斜率函数的估计

估计斜率函数 $a(t)$ 通常使用函数空间正交基展开方法：构建平方可积函数空间 $L_2(I)$ 的一个正交基，使斜率函数 $a(t)$ 用这个基表示，再通过截断得到 $a(t)$ 的近似表达式。下面介绍两种基展开方式求 μ 和 $a(t)$ 的估计量：一是惩罚 B－样条估计法，基函数的构建与样本数据无关：二是函数主成分分析法，基函数的构建与样本数据紧密相关。

3.2.1 基于惩罚 B－样条估计法

样条函数指的是在节点处光滑的逐段多项式函数，具体地说，对固定的整数 $s\geq 1$，令 $S(s, \bar{T})$ 为 s 次且节点为 $\bar{T}=\{$点 $a=\bar{t}_0<\bar{t}_1<\cdots<\bar{t}_{k_n+1}=b\}$ 的样条函数集，则当 $s=1$ 时，$S(s, \bar{T})$ 为在节点处跳跃的阶梯函数集。当 $s\geq 2$ 时，函数 $g(t)\in S(s, \bar{T})$ 当且仅当 $g(t)\in C^{s-2}[a, b]$ 且它在每一个区间 $[\bar{t}_k, \bar{t}_{k+1})$ 上是一阶数不超过 $s-1$ 的多项式，其中 $C^{s-2}[a, b]$ 表示 $[a, b]$ 上所有具有 $s-2$ 阶连续导数函数组成的集合。逐段常数函数、线性样条、二次样条和三次样条分别对应于 $s=1, 2, 3, 4$。记

$$B_k(t)=(\bar{t}_k-\bar{t}_{k-s})(\bar{t}_{k-s}, \cdots, \bar{t}_k)(u-t)_+^{s-1},\ k=1, 2, \cdots, K_n$$

在这里，$K_n=k_n+s$，当 $k=1-s, \cdots, -1$ 时，$\bar{t}_k=\bar{t}_0$，而当 $k=k_n+2, \cdots, K_n$ 时，$\bar{t}_k=\bar{t}_{k_n+1}$，对给定的 t，$(\bar{t}_{k-s}, \cdots, \bar{t}_k)(u-t)_+^{s-1}$ 表示函数 $h(u)=(u-t)_+^{s-1}$ 的第 s 次差分，则 $\{B_k(t)\}_{k=1}^{K_n}$ 形成 $S(s, \bar{T})$ 的一个基（Schumaker，1981）。我们用函数 $b(u)=\sum_{k=1}^{K_n} b_k B_k(t)$ 逼近函数 $a(t)$，这里的 K_n 随样本容量的增加而增加。

令 $(X_i(t), Y_i)$，$i=1, 2, \cdots, n$ 为 $(X(t), Y)$ 的独立同分布样本，我们解下面的关于 b_k，$k=0, 1, 2, \cdots, K_n$ 的惩罚最小二乘问题：

$$\min \sum_{i=1}^{n}\left(Y_i-b_0-\sum_{k=1}^{K_n} b_k\zeta_{ik}\right)^2+\lambda\int_I\left(\sum_{k=1}^{K_n} b_k B''_k(t)\right)^2 \mathrm{d}t$$

其中，$\zeta_{ik}=\int_I X_i(t)B_k(t)\,\mathrm{d}t$，$\lambda$ 为光滑参数。令 $\bar{Y}=\left(\sum_{i=1}^{n} Y_i\right)/n$，$\bar{\bar{\zeta}}_k=\left(\sum_{i=1}^{n}\zeta_{ik}\right)/n$，$\tilde{Y}_i=Y_i-\bar{Y}$，$\tilde{\zeta}_{ik}=\zeta_{ik}-\bar{\zeta}_k$．令 $\tilde{\boldsymbol{Y}}=(\tilde{Y}_1, \cdots, \tilde{Y}_n)^T$，$\boldsymbol{b}=(b_1, \cdots, b_{K_n})^T$ 并令

$$\boldsymbol{\Omega}=\begin{pmatrix}\tilde{\zeta}_{11} & \cdots & \tilde{\zeta}_{1K_n}\\ \vdots & \ddots & \vdots\\ \tilde{\zeta}_{n1} & \cdots & \tilde{\zeta}_{nK_n}\end{pmatrix},\ \boldsymbol{\Gamma}=\begin{pmatrix}\tilde{\boldsymbol{\varpi}}_{11} & \cdots & \tilde{\boldsymbol{\varpi}}_{1K_n}\\ \vdots & \ddots & \vdots\\ \tilde{\boldsymbol{\varpi}}_{K_n1} & \cdots & \tilde{\boldsymbol{\varpi}}_{K_nK_n}\end{pmatrix}$$

这里的 $\tilde{\boldsymbol{\varpi}}_{kl}=\int_I B''_k(t)B''_l(t)\,\mathrm{d}t$。则 $\boldsymbol{b}$ 的估计量为：

$$\hat{\boldsymbol{b}}=(\boldsymbol{\Omega}^T\boldsymbol{\Omega}+\boldsymbol{\lambda}\boldsymbol{\Gamma})^{-1}\boldsymbol{\Omega}^T\tilde{\boldsymbol{Y}}$$

而 $a(t)$ 的估计量为：

$$\hat{a}(t)=\sum_{k=1}^{K_n}\hat{b}_k B_k(t)$$

μ 的估计量为：

$$\hat{\mu}=\overline{Y}-\sum_{k=1}^{K_n}\hat{b}_k\overline{\zeta}_k$$

3.2.2 基于函数主成分分析法

设随机过程 $X(t)$ 的协方差函数为 $K(s,t)=\mathrm{Cov}(X(s),X(t))$。假设 $K(s,t)$ 是正定的，在这种情况下，$K(s,t)$ 依特征值 λ_j 有谱分解：

$$K(s,t)=\sum_{j=1}^{\infty}\lambda_j\phi_j(s)\phi_j(t),\ s,\ t\in I$$

其中，（λ_j，ϕ_j）分别表示核函数 K 的线性算子的（特征值，特征函数）对，特征值按 $\lambda_1>\lambda_2>\cdots$ 排序，并且函数 ϕ_1，ϕ_2，$\cdots$ 组成 L^2（I）的一个正交基。

令 $\tilde{\mu}=\mu+\int_I a(t)E[X(t)]\mathrm{d}t$，则模型（3.1）可写成：

$$Y-\tilde{\mu}=\int_I a(t)[X(t)-EX(t)]\mathrm{d}t+\varepsilon \tag{3.2}$$

令 $g(u)=E[(Y-\tilde{\mu})(X(u)-EX(u))]$，则有

$$g(u)=\int_I a(v)K(u,v)\mathrm{d}v \tag{3.3}$$

由于 $a(t)\in L_2(I)$，将 $a(t)$ 写成 $a(t)=\sum_{j=1}^{\infty}a_j\phi_j(t)$，我们将 $g(t)$ 也写成 $g(t)=\sum_{j=1}^{\infty}g_j\phi_j(t)$，则有 $a_j=\lambda_j^{-1}g_j$。

令 $X_i(t)$，$i=1,2,\cdots,n$ 为来自 $X(t)$ 的一个样本并令 $\overline{X}(t)=\frac{1}{n}\sum_{i=1}^{n}X_i(t)$，协方差函数 $K(s,t)$ 的估计量及其特征分解为：

$$\hat{K}(s,t)=\frac{1}{n}\sum_{i=1}^{n}[X_i(s)-\overline{X}(s)][X_i(t)-\overline{X}(t)]=\sum_{j=1}^{\infty}\hat{\lambda}_j\hat{\phi}_j(s)\hat{\phi}_j(t)$$

类似于 K 的情况，$(\hat{\lambda}_j,\hat{\phi}_i)$ 是核函数 $\hat{K}$ 的线性算子的（特征值，特征函数）对，样本特征值按 $\hat{\lambda}_1\geqslant\hat{\lambda}_2\geqslant\cdots\geqslant 0$ 排序。令

$$\hat{g}(t)=\frac{1}{n}\sum_{i=1}^{n}(Y_i-\overline{Y})[X_i(t)-\overline{X}(t)]$$

其中，$\overline{Y}=\frac{1}{n}\sum_{i=1}^{n}Y_i$，$\overline{X}(t)=\frac{1}{n}\sum_{i=1}^{n}X_i(t)$，并令 $\hat{g}_j=\int_I\hat{g}(t)\hat{\phi}_j(t)\mathrm{d}t$，则 $a(t)$ 的估计量为：

$$\hat{a}(t)=\sum_{j=1}^{m}\hat{a}_j\hat{\phi}_j(t)$$

其中，$\hat{a}_j=\hat{\lambda}_j^{-1}\hat{g}_j$，$m$ 为调节参数，用于调节估计量的偏差和方差，通常情况下，m 越小，估计量$\hat{a}(t)$的积分方差越小，积分平方偏差越大；m 越大，估计量$\hat{a}(t)$的积分方差越大，积分平方偏差越小。μ 的估计量为：

$$\hat{\mu}=\bar{Y}-\int_I\hat{a}(t)\bar{X}(t)\,\mathrm{d}t$$

3.3 斜率函数的稳健性估计

均值回归是最常见的回归模型，但当模型中存在重尾分布或数据中有外点情况下，均值回归的表现并不好，就需要考虑稳健性模型。函数线性模型也一样，如果模型中存在重尾分布或数据中含有外点，应该考虑稳健性模型。下面考虑 M－型回归，我们使用一个共同的回归模型来表示均值回归、分位数回归和稳健均值回归。假定 Y 与 X（t）具有下列函数线性关系：

$$Y=\mu_0+\int_I a(t)X(t)\,\mathrm{d}t+\varepsilon \tag{3.4}$$

其中，μ 为常数，$a(t)$为斜率函数，且 $a(t)\in L_2(I)$，ε 为随机误差。

3.3.1 估计方法

令 $\mu=\mu_0+\int_I a(t)E[X(t)]\,\mathrm{d}t$ 和$\tilde{X}(t)=X(t)-E[X(t)]$，则式(3.4)变为：

$$Y=\mu+\int_I a(t)\tilde{X}(t)\,\mathrm{d}t+\varepsilon \tag{3.5}$$

令$(X_i(t),Y_i)$，$i=1,2,\cdots,n$ 为$(X(t),Y)$的独立同分布样本，$(\hat{\lambda}_j,\hat{\phi}_j)$是核函数$\hat{K}$的线性算子的(特征值，特征函数)，样本特征值按$\hat{\lambda}_1\geqslant\hat{\lambda}_2\geqslant\cdots\geqslant 0$ 排序。基于样本观测数据，我们解下列关于a_0、$a_j(j=1,2,\cdots,m)$的最小化问题：

$$\min\sum_{i=1}^{n}\rho\left(Y_i-a_0-\sum_{j=1}^{m}a_j\hat{\xi}_{ij}\right) \tag{3.6}$$

其中，ρ 为损失函数，$\hat{\xi}_{ij}=\langle X_i-\bar{X},\hat{\phi}_j\rangle=\int_I[X_i(t)-\bar{X}(t)]\hat{\phi}_j(t)\,\mathrm{d}t$，$m$ 为调节参数。令$\hat{a}_0$、$\hat{a}_j(j=1,2,\cdots,m)$分别为$a_0$、$a_j(j=1,2,\cdots,m)$的估

计量。如果ρ可维且具有导数ψ，则$\hat{a}_j$满足下面的局部M－估计方程式：

$$\sum_{i=1}^{n} \psi\left(Y_i - a_0 - \sum_{j=1}^{m} a_j\hat{\xi}_{ij}\right)\hat{\xi}_{ij} = 0,\ j = 0,\ 1,\ \cdots,\ m \tag{3.7}$$

这里的$\hat{\xi}_{i0} = 1$。$a(t)$的估计量为$\hat{a}(t) = \sum_{j=1}^{m}\hat{a}_j\hat{\phi}_j(t)$，而$\mu_0$的估计量为$\hat{\mu}_0 = \hat{a}_0 - \int_I \hat{a}(t)\bar{X}(t)\mathrm{d}t$。

从式（3.6）中可以看到：均值回归和中位数回归分别对应于$\rho(u) = u^2$和$\rho(u) = |u|$，由$\rho(u) = |u| + (2\tau - 1)u$得到的估计量为$\tau$分位数估计量，具有有界导数$\rho'(u) = \max\{-1,\ \min\{u/c,\ 1\}\}$的$\rho$损失函数给出的是稳健M－估计量。

调节参数m的选择对估计量尤其是非参数估计量$\hat{a}(t)$起着极为重要的作用，m的作用类似于局部线性估计中窗宽的作用，m增大，估计量的偏差变小，方差变大；反之，m越小，估计量的偏差变大，方差变小。m可由下面的“去一”交叉核实方法来选择。定义CV函数为：

$$CV(m) = \sum_{i=1}^{m} \rho\left(Y_i - \hat{a}_0^{-i} - \sum_{j=1}^{m}\hat{a}_j^{-i}\hat{\xi}_{ij}\right)$$

其中，$\hat{a}_j^{-i}$，$j = 0,\ 1,\ \cdots,\ m$由删除数据点$(X_i,\ Y_i)$后估计所得，使$CV(m)$达到最小的m的值即为我们要选取的。m也可以由下面的信息准则BIC选取，令

$$\mathrm{BIC}(m) = \log\left\{\frac{1}{n}\sum_{i=1}^{n}\rho\left(Y_i - \hat{a}_0 - \sum_{j=1}^{m}\hat{a}_j\hat{\xi}_{ij}\right)\right\} + \frac{\log n}{n}(m+1)$$

使BIC（m）达到最小的m的值即为所求。

3.3.2 估计量的渐近性质

下面给出估计量$\hat{a}(t)$的渐近性质。首先列出所需的假设条件：

假设1 随机过程X满足：$\int_I E(X^4) < \infty$，且存在常数C_1使对每个j，有$E(\xi_j^4) < C_1\lambda_j^2$。

假设2 存在定义于［0，1］的凸函数φ满足$\varphi(0) = 0$并且$\lambda_j = \varphi(1/j)$，$j \geq 1$。

假设3 令$a(t) = \sum_{j=1}^{\infty}\tilde{a}_j\phi_j(t)$，存在常数$C_2 > 0$和$\beta > 3/2$满足$|\tilde{a}_j| \leq C_2 J^{-\beta}$，$j \geq 1$。

假设 4 $mn^{-1/4}\log n=o(1)$，$mn^{-1/2}\lambda_m^{-1}=o(1)$ 并且$nm^{-2\beta}\lambda_m\leqslant C_3$，其中$C_3$为某一正常数。

假设 5 损失函数$\rho(\cdot)$为凸函数并且满足$E\psi(\varepsilon_i)=0$，$E(\psi^2(\varepsilon_i)|X_i)\leqslant C_4$，其中$C_4$为一正常数。

假设 6 存在正函数$h(X_i)$满足$0<c_0\leqslant h(X_i)\leqslant c_1<+\infty$以及正常数$c_2$和$C_5$，使得对任意的$|u|\leqslant c_2$，满足$|E(\psi(\varepsilon_i+u)|X_i)-h(X_i)u|\leqslant C_5u^2$。

假设 7 存在常数$0<c_3$，$C_6<\infty$，使得对任意的$|u|\leqslant c_3$和$v\in R^1$，满足$E([\psi(\varepsilon_i+u)-\psi(\varepsilon_i)]^2|X_i)\leqslant C_6|u|$和$|\psi(v+u)-\psi(v)|\leqslant C_6$。

定理 3.1 假定假设 1 至假设 7 成立，则有：

$$\int_T[\hat{a}(t)-a(t)]^2\mathrm{d}t=O_p(n^{-1}m\,\phi^{-1}(1/m)+m^{-2\beta+1})\tag{3.8}$$

记$S=\{(X_i,Y_i):1\leqslant i\leqslant n\}$。令$X_{n+1}$为与$S$独立并来自$X$的新样品，定义均方预测误差（MSPE）为：

$$\mathrm{MSPE}=E([(\hat{u}_0+<\hat{a},X_{n+1}>)-(u_0+<a,X_{n+1}>)]^2|S)$$

令$\omega(t)=E(X(t))$并且$\omega(t)$依正交基ϕ_1，ϕ_2，…有展开式$\omega(t)=\sum_{j=1}^{\infty}s_j\phi_j(t)$。为了建立 MSPE 的收敛速度，需要下面$\omega(t)$的光滑性条件。

假设 8 存在正常数C_7，对充分大的j，有$|s_j|\leqslant C_7\lambda_j$。

定理 3.2 假定假设 1 至假设 8 成立，则有：

$$\mathrm{MSPE}=O_p\left(n^{-1}m+\phi\left(\frac{1}{m}\right)m^{-2\beta+1}\right)\tag{3.9}$$

若$\lambda_j\sim j^{-\alpha}$，$\alpha>1$并且$m\sim n^{\frac{1}{\alpha+2\beta}}$，$\beta>1+\alpha/2$，那么假设 2 和假设 4 成立，在这种情形下，有下面的推论：

推论 3.1 假定假设 1、假设 3 和假设 5 至假设 8 成立。如果$\lambda_j\sim j^{-\alpha}$，$\alpha>1$并且$m\sim n^{1/(\alpha+2\beta)}$，$\beta>1+\alpha/2$，那么

$$\int_I[\hat{a}(t)-a(t)]^2\mathrm{d}t=O_p(n^{-(2\beta-1)/(\alpha+2\beta)})$$

并且

$$\mathrm{MSPE}=O_p\left(n^{-\frac{\alpha+2\beta-1}{\alpha+2\beta}}\right)$$

在模型（3.4）中，假定$P\{\varepsilon_i\leqslant 0|X_i\}=\tau$，那么通过估计$a(t)$就可以估计给定$X_i$条件下$Y_i$的$\tau$分位数。如果$\tau=1/2$，就可以估计条件中位数。令$\hat{a}_{j\tau}$为$\rho(u)=|u|+(2\tau-1)u$情形下式(3.6)的最小值并记$\hat{a}_\tau(t)=\sum_{j=1}^{m}\hat{a}_{j\tau}\hat{\phi}_j(t)$。

假设（A） $P\{\varepsilon_i \leqslant 0 \mid X_i\} = \tau$并且存在正常数$c_4$，$C_8$使得对$u \in [-c_4, c_4]$，给定$X_i$条件下$\varepsilon_i$的条件密度函数$g(u \mid X_i)$满足$|g(u \mid X_i) - g(0 \mid X_i)| \leqslant C_8 |u|$并且$g(0 \mid X_i)$有界。

由于$\psi(u) = 2\tau I(u > 0) + 2(\tau - 1)I(u < 0)$，在假设(A)下，取$h(X_i) = 2g(0 \mid X_i)$，容易证明假设5至假设7成立。把定理3.1和定理3.2的结果应用到分位数回归，得到下面的推论3.2。

推论3.2 假定假设1至假设4和假设8以及假设（A）成立，则有：

$$\int_I [\hat{a}_\tau(t) - a(t)]^2 \mathrm{d}t = o_p(n^{-1} m \phi^{-1}(1/m) + m^{-2\beta+1})$$

和

$$\mathrm{MSPE} = o_p(n^{-1} m + \phi(1/m) m^{-2\beta+1})$$

下面考虑稳健均值估计量，为此选取如下损失函数$\rho(u)$，$\rho(u)$的导数为：

$$\rho'(u) = \psi_c(u) = \max\{-1, \min\{u/c, 1\}\}, \ c > 0$$

假设（B） 给定X_i条件下ε_i的条件密度函数$g(u \mid X_i)$关于0对称。存在正常数c_5和C_7使得$g(u \mid X_i) \leqslant C_7$和$P\{|\varepsilon_i| \leqslant c \mid X_i\} \geqslant c_5$。

如果假设（B）成立，取$h(X_i) = P\{|\varepsilon_i| \leqslant c \mid X_i\}/c$，那么假设6和假设7成立。应用定理3.1和定理3.2的结论，有下面的推论3.3。

推论3.3 假定假设1至假设4和假设8以及假设（B）成立。如果式（3.7）中的$\psi(\cdot)$取$\psi_c(u) = \max\{-1, \min\{u/c, 1\}\}$，那么存在式（3.7）的一列解$\hat{a}_{jc}$满足：

$$\int_I [\hat{a}_c(t) - a(t)]^2 \mathrm{d}t = o_p(n^{-1} m \phi^{-1}(1/m) + m^{-2\beta+1})$$

这里的$\hat{a}_c(t) = \sum_{j=1}^{m} \hat{a}_{jc} \hat{\phi}(t)$，并且

$$\mathrm{MSPE} = o_p\left(n^{-1} m + \phi\left(\frac{1}{m}\right) m^{-2\beta+1}\right)$$

3.3.3 定理的证明

在这一小节中，令C表示不依赖于n且不同情况下可取不同值的正常数。记$\xi_{ij} = \int_I [X_i(t) - E(X(t))] \phi_j(t) \mathrm{d}t$，$\boldsymbol{A}_i = (1, \xi_{i1}, \cdots, \xi_{im})^T$，$\hat{\boldsymbol{A}}_i = (1, \hat{\xi}_{i1}, \cdots, \hat{\xi}_{im})^T$，$\tilde{\boldsymbol{a}} = (\mu, \tilde{a}_1, \cdots, \tilde{a}_m)^T$，$\boldsymbol{a} = (a_0, a_1, \cdots, a_m)^T$以及$B_i = \sum_{j=m+1}^{\infty} \tilde{a}_j \xi_{ij}$。由式（3.5），式（3.6）可以写成：

$$\min \sum_{i=1}^{n} \rho(\boldsymbol{A}_i^T\widetilde{\boldsymbol{a}} - \hat{\boldsymbol{A}}_i^T\boldsymbol{a} + B_i + \varepsilon_i)$$

令 $\boldsymbol{\Lambda} = \mathrm{diag}(1, \lambda_1, \cdots, \lambda_m)$，$\boldsymbol{\theta} = n^{1/2}\boldsymbol{\Lambda}^{1/2}(\boldsymbol{a} - \widetilde{\boldsymbol{a}})$，$\boldsymbol{V}_i = n^{1/2}\boldsymbol{\Lambda}^{1/2}\hat{\boldsymbol{A}}_i$ 以及 $W_i = (\boldsymbol{A}_i - \hat{\boldsymbol{A}}_i)^T\widetilde{\boldsymbol{a}} + B_i$。考虑以下新的极小化问题：

$$\min_\theta \sum_{i=1}^{n} [\rho(W_i + \varepsilon_i - \boldsymbol{V}_i^T\boldsymbol{\theta}) - \rho(W_i + \varepsilon_i)] \tag{3.10}$$

显然有，$\hat{\boldsymbol{\theta}} = n^{1/2}\boldsymbol{\Lambda}^{1/2}(\hat{\boldsymbol{a}} - \widetilde{\boldsymbol{a}})$，记 $\mathcal{J} = \{X_i, i = 1, 2, \cdots, n\}$，$S_{ni}(\boldsymbol{\theta}) = \rho(W_i + \varepsilon_i - V_i^T\boldsymbol{\theta}) - \rho(W_i + \varepsilon_i)$，$S_n(\boldsymbol{\theta}) = \sum_{i=1}^{n} S_{ni}(\boldsymbol{\theta})$，$\Gamma_{ni}(\boldsymbol{\theta}) = E(S_{ni}(\boldsymbol{\theta}) \mid \mathcal{J})$，$\Gamma_n(\boldsymbol{\theta}) = \sum_{i=1}^{n}\Gamma_{ni}(\boldsymbol{\theta})$ 以及 $R_{ni}(\boldsymbol{\theta}) = S_{ni}(\boldsymbol{\theta}) - \Gamma_{ni}(\boldsymbol{\theta}) + \boldsymbol{V}_i^T\boldsymbol{\theta}\psi(\varepsilon_i)$，$R_n(\boldsymbol{\theta}) = \sum_{i=1}^{n} R_{ni}(\boldsymbol{\theta})$。则：

$$S_n(\boldsymbol{\theta}) = \Gamma_n(\boldsymbol{\theta}) - \sum_{i=1}^{n} \boldsymbol{V}_i^T\boldsymbol{\theta}\psi(\varepsilon_i) + R_n(\boldsymbol{\theta}) \tag{3.11}$$

引理 3.1 在假设 1、假设 2 和假设 4 下，下式对 $1 \leqslant j \leqslant m$ 一致成立

$$\|\hat{\phi}_j - \phi_j\|^2 = O_p(n^{-1}j^2\log j)$$

证明： 由 Hall 和 Horowitz（2007）的式（5.16）可知：

$$\|\hat{\phi}_j - \phi_j\|^2 = 2[1 - (1 - \hat{q}_j^2)^{1/2}] \leqslant 2\hat{q}_j^2 \tag{3.12}$$

这里的 $\hat{q}_j^2 = \sum_{k \neq j} (\hat{\lambda}_j - \lambda_j)^{-2}\left\{\int (\hat{K} - K)\phi_j\phi_k\right\}^2$。注意到：

$$\left\{\int (\hat{K} - K)\hat{\phi}_j\phi_k\right\}^2 \leqslant 2\left\{\int (\hat{K} - K)\phi_j\phi_k\right\}^2 + 2\hat{v}_{jk}^2$$

此处，$\hat{v}_{jk}^2 = \left\{\int (\hat{K} - K)(\hat{\phi}_j - \phi_j)\phi_k\right\}^2$。由 Cardot 等（2007）的引理 6.1，有

$$|\lambda_j - \lambda_k| \geqslant \lambda_j - \lambda_{j+1} \geqslant \lambda_m - \lambda_{m+1} \geqslant \lambda_m/(m+1) \geqslant \lambda_m/(2m)$$

对 $1 \leqslant j \leqslant m$ 一致地成立，记 $\Delta = \hat{K} - K$。由 Hall 和 Horowitz（2007）的（5.2），可得：

$$\sup_{j \geqslant 1} |\hat{\lambda}_j - \lambda_j| \leqslant |\|\Delta\|| = O_p(n^{-1/2}) \tag{3.13}$$

此处，$|\|\Delta\|| = \left(\int_T\int_T \Delta^2(s.t)\mathrm{d}s\mathrm{d}t\right)^{1/2}$。由假设 4，有 $|\hat{\lambda}_j - \lambda_j| = O_p\left(n^{-\frac{1}{2}}\right) = O_p(\lambda_m/m)$。从而有：

$$\begin{aligned}\sum_{k \neq j} (\hat{\lambda}_j - \lambda_k)^{-2}\hat{v}_{jk}^2 &\leqslant C\sum_{k \neq j} (\lambda_j - \lambda_k)^{-2}\hat{v}_{jk}^2[1 + o_p(1)] \\ &\leqslant C m^2\lambda_m^{-2}\sum_{k \neq j} \hat{v}_{jk}^2[1 + o_p(1)]\end{aligned}$$

这里的o_p（1）对$1\leqslant j\leqslant m$一致地成立。利用 Parsevals 同一性和 Cauchy - Schwarz 不等式，易证：

$$\sum_{k=1}^{\infty}\hat{v}_{jk}^2=\int_T\left[\int_T(\hat{K}-K)(s,t)(\hat{\phi}_j-\phi_j)(t)\mathrm{d}t\right]^2\mathrm{d}s\leqslant|\|\Delta\||^2\|\hat{\phi}_j-\phi_j\|^2$$

因此，由式（3.13）和假设4，可得：

$$\hat{q}_j^2\leqslant 2\sum_{k\neq j}(\hat{\lambda}_j-\lambda_k)^{-2}\left\{\int(\hat{K}-K)\phi_j\phi_k\right\}^2+Cm^2\lambda_m^{-2}|\|\Delta\||^2\|\hat{\phi}_j-\phi_j\|^2[1+o_p(1)]$$

$$=2\sum_{k\neq j}(\lambda_j-\lambda_k)^{-2}\left\{\int(\hat{K}-K)\phi_j\phi_k\right\}^2+o_p(1)\|\hat{\phi}_j-\phi_j\|^2 \tag{3.14}$$

由于$nE\left\{\int(\hat{K}-K)\ \phi_j\phi_k\right\}^2\leqslant C\lambda_j\lambda_k$，利用式（3.12）至式（3.14），可推导出：

$$\|\hat{\phi}_j-\phi_j\|^2=O_p(n^{-1}\sum_{k\neq j}\lambda_j\lambda_k/(\lambda_j-\lambda_k)^2$$

由 Cardot 等（2007）的引理6.1 和引理6.2，可得：

$$\sum_{k\neq j}\lambda_j\lambda_k/(\lambda_j-\lambda_k)^2\leqslant(\lambda_j/|\lambda_j-\lambda_{j+1}|)\sum_{k\neq j}\lambda_k/|\lambda_j-\lambda_k|$$

$$\leqslant C\ (1-j/(j+1))^{-1}j\log j\leqslant C\,j^2\log j$$

这就完成了引理3.1 的证明。

引理3.2 在假设1、假设2 和假设4 下，下式成立

$$m^{1/2}(\log n)\max_i\|\boldsymbol{V}_i\|=o_p(1)$$

证明：注意到

$$\|\boldsymbol{V}_i\|=n^{-1/2}\sqrt{1+\sum_{j=1}^{m}\lambda_j^{-1}<X_i-\overline{X},\hat{\phi}_j>^2}$$

$$\leqslant n^{-1/2}\sqrt{1+2\sum_{j=1}^{m}\lambda_j^{-1}<\vec{X},\hat{\phi}_j>^2+4\sum_{j=1}^{m}\lambda_j^{-1}\xi_{ij}^2+4\sum_{j=1}^{m}\lambda_j^{-1}<\widetilde{X}_i,\hat{\phi}_j-\phi_j>^2} \tag{3.15}$$

此处，$\vec{X}=\overline{X}-E(X)$，$\widetilde{X}_i=X_i-E(X)$。由假设1 和 Kato（2012）的引理 E. 1，有 $\max_i\|X_i\|=O_p(n^{1/4})$。因此，由引理3.1，有：

$$\max_i\sum_{j=1}^{m}\lambda_j^{-1}<\widetilde{X}_i,\hat{\phi}_j-\phi_j>^2\leqslant\max_i\|\widetilde{X}_i\|^2\sum_{j=1}^{m}\lambda_j^{-1}\|\hat{\phi}_j-\phi_j\|^2$$

$$\leqslant(\max_i\|\widetilde{X}_i\|^2+C)\lambda_m^{-1}\sum_{j=1}^{m}\|\hat{\phi}_j-\phi_j\|^2$$

$$=O_p(\lambda_m^{-1}n^{-1/2}m^3\log m) \tag{3.16}$$

再次利用假设 1 和假设 2 和 Kato（2012）的引理 E.1，有 $E\left(\sum_{j=1}^{m}\lambda_j^{-1}\max_i \xi_{ij}^2\right)\leqslant Cmn^{1/2}$。由于 $<\vec{X},\hat{\phi}_j>^2\leqslant\|\bar{X}-E(X)\|^2=O_p(n^{-1})$，可得 $\sum_{j=1}^{m}\lambda_j^{-1}<\vec{X},\hat{\phi}_j>^2=O_p(mn^{-1}\lambda_m^{-1})$。因此，由式(3.15)、假设 4 以及 $\lambda_m\leqslant\frac{C}{m\log m}$，对充分大的 m，可得：

$$m^{1/2}(\log n)\max_i\|\boldsymbol{V}_i\|=O_p(\log n\ (m/n)^{1/2}+mn^{-1}\boldsymbol{\lambda}_m^{-1/2}+mn^{-1/4}+m^2n^{-3/4}(\log m)^{1/2}\boldsymbol{\lambda}_m^{-1/2})=o_p(1)$$

这就完成了引理 3.2 的证明。

引理 3.3 在假设 1 至假设 5 和假设 7 下，对充分大的 L，有：

$$\sup_{\|\theta\|\leqslant L} m^{-1}|R_n(m^{1/2}\boldsymbol{\theta})|=o_p(1)$$

证明：我们观察到

$$R_{ni}(m^{1/2}\boldsymbol{\theta})=\int_{W_i}^{W_i-m^{1/2}V_i^T\theta}[\psi(\varepsilon_i+u)-\psi(\varepsilon_i)]\mathrm{d}u-E\left(\int_{W_i}^{W_i-m^{1/2}V_i^T\theta}[\psi(\varepsilon_i+u)-\psi(\varepsilon_i)]\mathrm{d}u\mid\mathcal{J}\right)$$

令 $M_n=\sup_{\|\theta\|\leqslant L}|R_{ni}(m^{1/2}\boldsymbol{\theta})|$，由假设 7 和引理 3.2，可得：

$$(\log n)M_n\leqslant CL(\log n)m^{1/2}\max_i\|\boldsymbol{V}_i\|=o_p(1) \tag{3.17}$$

由假设 7，有：

$$\begin{aligned}
&\sum_{i=1}^{n}\mathrm{Var}(R_{ni}(m^{1/2}\boldsymbol{\theta})\mid\mathcal{J})\\
&\leqslant\sum_{i=1}^{n}E\left(\left\{\int_{W_i}^{W_i-m^{1/2}V_i^T\theta}[\psi(\varepsilon_i+u)-\psi(\varepsilon_i)]\mathrm{d}u\right\}^2\mid\mathcal{J}\right)\\
&\leqslant\sum_{i=1}^{m}m^{1/2}|V_i^T\theta|\int_{W_i-m^{1/2}|v_i^T\boldsymbol{\theta}|}^{W_i+m^{1/2}|v_i^T\boldsymbol{\theta}|}E([\psi(\varepsilon_i+u)-\psi(\varepsilon_i)]^2\mid\mathcal{J})\mathrm{d}u\\
&\leqslant Cm^{1/2}\max_i|\boldsymbol{V}_i^T\boldsymbol{\theta}|\sum_{i=1}^{n}[W_i^2+m(\boldsymbol{V}_i^T\boldsymbol{\theta})^2]
\end{aligned} \tag{3.18}$$

由式(3.13)和假设 4，可得 $\hat{\lambda}_j\leqslant\frac{3}{2\lambda_j[1+o_p(1)]}$，$1\leqslant j\leqslant m$。从而有：

$$\begin{aligned}
\sum_{i=1}^{n}(\boldsymbol{V}_i^T\boldsymbol{\theta})^2&=n^{-1}\boldsymbol{\theta}^T\boldsymbol{\Lambda}^{-1/2}\sum_{i=1}^{n}\hat{\boldsymbol{A}}_i\hat{\boldsymbol{A}}_i^T\boldsymbol{\Lambda}^{-1/2}\boldsymbol{\theta}\\
&\leqslant 2\theta_0^2+2\sum_{j=1}^{m}\lambda_j^{-1}\hat{\lambda}_j\theta_j^2\leqslant C\|\boldsymbol{\theta}\|^2[1+o_p(1)]
\end{aligned} \tag{3.19}$$

由引理3.1，可知：

$$\sum_{i=1}^{n}[(\boldsymbol{A}_i-\hat{\boldsymbol{A}}_i)^T\tilde{\boldsymbol{a}}]^2$$
$$\leqslant m\sum_{i=1}^{n}\sum_{j=1}^{m}(\xi_{ij}-\hat{\xi}_{ij})^2\tilde{a}_j^2$$
$$\leqslant 2m\sum_{i=1}^{n}\sum_{j=1}^{m}(<X_i-E(X),\ \phi_j-\hat{\phi}_j>^2+<\bar{X}-E(X),\ \hat{\phi}_j>^2)\tilde{a}_j^2$$
$$\leqslant 2m\sum_{i=1}^{n}\|X_i-E(X)\|^2\sum_{j=1}^{m}\|\phi_j-\hat{\phi}_j\|^2\tilde{a}_j^2+2n\|X_i-E(X)\|^2\sum_{j=1}^{m}\tilde{a}_j^2$$
$$=O_p(m^{-2\beta+4}\log m+m^{-2\beta+2}) \tag{3.20}$$

由于，$E\xi_{ij}=0$ 以及 $E\xi_{ij}\xi_{il}=0$，$j\neq l$。因此，由假设2和假设3，有：

$$E\left(\sum_{i}^{n}B_i^2\right)=\sum_{i=1}^{n}\sum_{j=m+1}^{\infty}\tilde{a}_j^2\lambda_j\leqslant Cnm^{-2\beta+2}\lambda_m \tag{3.21}$$

从而，由式（3.20）和式（3.21）以及假设3和假设4，可得：

$$\sum_{i}^{n}W_i^2\leqslant 2\sum_{i=1}^{n}[(\boldsymbol{A}_i-\hat{\boldsymbol{A}}_i)^T\tilde{\boldsymbol{a}}]^2+2\sum_{i=1}^{n}B_i^2=O_p(m) \tag{3.22}$$

记$D_n=\sum_{i=1}^{n}\sup_{\|\theta\|\leqslant L}\mathrm{Var}(R_{ni}(m^{1/2}\boldsymbol{\theta})\mid\mathcal{J})$。由式(3.20)、式(3.19)以及式(3.22)，得到：

$$D_n\leqslant Cm^{3/2}\max_i|\boldsymbol{V}_i^T\boldsymbol{\theta}|[1+o_p(1)]\leqslant CLm^{3/2}\max_i\|\boldsymbol{V}_i\|[1+o_p(1)] \tag{3.23}$$

记 $G=\{\boldsymbol{\theta}=(\theta_0,\ \theta_1,\ \cdots,\ \theta_m):\ \|\theta\|\leqslant L\}$ 和 $|\boldsymbol{\theta}|=\max_{0\leqslant i\leqslant m}|\theta_i|$。将 G 划分为J_n个互不相交的区域G_1，G_2，…，G_{J_n}且满足对任意$\boldsymbol{g}_k\in G_k$，$1\leqslant k\leqslant J_n$和充分小的$\epsilon>0$，

$$\sup_{\boldsymbol{\theta}\in G_k}|R_n(m^{1/2}\boldsymbol{\theta})-R_n(m^{1/2}\boldsymbol{g}_k)|$$
$$=\sup_{\boldsymbol{\theta}\in G_k}\left|\sum_{i=1}^{n}\left(\int_{W_i-m^{1/2}\boldsymbol{V}_i^T\boldsymbol{g}_k}^{W_i-m^{1/2}\boldsymbol{V}_i^T\boldsymbol{\theta}}[\psi(\varepsilon_i+u)-\psi(\varepsilon_i)]\mathrm{d}u-\right.\right.$$
$$\left.\left.E\left(\int_{W_i-m^{1/2}\boldsymbol{V}_i^T\boldsymbol{g}_k}^{W_i-m^{1/2}\boldsymbol{V}_i^T\boldsymbol{\theta}}[\psi(\varepsilon_i+u)-\psi(\varepsilon_i)]\mathrm{d}u\mid\mathcal{J}\right)\right)\right|$$
$$\leqslant C\sup_{\boldsymbol{\theta}\in G_k}\sum_{i=1}^{n}m^{1/2}|\boldsymbol{V}_i^T(\boldsymbol{\theta}-\boldsymbol{g}_k)|$$
$$\leqslant C\sup_{\boldsymbol{\theta}\in G_k}m^{1/2}n^{1/2}\left(\sum_{i=1}^{n}[\boldsymbol{V}_i^T(\boldsymbol{\theta}-\boldsymbol{g}_k)]^2\right)^{1/2}$$
$$\leqslant C\sup_{\boldsymbol{\theta}\in G_k}m^{1/2}n^{1/2}\|\boldsymbol{\theta}-\boldsymbol{g}_k\|\leqslant C\sup_{\boldsymbol{\theta}\in G_k}mn^{1/2}|\boldsymbol{\theta}-\boldsymbol{g}_k|<\epsilon/2$$

取 $J_n=(4CLn^{1/2}m/\epsilon)^{m+1}$ 就能满足上述要求。结合式（3.17）、式（3.23），以及引理3.2和Bernstein不等式，可得：

$$\begin{aligned}&P(\sup_{\|\theta\|\leqslant L}m^{-1}|R_n(m^{1/2}\boldsymbol{\theta})|\geqslant\epsilon|\mathcal{J})\\&\leqslant\sum_{k=1}^{J_n}P(|R_n(m^{1/2}\boldsymbol{g}_k)|\geqslant m\epsilon/2|\mathcal{J})\\&\leqslant 2J_n\exp(-\epsilon^2m^2/(8D_n+4m\epsilon M_n))\\&\leqslant 2\exp(2m(\log n)(1-\epsilon^2m/[8(\log n)(2D_n+\epsilon mM_n)]))=o_p(1)\end{aligned}$$

从而有：

$$P(\sup_{\|\theta\|\leqslant L}m^{-1}|R_n(m^{1/2}\boldsymbol{\theta})|\geqslant\epsilon)=o(1)$$

这就完成了引理3.3的证明。

引理3.4 在定理3.1的假设下，下式成立

$$\|\hat{\boldsymbol{\theta}}\|=O_p(m^{1/2})$$

证明：由式（3.20）、式（3.21）和引理3.2，知 $\max_i(|W_i|+m^{1/2}|\boldsymbol{V}_i^T\boldsymbol{\theta}|)=o_p(1)$。利用假设6以及 $\hat{\lambda}_j\geqslant\frac{1}{2}\lambda_j[1+o_p(1)]$，可得：

$$\begin{aligned}\Gamma_n(m^{1/2}\boldsymbol{\theta})&=\sum_{i=1}^n\int_{W_i}^{W_i-m^{1/2}\boldsymbol{V}_i^T\boldsymbol{\theta}}E(\psi(\varepsilon_i+u)|\mathcal{J})\mathrm{d}u\\&=\frac{1}{2}\sum_{i=1}^n h(X_i)[(W_i-m^{1/2}\boldsymbol{V}_i^T\boldsymbol{\theta})^2-W_i^2][1+o_p(1)]\\&\geqslant\left[\frac{1}{2}m\sum_{i=1}^n h(X_i)(\boldsymbol{V}_i^T\boldsymbol{\theta})^2-\sum_{i=1}^n h(X_i)W_i^2\right][1+o_p(1)]\\&\geqslant m\left(\frac{1}{4}c_0\|\boldsymbol{\theta}\|^2-c_1m^{-1}\sum_{i=1}^n W_i^2\right)[1+o_p(1)]\end{aligned}\tag{3.24}$$

注意到 $E\left(m^{1/2}\sum_{i=1}^n(\boldsymbol{V}_i^T\boldsymbol{\theta})\psi(\varepsilon_i)\right)=0$ 以及假设5和 $\hat{\lambda}_j\leqslant\frac{3}{2}\lambda_j[1+o_p(1)]$，

$$\begin{aligned}&E\left(\left(m^{1/2}\sum_{i=1}^n(\boldsymbol{V}_i^T\boldsymbol{\theta})\psi(\varepsilon_i)\right)^2|\mathcal{J}\right)=m\sum_{i=1}^n(\boldsymbol{V}_i^T\boldsymbol{\theta})^2E(\psi^2(\varepsilon_i)|\mathcal{J})\\&\leqslant\frac{3}{2}C_3m\|\boldsymbol{\theta}\|^2[1+o_p(1)]\end{aligned}$$

因而，对充分大的 L，式（3.25）成立

$$\sup_{\|\theta\|\leqslant L}m^{1/2}\left|\sum_{i=1}^n(\boldsymbol{V}_i^T\boldsymbol{\theta})\psi(\varepsilon_i)\right|=O_p(m^{1/2})\tag{3.25}$$

结合式（3.24）、式（3.22）、式（3.25）和引理3.3，对充分大的 L 有

$$\sup_{\|\theta\|=L} S_n(m^{1/2}\boldsymbol{\theta}) \geqslant \frac{1}{4} c_0 L^2 m[1 + o_p(1)]$$

从而有：

$$P(\sup_{\|\theta\|=L}\left(\sum_{i=1}^{n}[\rho(W_i+\varepsilon_i - m^{1/2}\boldsymbol{V}_i^T\boldsymbol{\theta}) - \rho(W_i+\varepsilon_i)]\right) > 0) \to 1.$$

因而有 $P(\|\boldsymbol{\theta}\| \leqslant L\, m^{1/2}) \to 1$，即 $\|\hat{\boldsymbol{\theta}}\| = O_p(m^{1/2})$。这就完成了引理 3.4 的证明。

定理 3.1 的证明：利用假设 2 和假设 3 以及引理 3.1 和引理 3.4，可推导出：

$$\begin{aligned}
&\int [\hat{a}(t) - a(t)]^2 \mathrm{d}t \\
&= \int \left[\sum_{j=1}^{m}(\hat{a}_j - \tilde{a}_j)\hat{\phi}_j(t) + \sum_{j=1}^{m}\tilde{a}_j(\hat{\phi}_j(t) - \phi_j(t)) - \sum_{j=m+1}^{\infty}\tilde{a}_j\phi_j(t)\right]^2 \mathrm{d}t \\
&\leqslant 3\sum_{j=1}^{m}(\hat{a}_j - \tilde{a}_j)^2 + 3\int\left[\sum_{j=1}^{m}\tilde{a}_j(\hat{\phi}_j(t) - \phi_j(t))\right]^2 \mathrm{d}t + 3\sum_{j=m+1}^{\infty}\tilde{a}_j^2 \\
&\leqslant 3n^{-1}\|\boldsymbol{\Lambda}^{-1/2}\hat{\boldsymbol{\theta}}\|^2 + 3m\sum_{j=1}^{m}\tilde{a}_j^2\|\phi_j - \phi_j\|^2 + 3\sum_{j=m+1}^{\infty}\tilde{a}_j^2 \\
&\leqslant 3n^{-1}\lambda_m^{-1}\|\boldsymbol{\theta}\|^2 + 3m\sum_{j=1}^{m}\tilde{a}_j^2\|\phi_j - \phi_j\|^2 + 3\sum_{j=m+1}^{\infty}\tilde{a}_j^2 \\
&= O_p(mn^{-1}\lambda_m^{-1} + n^{-1}m + m^{-2\beta+1}) \\
&= O_p(mn^{-1}\phi^{-1}(1/m) + m^{-2\beta+1})
\end{aligned}$$

这就完成了定理 3.1 的证明。

定理 3.2 的证明：我们注意到：

$$\mathrm{MSPE} \leqslant C\left\{(\hat{u}_0 - u_0)^2 + \left[\int_T (\hat{a}(t) - a(t))\omega(t)\mathrm{d}t\right]^2 + \|\hat{a} - a\|_K^2\right\} \quad (3.26)$$

此处 $\|\hat{a} - a\|_K^2 = \int_T\int_T K(s,t)[\hat{a}(s) - a(s)][\hat{a}(t) - a(t)]\mathrm{d}s\mathrm{d}t$，由于

$$\begin{aligned}
&\left[\int_T (\hat{a}(t) - a(t))\omega(t)\mathrm{d}t\right]^2 \\
&\leqslant C\left(\|\sum_{j=1}^{m}\hat{a}_j(\hat{\phi}_j - \phi_j)\|^2 + \left(\sum_{j=1}^{m}(a_j - a_j)s_j\right)^2 + \left(\sum_{j=m+1}^{\infty}a_j s_j\right)^2\right)
\end{aligned}$$

并且由假设 4

$$\begin{aligned}
&\|\sum_{j=1}^{m}\hat{a}_j(\hat{\phi}_j - \phi_j)\|^2 \\
&\leqslant m\sum_{j=1}^{m}\tilde{a}_j^2\|\hat{\phi}_j - \phi_j\|^2 + \left[\sum_{j=1}^{m}(\hat{a}_j - \tilde{a}_j)^2\right]\left[\sum_{j=1}^{m}\|\hat{\phi}_j - \phi_j\|^2\right]
\end{aligned}$$

$$=O_p(n^{-1}m+n^{-1}m\lambda_m^{-1}n^{-1}m^3\log m)=O_p(n^{-1}m) \tag{3.27}$$

由假设2、假设8和假设4以及对充分大的m，有$\lambda_m\leqslant C/(m\log m)$，从而得到：

$$\left(\sum_{j=m+1}^{\infty}\tilde{a}_j s_j\right)^2=O_p\ (m^{-2\beta+1}\lambda_m^2)\ =O_p\ (n^{-1}m)$$

利用$\|\boldsymbol{\Lambda}^{1/2}(\hat{\boldsymbol{a}}-\tilde{\boldsymbol{a}})\|=O_p(n^{-1/2}m^{1/2})$，可得

$$\left(\sum_{j=1}^{m}(\hat{a}_j-\tilde{a}_j)s_j\right)^2\leqslant\left(\sum_{j=1}^{m}|s_j|\right)\left(\sum_{j=1}^{m}|s_j|(\hat{a}_j-\tilde{a}_j)^2\right)$$

$$\leqslant C\sum_{j=1}^{m}\lambda_j(\hat{a}_j-\tilde{a}_j)^2=O_p(n^{-1}m)$$

因此有：

$$\left[\int_T(\hat{a}(t)-a(t))\omega(t)\mathrm{d}t\right]^2=O_p(n^{-1}m) \tag{3.28}$$

运用引理3.4、式（3.19）以及定理3.1，有：

$$(\hat{u}_0-u_0)^2\leqslant C\{(\hat{u}-u)^2+\left[\int_T(\hat{a}(t)-a(t))\omega(t)\mathrm{d}t\right]^2+$$

$$((\|\hat{\boldsymbol{a}}-\boldsymbol{a}\|^2)+\|\boldsymbol{a}\|^2)\|\bar{X}-E(X)\|^2\}$$

$$=O_p(n^{-1}m+n^{-1}m+n^{-1})=O_p(n^{-1}m) \tag{3.29}$$

利用式(3.27)以及$\|\boldsymbol{\Lambda}^{1/2}(\hat{\boldsymbol{a}}-\tilde{\boldsymbol{a}})\|=O_p(n^{-1/2}m^{1/2})$，可推导出：

$$\|\hat{a}-a\|_K^2=\sum_{k=1}^{\infty}\lambda_k<\hat{a}-\tilde{a},\ \phi_k>^2$$

$$\leqslant 2\sum_{k=1}^{\infty}\lambda_k\left(<\sum_{j=1}^{m}(\hat{a}_j\hat{\phi}_j-\tilde{a}_j\phi_j),\ \phi_k>^2+<\sum_{j=m+1}^{\infty}\tilde{a}_j\phi_j,\ \phi_k>^2\right)$$

$$\leqslant C\left[\|\sum_{j=1}^{m}\tilde{a}_j(\hat{\phi}_j-\phi_j)\|^2+\sum_{j=1}^{m}\lambda_j(\hat{a}_j-\tilde{a}_j)^2+\sum_{j=m+1}^{\infty}\lambda_j\tilde{a}_j^2\right]$$

$$=O_p(n^{-1}m+n^{-1}m+\lambda_m m^{-2\beta+1})$$

$$=O_p(n^{-1}m+\lambda_m m^{-2\beta+1}) \tag{3.30}$$

于是，定理3.2的结果可由式（3.26）以及式（3.28）至式（3.30）推出。

3.4 数值模拟

下面通过模拟来调查估计量$\hat{a}(t)$的有限样本行为。在模型(3.1)中取$I=[0,\ 1]$，$\mu_0=3$，而误差ε服从$\gamma N(0,\ 1)+(1-\gamma)N(0,\ 8^2)$，即为正态混合

分布，混合比例$0\leqslant\gamma\leqslant1$。取$a(t)=\sum_{j=1}^{30}\tilde{a}_j\phi_j(t)$，$X(t)=\sum_{j=1}^{30}\xi_j\phi_j(t)$，其中$\tilde{a}_1=0.3$，$\tilde{a}_j=4(-1)^{j+1}j^{-2}$，$j\geqslant2$；$\phi_1(t)\equiv1$，$\phi_j(t)=2^{1/2}\cos((j-1)\pi t)$，$j\geqslant2$；$\xi_j$为相互独立并服从$N(0,j^{-\alpha})$，$\alpha\in\{1.1,2\}$。

每一次的模拟中，我们计算最小二乘估计量（对应$\rho(u)=u^2$）、最小绝对偏差估计量（对应$\rho(u)=|u|$）和稳健均值估计量（对应$\rho'(u)=\psi_c(u)=\max\{-1,\min\{u/c,1\}\}$，$c>0$）。在最小二乘方法和最小绝对偏差方法中，调节参数$m$由BIC信息准则选取。对稳健均值估计，其中的$c$由Jiang和Mack（2001）提出的数据驱动程序给出，即通过极小化下式选择c：

$$\hat{\sigma}^2(\psi_c)=\frac{n^{-1}\sum_{i=1}^{n}\psi_c^2\left(Y_i-\hat{a}_0-\sum_{j=1}^{m}\hat{a}_j\hat{\xi}_{ij}\right)}{\left[n^{-1}\sum_{i=1}^{n}\psi'_c\left(Y_i-\hat{a}_0-\sum_{j=1}^{m}\hat{a}_j\hat{\xi}_{ij}\right)\right]^2}$$

这里的$\hat{a}_j$，$j=0,1,\cdots,m$为最小二乘估计量。稳健均值估计量由Fan和Jiang（1999）的式（3.1）计算并且最小二乘估计量作为初始估计量，调节参数m由“去一”交叉核实方法选取。

对于最小二乘（LS）、最小绝对偏差（LAD）和稳健均值（RM）方法，每种估计量的行为通过积分平方偏差Bias^2、积分方差Var以及积分均分误差MISE来度量，而积分的值通过区间I的100个等分节点的值近似计算给出。我们先考虑混合比例$\gamma=1$的情况，对应于模型（3.4）中ε为正态随机误差情形。对于不同的n和α，表3.1简述了基于500次模拟得到的结果。表3.1显示：当α从1.1增加到2时，$a(t)$的估计量变差。究其原因，是由于$\alpha=1.1$时算子K的特征值之间的间距比$\alpha=2$时更大。从表3.1还可看到，当随机误差为正态分布时，最小二乘方法比最小绝对偏差方法和稳健均值方法好。

表3.1 正态误差条件下的模拟结果

α	n	Bias^2			Var			MISE		
		LS	RM	LAD	LS	RM	LAD	LS	RM	LAD
1.1	100	0.0844	0.0842	0.0925	0.1741	0.1772	0.1968	0.2585	0.2614	0.2893
	200	0.0705	0.0708	0.0778	0.1019	0.1026	0.1180	0.1723	0.1734	0.1958
	300	0.0627	0.0630	0.0670	0.0740	0.0742	0.0869	0.1367	0.1372	0.1539
	400	0.0511	0.0512	0.0556	0.0655	0.0663	0.0740	0.1166	0.1175	0.1296
	500	0.0510	0.0513	0.0561	0.0529	0.0528	0.0595	0.1039	0.1041	0.1155

续表

α	n	Bias²			Var			MISE		
		LS	RM	LAD	LS	RM	LAD	LS	RM	LAD
2	100	0. 1509	0. 1516	0. 1589	0. 2616	0. 2625	0. 2951	0. 4124	0. 4141	0. 4539
	200	0. 1363	0. 1367	0. 1429	0. 1651	0. 1667	0. 1850	0. 3014	0. 3034	0. 3280
	300	0. 1086	0. 1089	0. 1160	0. 1362	0. 1369	0. 1478	0. 2448	0. 2458	0. 2638
	400	0. 0958	0. 0956	0. 1001	0. 1123	0. 1142	0. 1297	0. 2080	0. 2098	0. 2298
	500	0. 0938	0. 0936	0. 0985	0. 0915	0. 0929	0. 1106	0. 1853	0. 1866	0. 2091

下面考虑混合比例 $\gamma=0.9$ 的情况，对应于模型（3.4）中 $\varepsilon\sim0.9N(0,1)+0.1N(0,8^2)$，即模型中大约10%的数据来自误差分布 $N(0,8^2)$，该分布称为外来分布。包含混合正态误差变量情形下三种方法得到的估计量的行为呈现在表3.2中。正如表3.2中所反映的，在这种情况下，$\alpha=1.1$ 时得到的估计量仍然要胜过 $\alpha=2$ 时的估计量，最小二乘估计量的 Bias^2 小于最小绝对偏差估计量和稳健均值估计量的 Bias^2，但最小二乘估计量的 Var 要大于最小绝对偏差估计量和稳健均值估计量的 Var。从表3.2中的 MISE 来看，最小绝对偏差估计量的 MISE 要小于最小二乘估计量和稳健均值估计量的 MISE，而稳健均值估计量的 MISE 要小于最小二乘估计量的 MISE。这些结果证实了在存在外来分布的情况下最小绝对偏差估计量和稳健均值估计量比最小二乘估计量更稳健。

表 3.2　混合正态误差条件下的模拟结果

α	n	Bias²			Var			MISE		
		LS	RM	LAD	LS	RM	LAD	LS	RM	LAD
1. 1	100	0. 2283	0. 2531	0. 3533	0. 6213	0. 5368	0. 3372	0. 8496	0. 7899	0. 6905
	200	0. 1998	0. 2162	0. 2814	0. 3665	0. 3153	0. 2149	0. 5664	0. 5315	0. 4963
	300	0. 1808	0. 1966	0. 2319	0. 2462	0. 1925	0. 1201	0. 4269	0. 3891	0. 3520
	400	0. 1649	0. 1767	0. 2137	0. 2101	0. 1744	0. 1018	0. 3750	0. 3511	0. 3155
	500	0. 1622	0. 1732	0. 2096	0. 1787	0. 1425	0. 0831	0. 3409	0. 3157	0. 2927
2	100	0. 3576	0. 4102	0. 4328	1. 0796	0. 8728	0. 2843	1. 4372	1. 2830	0. 7171
	200	0. 3021	0. 3301	0. 3514	0. 5761	0. 4855	0. 2047	0. 8782	0. 8158	0. 5561
	300	0. 2598	0. 2782	0. 3231	0. 4118	0. 3495	0. 1512	0. 6717	0. 6277	0. 4743
	400	0. 2261	0. 2385	0. 2906	0. 3333	0. 2865	0. 1150	0. 5594	0. 5250	0. 4056
	500	0. 2341	0. 2464	0. 2838	0. 2374	0. 1947	0. 0844	0. 4715	0. 4411	0. 3682

3.5 城市固定资产投资对GDP的影响

GDP（国内生产总值）是一个国家（地区）所有常住单位在一定时期内生产活动的最终成果。GDP是国民经济核算的核心指标，也是衡量一个国家或地区经济状况和发展水平的重要指标。固定资产投资是一个国家（地区）经济增长的前提保证，是优化产业结构的重要途径，也是实现经济持续健康发展的重要动力。固定资产投资具有多级传导和扩散的功能，通过对相关产业的影响，拉动经济的增长。固定资产投资的增加，不仅可直接促进工业、房地产业等行业生产的增长，对生产资料市场和消费品市场的繁荣也起到了间接的推动作用。

我们的目的是运用函数线性模型（3.1）研究城市固定资产投资对GDP的影响。由于城市固定资产投资具有滞后作用，我们取城市固定资产投资为函数型自变量，城市GDP为因变量。在数据方面，我们收集了北京、上海、深圳、广州、成都、杭州、武汉、天津、南京等79个主要城市2020年GDP数据和2018~2020年每个季度的城市固定资产投资数据。令Y_i和$X_i(t)$分别表示第i个城市2020年的GDP和第t年的城市固定资产投资，$i=1, 2, \cdots, 79$。在这里，$t=\frac{1}{4}$、$\frac{1}{2}$、$\frac{3}{4}$、1分别表示2018年的第一、第二、第三及第四季度，以此类推，$t=\frac{5}{4}$表示2019年的第一季度，$t=3$表示2020年的第四季度。我们构建如下函数线性模型：

$$Y_i=\mu+\int_I a(t)X_i(t)\,\mathrm{d}t+\varepsilon_i \tag{3.31}$$

其中，$I=[0, 3]$。

模型（3.31）中未知参数μ和函数$a(t)$的估计量由本章第2节中的函数主成分分析法得到，调节参数m通过主观观察曲线图形选取，在这里，我们取$m=1$。图3.1给出了模型（3.31）中$a(t)$的估计曲线，而参数μ的估计量为-16.6150。

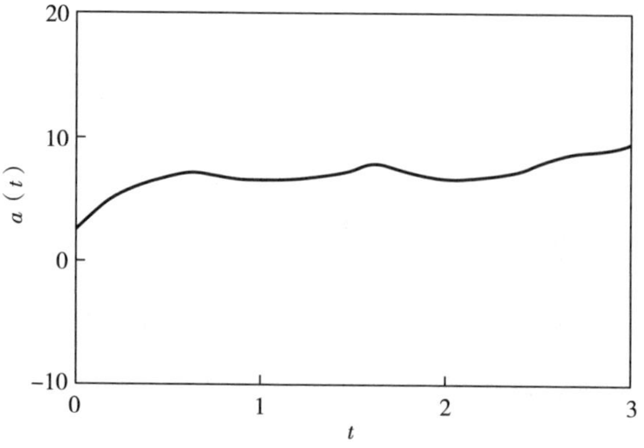

图 3.1　模型（3.31）中 $a(t)$ 的估计曲线

从图 3.1 中可以看到，$a(t)$ 的估计曲线呈先较快增长，而后平稳增长，最后较快增长的趋势。这说明城市固定资产投资对城市 GDP 的贡献存在滞后作用，但这种影响作用随时间的推移而不断减弱，当年的城市固定资产投资对当年 GDP 的贡献更大。

3.6　女孩成年身高预测

下面分析的数据集来源于伯克利成长数据研究（Tuddenham 和 Snyder，1954）。该数据集收集了 54 名女孩 1～18 岁共 31 次测量的身高，每个女孩 1 岁时有 4 次测量，2～8 岁时每年测量 1 次，然后每年测量 2 次。

我们感兴趣的是依据这个女孩在［1，T］岁期间测量的身高预测她成年后的身高。令 t 表示岁数，$t\in[1,T]$，并令 $X(t)$ 表示一个女孩 t 岁时的身高，构建如下函数线性分位数回归模型：

$$Y_i=\mu_0+\int_1^T a(t)X_i(t)\,\mathrm{d}t+\varepsilon_{\tau i} \tag{3.32}$$

这里的 $P\{\varepsilon_{\tau i}\leqslant 0\mid X_i\}=\tau$。“去一”交叉核实被用来评价预测行为，即预测第 i 个女孩成年身高的条件分位数时，在估计模型时删除第 i 个数据，使用剩下的 $n-1$ 个数据估计模型中的未知参数和函数。未知函数 $a(t)$ 的估计量由最小化（3.6）得到，其中的损失函数取 $\rho(u)=|u|+(2\tau-1)u$，而调节参数 m 由 BIC 准则决定。基于区间[1，12]，即 $T=12$ 的测量数据，图 3.2

呈现了分别来自矮小身高组、中等身高组和高身高组的三名女孩成年身高的预测分布函数和估计的分位数点 $\hat{F}^{-1}(\tau)$，$\tau \in \{0.05, 0.1, 0.25, 0.5, 0.75, 0.9, 0.95\}$。图 3.2 还显示了 Chen 和 Müller（2012）中考虑的女孩 A 和女孩 B 的预测分位数。我们从图 3.2 中可以看到，除了女孩 A 之外，观察到的成人身高都在预测的分位数的中间范围内。图 3.2（d）和图 3.2（e）显示了与 Chen 和 Müller（2012）相似的结果：预测女孩 B 的成年身高小于 157 厘米的概率很大，而预测女孩 A 的成年身高较矮的概率不大。这表明，对女孩 B 需要进一步的评估和可能的干预。

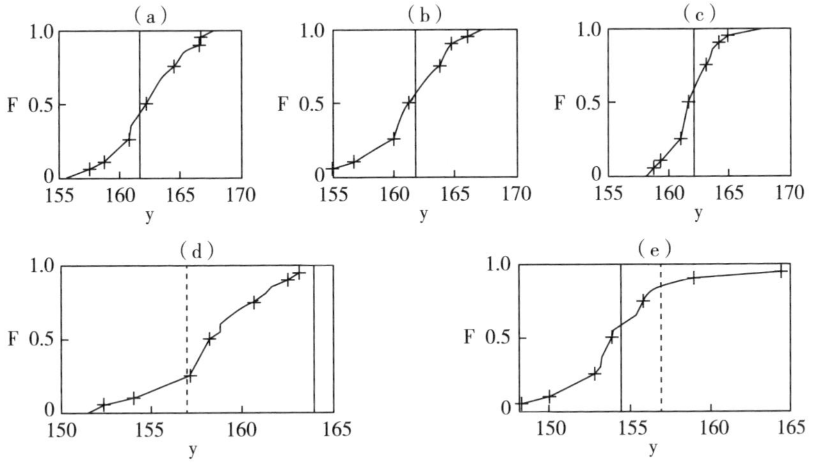

图 3.2 女孩成年身高预测

为了评价预测分位数的效果，令 $I_i(\tau) = I\{Y_i \leq F^{-1}(\tau \mid X_i)\}$，由定义有 $E(I_i(\tau) \mid X_i) = \tau$。如果分位数估计能给出好的估计，那么 $\bar{I}(\tau) = \frac{1}{n}\sum_{i=1}^{n} I\{Y_i \leq \hat{F}_i^{-1}(\tau \mid X_i)\}$ 应该与 τ 很接近。图 3.3(a) 描述了 $\bar{I}(\tau)$ 与 τ 的散点图，从图 3.3(a) 可以看出散点图在直线 $y = x$ 附近，这说明给出的模型拟合良好。为了进一步评估预测分位数的效果和模型对数据的拟合程度，考虑 Y 的经验分布和与模拟分布的拟合性。首先产生 $\tau \sim U(0, 1)$，然后从 Y 的观察数据中选择样本 τ 分位数点 Y^*，令 $(\hat{u}_{\tau 0}^*, \hat{b}_\tau^*)$ 和 $\hat{a}_\tau^*(t)$ 为估计的 τ 分位数系数，模拟的 Y^* 由将选定的观测点和估计的分位数系数代入模型得到。不断重复上述操作，获得一个模拟的样本。如果模型与数据拟合得好，那么模拟得到的 Y^* 的边缘分布将会与观

测的 Y 的边缘分布相匹配。图 3.3(b)给出的是经验 Y 与模拟Y^* 的$Q-Q$ 图，$Q-Q$显示模型（3.32）与数据的拟合较好。

图 3.2 是基于区间[1，12]的历史观测数据，成年身高的预测分布函数图和分位数 $\hat{F}^{-1}(\tau)(+)$，$\tau \in \{0.05, 0.1, 0.25, 0.5, 0.75, 0.9, 0.95\}$：(a)、(b) 和 (c) 分别显示矮小、中等和高身高组三名女孩的预测结果，(d) 为女孩 A 的结果，(e) 为女孩 B 的结果。—为实际的成年身高——157 厘米，即成年女孩身高样本中的 0.1 分位数点。

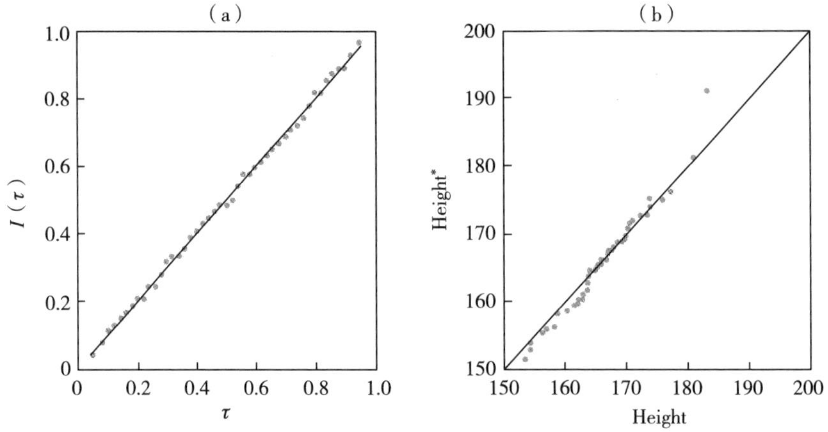

图 3.3 分位数估计对角线图

注：(a) 为$\overline{I}(\tau)$ 与τ的散点图，(b) 为经验分布与基于模型的模拟分布 $Q-Q$ 图，对角线为直线 $y=x$。

为了及时对成人实际身高属于低分位数的女孩进行进一步的儿科评估和可能的干预，正确预测这些女孩的成人身高的分位数尤为重要。为此，表 3.3 和表 3.4 显示了实际成人身高分别为 154.5 厘米和 154.6 厘米的两个女孩基于$[0, T]$，$T=8, 9, \cdots, 15$ 测量数据的成人身高的预测分位数点。她们的成年身高低于成年女性身高的 0.1 样本分位数点。我们从表 3.3 和表 3.4 看到，这两个女孩的预测分位数接近她们的实际成人高度，她们的实际成人身高通常在预测的 0.25 分位数点和预测的 0.75 分位数点之间。其他低于成年女性身高 0.1 样本分位数点的女孩的预测分位数的结果与这两个女孩相似，在此不再赘述。表 3.5 呈现了两个女孩的条件概率 $P(Y_i < 157\text{cm} \mid X_i^{[1,T]})$，这里的 157 厘

米是成年女性身高的 0.1 样本分位数点。在表 3.5 中，女孩 C 表示成人身高 154.5 厘米，女孩 D 表示成人身高 154.6 厘米。表 3.5 显示，两名女孩预测的成人身高低于 157 厘米以下的概率很高。这些结果表明，这两个女孩需要进一步的儿科评估和可能的干预。

表 3.3 实际成人身高为 154.5 厘米的女孩的预测分位数点

τ	$T=8$	$T=9$	$T=10$	$T=11$	$T=12$	$T=13$	$T=14$	$T=15$
0.05	150.5	148.7	149.7	149.2	149.0	152.5	153.3	153.3
0.1	151.4	151.1	150.6	150.4	150.5	152.7	153.5	153.6
0.25	153.0	153.2	153.4	153.5	153.3	154.3	154.7	153.8
0.5	154.8	154.5	154.0	154.1	154.6	156.3	155.9	154.5
0.75	157.1	157.3	157.1	156.5	156.9	157.0	156.7	156.0
0.9	158.8	158.8	158.7	158.0	158.9	159.1	157.3	156.6
0.95	159.0	161.4	159.0	159.2	159.8	162.1	159.3	157.4

表 3.4 实际成人身高为 154.6 厘米的女孩的预测分位数点

τ	$T=8$	$T=9$	$T=10$	$T=11$	$T=12$	$T=13$	$T=14$	$T=15$
0.05	152.7	152.4	153.8	152.6	149.3	148.3	146.1	151.9
0.1	153.3	153.2	154.2	152.9	152.1	148.0	146.3	152.1
0.25	155.9	155.8	155.4	154.1	154.2	148.8	150.6	152.4
0.5	156.4	155.9	155.5	155.2	154.5	149.8	151.0	153.1
0.75	158.7	158.6	158.4	158.9	158.3	154.5	153.9	155.0
0.9	160.7	160.6	160.4	160.1	160.5	160.7	155.2	156.2
0.95	164.1	165.4	162.4	161.9	159.9	160.9	155.6	156.4

表 3.5 两名女孩的身高的条件概率 $P(Y_i < 157\text{cm} \mid X_i^{[1,T]})$

	$T=8$	$T=9$	$T=10$	$T=11$	$T=12$	$T=13$	$T=14$	$T=15$
女孩 C	0.71	0.69	0.73	0.83	0.75	0.74	0.76	0.93
女孩 D	0.57	0.58	0.60	0.62	0.73	0.79	0.97	0.96

第4章　部分函数线性模型

4.1　引言

令 Y 和 $\mathbf{Z}$ 分别是定义在概率空间（Ω，F，P）上的实值随机变量和具有有限二阶矩的 d 维随机向量，$\{X(t): t \in I\}$ 是定义在概率空间（Ω，F，P）上并且样本路径属于 $L^2(I)$ 的零均值二阶随机过程（即对所有的 $t \in I$，$EX(t)^2 < \infty$），$L^2(I)$ 是定义在 I 上的平方可积函数组成的集合，其中 I 是有界闭区间。部分函数线性模型具有如下形式：

$$Y = \int_I \gamma(t) X(t) \mathrm{d}t + Z^T \beta_0 + \varepsilon \tag{4.1}$$

其中，$\gamma(t)$ 是定义在 I 上的未知平方可积函数，β_0 是要估计的 $d \times 1$ 系数向量，ε 是均值为零的随机误差，并且与 (X, Z) 独立。Shin（2009）首先提出了上述部分函数线性模型，这个模型是函数线性模型的推广，与函数线性模型相比，额外的实值自变量向量 $\mathbf{Z}$ 被引入模型中，用以提高模型的预测能力和解释能力。

4.2　模型中未知参数和函数的估计

Shin（2009）开发了一种估计模型中未知参数和函数的方法，本书中运用函数主成分分析法提出一种新的估计方法用于估计部分函数线性模型中的未知参数和函数。与 Shin（2009）的方法相比，本书中的方法具有表达式简单、计算量少并且容易推导估计量的渐近性质等优点。

4.2.1　估计方法

设随机过程 $X(t)$ 的协方差函数 $K(s, t)=\mathrm{Cov}(X(s), X(t))$ 是正定的并且依特征值 λ_j 有谱分解：

$$K(s, t) = \sum_{j=1}^{\infty} \lambda_j \phi_j(s) \phi_j(t), \quad s, t \in I$$

其中，(λ_j, ϕ_j) 分别表示核函数 K 的线性算子的（特征值，特征函数）对，特征值按 $\lambda_1 > \lambda_2 > \cdots$ 排序，并且函数 ϕ_1，ϕ_2，…组成 $L^2(I)$ 的一个正交基。依据 Karhunen－Loève 表达式，$X(t)$ 有如下分解：

$$X(t) = \sum_{j=1}^{\infty} \xi_j \phi_j(t)$$

其中，$\xi_j = \int_I^R X(t)\phi_j(t)\mathrm{d}t$，$j=1, 2, \cdots$ 是均值为0，方差 $E\xi_j^2=\lambda_j$ 的不相关随机变量。令 $\gamma(t)=\sum_{j=1}^{\infty}\gamma_j\phi_j(t)$，则模型（4.1）可以写为：

$$Y = \sum_{j=1}^{\infty} \gamma_j \xi_j + \boldsymbol{Z}^T \boldsymbol{\beta}_0 + \varepsilon \tag{4.2}$$

由式（4.2）有：

$$\gamma_j = E\{[Y - \boldsymbol{Z}^T\boldsymbol{\beta}_0]\xi_j\}/\lambda_j \tag{4.3}$$

令 $(X_i(t), \boldsymbol{Z}_i, Y_i)$，$i=1, 2, \cdots, n$ 是由模型（4.1）生成的 $(X(t), \boldsymbol{Z}, Y)$ 的一个样本。K 的估计量及其特征分解为：

$$\hat{K}(s, t) = \frac{1}{n}\sum_{i=1}^{n} X_i(s) X_i(t) = \sum_{j=1}^{\infty} \hat{\lambda}_j \hat{\phi}_j(s) \hat{\phi}_j(t)$$

类似于 K 的情况，$(\hat{\lambda}_j, \hat{\phi}_j)$ 是核函数 $\hat{K}$ 的线性算子的（特征值，特征函数）对，样本特征值按 $\hat{\lambda}_1 \geqslant \hat{\lambda}_2 \geqslant \cdots \geqslant 0$ 排序。我们用 $(\hat{\lambda}_j, \hat{\phi}_j)$ 作为 (λ_j, ϕ_j) 的估计量并取

$$\tilde{\gamma}_j = \frac{1}{n\hat{\lambda}_j}\sum_{i=1}^{n}(Y_i - \boldsymbol{Z}_i^T\boldsymbol{\beta}_0)\hat{\xi}_{ij} \tag{4.4}$$

将式（4.4）作为 γ_j 的估计。在式（4.2）中，我们用 $\sum_{j=1}^{m}\tilde{\gamma}_j\hat{\xi}_j$ 作为 $\sum_{j=1}^{\infty}\gamma_j\xi_j$ 的近似，结合式（4.2）和式（4.4），我们解以下最小化问题：

$$\min_{\beta}\sum_{i=1}^{n}\left\{Y_i - \sum_{j=1}^{m}\frac{\hat{\xi}_{ij}}{n\hat{\lambda}_j}\sum_{l=1}^{n}(Y_l - \boldsymbol{Z}_l^T\boldsymbol{\beta})\hat{\xi}_{lj} - \boldsymbol{Z}_i^T\boldsymbol{\beta}\right\}^2 \tag{4.5}$$

定义 $\tilde{\xi}_{li}=\sum_{j=1}^{m}\frac{\hat{\xi}_{lj}\hat{\xi}_{ij}}{\hat{\lambda}_j}$，$\tilde{Y}_i = Y_i - \frac{1}{n}\sum_{l=1}^{n}Y_l\tilde{\xi}_{li}$ 以及 $\tilde{\boldsymbol{Z}}_i = \boldsymbol{Z}_i - \frac{1}{n}\sum_{l=1}^{n}\boldsymbol{Z}_l\tilde{\xi}_{li}$。那么式（4.5）

可以写成：

$$\min_{\beta}\sum_{i=1}^{n}(\widetilde{Y}_i-\widetilde{\mathbf{Z}}_i^T\boldsymbol{\beta})^2 \tag{4.6}$$

令$\widetilde{\mathbf{Y}}=(\widetilde{Y}_1, \widetilde{Y}_2, \cdots, \widetilde{Y}_n)^T$和$\widetilde{\mathbf{Z}}=(\widetilde{\mathbf{Z}}_1, \widetilde{\mathbf{Z}}_2, \cdots, \widetilde{\mathbf{Z}}_n)^T$，则$\boldsymbol{\beta}_0$的估计量$\hat{\boldsymbol{\beta}}$为：

$$\hat{\boldsymbol{\beta}}=(\widetilde{\mathbf{Z}}^T\widetilde{\mathbf{Z}})^{-1}\widetilde{\mathbf{Z}}^T\widetilde{\mathbf{Y}} \tag{4.7}$$

$\gamma(t)$的估计量由$\hat{\gamma}(t)=\sum_{j=1}^{m}\hat{\gamma}_j\hat{\phi}_j(t)$给出，其中：

$$\hat{\gamma}_j=\frac{1}{n\hat{\lambda}_j}\sum_{i=1}^{n}(Y_i-Z_i^T\hat{\boldsymbol{\beta}})\hat{\xi}_{ij} \tag{4.8}$$

调节参数 m 的选择对估计量尤其是对非参数估计量$\hat{\gamma}$（t）起着极为重要的作用，m 的作用类似于局部线性估计中窗宽的作用，m 增大，估计量的偏差变小，方差变大；反之，m 越小，估计量的偏差变大，方差变小。m 可由下面的“去一”交叉核实方法来选择。定义 CV 函数为：

$$CV(m)=\sum_{i=1}^{n}\left(Y_i-\sum_{j=1}^{m}\hat{\gamma}_j^{-i}\hat{\xi}_{ij}-\mathbf{Z}_i^T\hat{\boldsymbol{\beta}}^{-i}\right)^2$$

其中，$\hat{\gamma}_j^{-i}$，$j=1, 2, \cdots, m$ 和 $\hat{\boldsymbol{\beta}}^{-i}$为删除（$X_i$，$\mathbf{Z}_i$，$Y_i$）之后计算得到的估计量，使 CV 函数达到最小的 m 即为我们要选取的。m 也可由下面的信息准则 BIC 选取，令

$$BIC(m)=\log\left\{\frac{1}{n}\sum_{i=1}^{n}\left(Y_i-\sum_{j=1}^{m}\hat{\gamma}_j\hat{\xi}_{ij}-\mathbf{Z}_i^T\hat{\boldsymbol{\beta}}\right)^2\right\}+\frac{\log n}{n}(m+1)$$

使 BIC（m）达到最小的 m 的值即为所求的 m。

4.2.2 估计量的大样本性质

下面给出参数估计量$\hat{\boldsymbol{\beta}}$的渐近正态性和非参数估计量$\hat{\gamma}$（t）的收敛速度。首先列出所需的假设条件：

条件 1 随机过程 $X(t)$满足：$\int_I E(X(t)^4)<\infty$，且存在常数C_1使对每个 j 有 $E(\xi_j^4)<C_1\lambda_j^2$。

条件 2 存在定义于［0，1］上的凸函数 φ 满足 φ（0）$=0$，并且$\lambda_j=\varphi$（$1/j$），$j\geqslant 1$。

条件 3 存在常数$C_2>0$ 和 $\delta>3/2$，对所有的$j\geqslant 1$ 满足 $|\gamma_j|\leqslant C_2J^{-\delta}$。

条件 4 $m\to\infty$ 且$n^{-1/2}m\lambda_m^{-1}\to 0$。

条件 5 $E(\|Z\|)^4<+\infty$。

建立估计量$\hat{\boldsymbol{\beta}}$的渐近正态性。为建立估计量$\hat{\boldsymbol{\beta}}$的渐近正态性，需要调整$\boldsymbol{Z}=(Z_1, Z_2, \cdots, Z_d)^T$与$X(t)$之间的相依关系，这种调整是处理半参数估计问题的常用方法。令$\mathcal{G}$为满足如下条件的所有随机变量的集合：随机变量$G\in\mathcal{G}$当且仅当$G=\sum_{j=1}^{\infty}g_j\xi_j$且$|g_j|\leqslant C_3 j^{-\delta}$对所有的$j\geqslant 1$成立，这里$\delta$由条件 3 给出并且$C_3>0$为一常数。令$G_r=\sum_{j=1}^{\infty}g_{rj}\xi_j$，并令

$$G_r^* = \operatorname{arginf}_{G_r\in\mathcal{G}} E\left[\left(Z_k-\sum_{j=1}^{\infty}g_{rj}\xi_j\right)^2\right]$$

由于

$$E\left[\left(Z_k-\sum_{j=1}^{\infty}g_{rj}\xi_j\right)^2\right]=E[(Z_r-E(Z_r|X))^2]+E\left[\left(E(Z_r|X)-\sum_{j=1}^{\infty}g_{rj}\xi_j\right)^2\right],$$

因此

$$G_r^* = \operatorname{arginf}_{G_r\in\mathcal{G}} E\left[\left(E(Z_r|X)-\sum_{j=1}^{\infty}g_{rj}\xi_j\right)^2\right]$$

这样，G_r^*为$E(Z_r|X)$在空间$\mathcal{G}$内的映射。换句话说，G_r^*为$\mathcal{G}$中的一个随机变量且在$\mathcal{G}$的所有随机变量中，G_r^*离$E(Z_r|X)$最近。令$H_r=Z_r-G_r^*$，$r=1, 2, \cdots, d$，并令$\boldsymbol{H}=(H_1, H_2, \cdots, H_d)^T$。

定理 4.1　假设条件 1 至条件 5 成立，记$\Omega=E(HH^T)$，且Ω可逆，则：

$$\sqrt{n}(\hat{\boldsymbol{\beta}}-\boldsymbol{\beta}_0)\xrightarrow{d}N(0, \boldsymbol{\Omega}^{-1}\sigma^2) \tag{4.9}$$

这里的$\xrightarrow{d}$意指依分布收敛。

注 4.1　当从函数线性模型变为部分函数线性模型时，为推导估计量$\hat{\boldsymbol{\beta}}$的渐近正态性，处理好向量$\boldsymbol{Z}$和$X(t)$的关系是关键。在我们的分析中，Z_r，$r=1, 2, \cdots, d$被分解为不相关的两部分，$G_r^*=\sum_{j=1}^{\infty}g_{rj}^*\xi_j$和$H_r$。这样一来，式(4.2)可以写成：

$$Y=\sum_{j=1}^{\infty}\left(\gamma_j+\sum_{r=1}^{d}g_{rj}^*\beta_{0r}\right)\xi_j+\boldsymbol{H}^T\boldsymbol{\beta}_0+\varepsilon$$

这里的$\boldsymbol{\beta}_0=(\beta_{01}, \beta_{02}, \cdots, \beta_{0d})^T$。如果$Z_r=\sum_{j=1}^{\infty}\tilde{g}_{rj}\xi_j+V_r$且$V_r$与$X(t)$独立，那么$G_r^*=\sum_{j=1}^{\infty}\tilde{g}_{rj}\xi_j$并且$H_r=V_r$。如果$Z_r$与$X(t)$独立，那么$G_r^*=0$并且$H_r=Z_r$。如果$E(Z_r|X(t))=\sum_{j=1}^{\infty}\bar{g}_{rj}\xi_j$，那么$G_r^*=\sum_{j=1}^{\infty}\bar{g}_{rj}\xi_j$且$H_r=Z_r-G_r^*$。在 Shin(2009)以及 Shin 和 Lee(2012)中，假定$E(Z_r|X(t))=\sum_{j=1}^{\infty}\lambda_j^{-1}<K_{Z_kX}, \phi_j>\xi_j$，而$K_{Z_rX}=$

$\mathrm{Cov}(Z_r, X)$，$r=1, 2, \cdots, d$。在这种情形下，有$G_r^* = \sum_{j=1}^{\infty}\lambda_j^{-1} < K_{Z_kX}, \phi_j > \xi_j$并且有$H_r = Z_r - G_r^*$，可以看到这里的定理4.1与Shin（2009）中的定理3.1是一样的。因此，Shin（2009）中的定理3.1是这里的定理4.1的一种特例。

下面给出$\hat{\gamma}(t)$的收敛速度。

定理4.2 假设条件1至条件5成立并且$n^{-1}m^2\lambda_m^{-1}\log m \to 0$。那么有：

$$\int_T \{\hat{\gamma}(t) - \gamma(t)\}^2 \mathrm{d}t = O_p\left(\frac{m}{n\lambda_m} + \frac{m}{n^2\lambda_m^2}\sum_{j=1}^{m}\frac{j^3\gamma_j^2}{\lambda_j^2} + \frac{1}{n\lambda_m}\sum_{j=1}^{m}\frac{\gamma_j^2}{\lambda_j} + m^{-2\delta+1}\right)$$

如果$\lambda_j \sim j^{-\tau}$，$\tau > 1$，$m \sim n^{1/(\tau+2\delta)}$，$\delta > 2$且$\delta > 1 + \frac{\tau}{2}$，则有$\sum_{j=1}^{m} j^3\gamma_j^2\lambda_j^{-2} \leqslant C_4(\log m + m^{2\tau+4-2\delta})$且$\sum_{j=1}^{m}\gamma_j^2\lambda_j^{-1} < +\infty$，此处的$C_4$为一正常数。

推论4.1 假定条件1至条件5成立，如果$\lambda_j \sim j^{-\tau}$，$\tau > 1$，$m \sim n^{1/(\tau+2\delta)}$且$\delta > \min(2, 1+\tau/2)$，下式成立

$$\int_T \{\hat{\gamma}(t) - \gamma(t)\}^2 \mathrm{d}t = O_p(n^{-(2\delta-1)/(\tau+2\delta)})$$

上述结果显示，$\hat{\gamma}(t)$具有与Hall和Horowitz（2007）中一样的收敛速度，这种收敛速度在最小最大意义下是最优的。

记$S = \{(X_i, \boldsymbol{Z}_i, Y_i): 1 \leqslant i \leqslant n\}$，令$(X_{n+1}, \boldsymbol{Z}_{n+1})$为与$S$独立的来自$(X, \boldsymbol{Z})$的新的自变量对，定义均方预测误差（MSPE）为：

$$MSPE = E\left(\left[\left(\int_I \hat{\gamma}(t)X_{n+1}(t)\mathrm{d}t + \boldsymbol{Z}_{n+1}^T\hat{\boldsymbol{\beta}}\right) - \left(\int_I \gamma(t)X_{n+1}(t)\mathrm{d}t + \boldsymbol{Z}_{n+1}^T\boldsymbol{\beta}_0\right)\right]^2 \middle| S\right)$$

下面的定理给出了均分预测误差的收敛速度。

定理4.3 假定条件1、条件3和条件5成立，如果$\lambda_j \sim j^{-\tau}$，$\tau > 1$，$m \sim n^{1/(\tau+2\delta)}$且$\delta > \min(2, 1+\tau/2)$，那么：

$$MSPE = O_p(n^{-(\tau+2\delta-1)/(\tau+2\delta)})$$

4.2.3 主要定理的证明

在这一节中，令$C > 0$表示在不同的行可取不同值的常数。对矩阵$\boldsymbol{A} = (a_{ij})$，令$\|\boldsymbol{A}\|_\infty = \max_i \sum_j |a_{ij}|$，$|\boldsymbol{A}|_\infty = \max_i \sum_j |a_{ij}|$。对于向量$\boldsymbol{v} = (v_1, v_2, \cdots, v_k)^T$，令$\|\boldsymbol{v}\|_\infty = \sum_{j=1}^{k}|v_j|$，$|\boldsymbol{v}|_\infty = \max_{1\leqslant j\leqslant k}|v_j|$。记$W_l = \sum_{j=1}^{\infty}\gamma_j\xi_{lj}$,

$\widetilde{W}_i = W_i - \frac{1}{n}\sum_{l=1}^{n} W_l \widetilde{\xi}_{li}$，$\widetilde{\varepsilon}_i = \varepsilon_i - \frac{1}{n}\sum_{l=1}^{n} \varepsilon_l \widetilde{\xi}_{li}$，$\widetilde{\boldsymbol{W}} = (\widetilde{W}_1, \widetilde{W}_2, \cdots, \widetilde{W}_n)^T$ 以及 $\widetilde{\boldsymbol{\varepsilon}} = (\widetilde{\varepsilon}_1, \widetilde{\varepsilon}_2, \cdots, \widetilde{\varepsilon}_n)^T$。那么，由式(4.7)有：

$$\hat{\boldsymbol{\beta}} - \boldsymbol{\beta}_0 = (\widetilde{\boldsymbol{Z}}^T\widetilde{\boldsymbol{Z}})^{-1}\widetilde{\boldsymbol{Z}}^T(\widetilde{\boldsymbol{W}} + \widetilde{\boldsymbol{\varepsilon}}) \tag{4.10}$$

引理 4.1 假定满足条件 1、条件 2、条件 4 和条件 5，则有：

$$\frac{1}{n}\widetilde{\boldsymbol{Z}}^T\widetilde{\boldsymbol{Z}} = \boldsymbol{\Omega} + o_P(1)$$

证明：记 $\widetilde{\boldsymbol{Z}}_i = (\widetilde{Z}_{i1}, \widetilde{Z}_{i2}, \cdots, \widetilde{Z}_{id})^T$，$\vec{\xi}_{li} = \sum_{j=1}^{m}\frac{\xi_{lj}\xi_{ij}}{\lambda_j}$，$\vec{Z}_{ir1} = Z_{ir} - \frac{1}{n}\sum_{l=1}^{n} Z_{lr}\vec{\xi}_{li}$，$\vec{Z}_{ir2} = \frac{1}{n}\sum_{l=1}^{n} Z_{lr}(\widetilde{\xi}_{li} - \vec{\xi}_{li})$。则有 $\widetilde{Z}_{ir} = \vec{Z}_{ir1} - \vec{Z}_{ir2}$ 以及

$$\frac{1}{n}\sum_{i=1}^{n}\widetilde{Z}_{ir}\widetilde{Z}_{iq} = \frac{1}{n}\sum_{i=1}^{n}(\vec{Z}_{ir1}\vec{Z}_{iq1} - \vec{Z}_{ir1}\vec{Z}_{iq2} - \vec{Z}_{ir2}\vec{Z}_{iq1} + \vec{Z}_{ir2}\vec{Z}_{iq2}) \tag{4.11}$$

$r, q = 1, 2, \cdots, d$. 记

$\vec{Z}_{ir21} = \sum_{j=1}^{m}\frac{1}{\lambda_j}\left[\frac{1}{n}\sum_{l=1}^{n} Z_{lr}(\hat{\xi}_{lj} - \xi_{lj})\right]\xi_{ij}$，$\vec{Z}_{ir22} = \sum_{j=1}^{m}\left(\frac{1}{\hat{\lambda}_j} - \frac{1}{\lambda_j}\right)\left(\frac{1}{n}\sum_{l=1}^{n} Z_{lr}\hat{\xi}_{lj}\right)\xi_{ij}$，$\vec{Z}_{ir23} = \sum_{j=1}^{m}\frac{1}{\hat{\lambda}_j}\left(\frac{1}{n}\sum_{l=1}^{n} Z_{lr}\hat{\xi}_{lj}\right)(\hat{\xi}_{ij} - \xi_{ij})$。则有：

$$|\vec{Z}_{ir2}\vec{Z}_{iq2}| \leqslant \frac{3}{2}(\vec{Z}_{ir21}^2 + \vec{Z}_{ir22}^2 + \vec{Z}_{ir23}^2 + \vec{Z}_{iq21}^2 + \vec{Z}_{iq22}^2 + \vec{Z}_{iq23}^2) \tag{4.12}$$

Hall 和 Horowitz（2007）的引理 5.1 意味着：

$$\hat{\xi}_{lj} - \xi_{lj} = \sum_{k \neq j}\frac{\xi_{lk}}{\hat{\lambda}_j - \lambda_k}\int \Delta\hat{\phi}_j\phi_k + \xi_{lj}\int(\hat{\phi}_j - \phi_j)\phi_j \tag{4.13}$$

此处的 $\Delta = \hat{K} - K$。从而有：

$$\begin{aligned}
&\left[\frac{1}{n}\sum_{l=1}^{n} Z_{lr}(\hat{\xi}_{lj} - \xi_{lj})\right]^2 \\
&\leqslant 2\left(\sum_{k \neq j}\frac{\vec{\xi}_{rk}}{\hat{\lambda}_j - \lambda_k}\int \Delta\hat{\phi}_j\phi_k\right)^2 + 2\left(\vec{\xi}_{rj}\int(\hat{\phi}_j - \phi_j)\phi_j\right)^2 \\
&\leqslant 2\left[\sum_{k \neq j}\frac{\vec{\xi}_{rk}^2}{(\hat{\lambda}_j - \lambda_k)^2}\right]\left[\sum_{k=1}^{\infty}\left(\int \Delta\hat{\phi}_j\phi_k\right)^2\right] + 2\left(\vec{\xi}_{rj}\int(\hat{\phi}_j - \phi_j)\phi_j\right)^2
\end{aligned}$$

这里的 $\vec{\xi}_{rj} = \frac{1}{n}\sum_{l=1}^{n} Z_{lr}\xi_{lj}$，Cardot 等（2007）的引理 1 意味着，对 $1 \leqslant j \leqslant m$，

$$|\lambda_j - \lambda_k| \geqslant \lambda_j - \lambda_{j+1} \geqslant \lambda_m - \lambda_{m+1} \geqslant \lambda_m/(m+1) \geqslant \lambda_m/(2m)$$

依据 Hall 和 Horowitz（2007）的（5.2），得到$\sup_{j\geq1}|\hat{\lambda}_j-\lambda_j|\leq|\|\Delta\||=O_p\left(n^{-\frac{1}{2}}\right)$，并且有：

$$\left(\int(\hat{\phi}_j-\phi_j)\phi_j\right)^2\leq\|\hat{\phi}_j-\phi_j\|^2\leq C\frac{|\|\Delta\||^2}{(\lambda_j-\lambda_{j+1})^2}\leq C|\|\Delta\||^2\lambda_j^{-2}j^2 \quad (4.14)$$

这里的$|\|\Delta\||=\left(\int_T\int_T\Delta^2(s,t)\,\mathrm{d}s\mathrm{d}t\right)^{1/2}$。利用 Parseval 同一性，有：

$$\sum_{k=1}^{\infty}\left(\int\Delta\hat{\phi}_j\phi_k\right)^2=\int\left(\int\Delta\hat{\phi}_j\right)^2\leq|\|\Delta\||^2=O_p(n^{-1})$$

条件 4 意味着$|\hat{\lambda}_j-\lambda_j|=o_P\left(\frac{\lambda_m}{m}\right)$，从而有$\sum_{k\neq j}\frac{\vec{\xi}_{rk}^2}{(\hat{\lambda}_j-\lambda_k)^2}=\sum_{k\neq j}\frac{\vec{\xi}_{rk}^2}{(\lambda_j-\lambda_k)^2}[1+o_P(1)]$，这里的$o_P(1)$对$1\leq j\leq m$一致成立。类似于 Cardot 等(2007)引理 2 的证明并利用$(\lambda_j-\lambda_k)^2\geq(\lambda_k-\lambda_{k+1})^2$，得到：

$$\sum_{k\neq j}\frac{1}{(\lambda_j-\lambda_k)^2}E(\vec{\xi}_{rk}^2)\leq C\sum_{k\neq j}\frac{1}{(\lambda_j-\lambda_k)^2}(n^{-1}\lambda_k+g_{rk}^2\lambda_k^2)\leq C(n^{-1}\lambda_j^{-1}j^2\log j+1)$$

由 Cardot 等（2007）的引理 1，有：

$$\sum_{j=1}^{m}\lambda_j^{-2}j^2\log j\leq m^{-2}\lambda_m^{-2}\sum_{j=1}^{m}j^4\log j\leq\lambda_m^{-2}m^3\log m$$

并且$\sum_{j=1}^{m}\lambda_j^{-1}\leq\lambda_m^{-1}m$。因此，

$$\sum_{j=1}^{m}\frac{1}{\lambda_j}\left[\frac{1}{n}\sum_{l=1}^{n}Z_{lr}(\hat{\xi}_{lj}-\xi_{lj})\right]^2=O_p(n^{-2}\lambda_m^{-2}m^3\log m+n^{-1}\lambda_m^{-1}m) \quad (4.15)$$

$$\begin{aligned}\frac{1}{n}\sum_{i=1}^{n}\vec{Z}_{ir21}^2&\leq\left(\sum_{j=1}^{m}\frac{1}{\lambda_j}\left[\frac{1}{n}\sum_{l=1}^{n}Z_{lr}(\hat{\xi}_{lj}-\xi_{lj})\right]^2\right)\left(\sum_{j=1}^{m}\frac{1}{n\lambda_j}\sum_{i=1}^{n}\xi_{ij}^2\right)\\&=O_p(n^{-2}\lambda_m^{-2}m^4\log m+n^{-1}\lambda_m^{-1}m^2)\end{aligned} \quad (4.16)$$

分解$\frac{1}{n}\sum_{l=1}^{n}Z_{lr}\hat{\xi}_{lj}=\vec{\xi}_{rj}+\frac{1}{n}\sum_{l=1}^{n}Z_{lr}(\hat{\xi}_{lj}-\xi_{lj})$并利用式（4.15），得到：

$$\begin{aligned}\frac{1}{n}\sum_{i=1}^{n}\vec{Z}_{ir22}^2&\leq C\sum_{j=1}^{m}\frac{(\hat{\lambda}_j-\lambda_j)^2}{\lambda_j^3}\left(\frac{1}{n}\sum_{l=1}^{n}Z_{lr}\hat{\xi}_{lj}\right)^2[1+o_p(1)]\left(\sum_{j=1}^{m}\frac{1}{n\lambda_j}\sum_{i=1}^{n}\xi_{ij}^2\right)\\&=O_p(n^{-1}\lambda_m^{-1}m+n^{-3}\lambda_m^{-4}m^4\log m+n^{-2}\lambda_m^{-3}m^2)\end{aligned} \quad (4.17)$$

由 Tang（2015a）的（A.10），式（4.18）成立。

$$n\|\hat{\phi}_j-\phi_j\|^2/(j^2\log j)=O_p(1) \quad (4.18)$$

这里的$O_p(\cdot)$对$1\leq j\leq m$一致成立。利用式（4.17）和式（4.18），得到：

$$\frac{1}{n}\sum_{i=1}^{n}\vec{Z}_{ir23}^2\leq\left(\sum_{j=1}^{m}\frac{1}{\hat{\lambda}^2}\left(\frac{1}{n}\sum_{l=1}^{n}Z_{lr}\hat{\xi}_{lj}\right)^2\right)\times\left(\frac{1}{n}\sum_{i=1}^{n}\|X_i\|^2\right)\left(\sum_{j=1}^{m}\|\hat{\phi}_j-\phi_j\|^2\right)$$

$$= O_p((n^{-2}\lambda_m^{-1}m^4 + n^{-1}m^3 + n^{-3}\lambda_m^{-3}m^6\log m + n^{-2}\lambda_m^{-2}m^4)\log m) \tag{4.19}$$

于是，由式（4.12）、式（4.16）、式（4.17）、式（4.19）和条件 4，得到

$$\frac{1}{n}\sum_{i=1}^{n} |\vec{Z}_{ir2}\vec{Z}_{iq2}| = O_p(n^{-2}\lambda_m^{-2}m^4\log m + n^{-1}\lambda_m^{-1}m^2) = o_p(1) \tag{4.20}$$

记 $\breve{\xi}_{jr} = \frac{1}{n}\sum_{l=1}^{n}\lambda_j^{-1/2}\xi_{lj}Z_{lr}$，由于 $E\left[\max_{1\leqslant j\leqslant m}(\breve{\xi}_{jr} - E(\breve{\xi}_{jr}))^2\right] \leqslant \frac{1}{n}\sum_{j=1}^{m}\lambda_j^{-1}E(\xi_j Z_r)^2 \leqslant Cn^{-1}$，$\max_{1\leqslant j\leqslant m}|\breve{\xi}_{jr} - E(\breve{\xi}_{jr})| = O_p(n^{-1/2})$，从而有：

$$\frac{1}{n}\sum_{i=1}^{n}\vec{Z}_{ir1}\vec{Z}_{iq1} = \frac{1}{n}\sum_{i=1}^{n}Z_{ir}Z_{iq} - 2\sum_{j=1}^{m}\breve{\xi}_{jr}\breve{\xi}_{jq} + \sum_{j=1}^{m}\frac{\breve{\xi}_{jr}\breve{\xi}_{jq}}{n\lambda_j}\left(\sum_{i=1}^{n}\xi_{ij}^2\right) +$$
$$\sum_{j\neq j'}\breve{\xi}_{jr}\breve{\xi}_{j'q}\bar{\xi}_{jj'} = \sum_{j=1}^{\infty}g_{rj}g_{qj}\lambda_j + E(H_rH_q) - 2\sum_{j=1}^{m}g_{rj}g_{qj}\lambda_j +$$
$$\sum_{j=1}^{m}g_{rj}g_{qj}\lambda_j + o_p(1)$$
$$= E(H_rH_q) + o_p(1) \tag{4.21}$$

这里的 $\bar{\xi}_{jj'} = \frac{1}{n(\lambda_j\lambda_{j'})^{\frac{1}{2}}}\sum_{i=1}^{n}\xi_{ij}\xi_{ij'}$。于是，引理 4.1 可由式（4.11）、式（4.20）、式（4.21）以及不等式 $\frac{1}{n}\left|\sum_{i=1}^{n}\vec{Z}_{ir1}\vec{Z}_{iq2}\right| \leqslant \left(\frac{1}{n}\sum_{i=1}^{n}\vec{Z}_{ir1}^2\right)^{1/2}\left(\frac{1}{n}\sum_{i=1}^{n}\vec{Z}_{iq2}^2\right)^{1/2}$ 推导而得。

引理 4.2　在条件 1 至条件 4 下，下式成立：

$$\sum_{j=1}^{m}\lambda_j\left[\gamma_j - \frac{1}{\hat{\lambda}_j}\left(\frac{1}{n}\sum_{l=1}^{n}W_l\hat{\xi}_{lj}\right)\right]^2 = O_p(n^{-1}\lambda_m^{-1}m)$$

证明：记 $S_1 = \sum_{j=1}^{m}\lambda_j\left[\gamma_j - \frac{1}{\lambda_j}\left(\frac{1}{n}\sum_{l=1}^{n}W_l\xi_{lj}\right)\right]^2$，$S_2 = \sum_{j=1}^{m}\frac{1}{\lambda_j}\left[\frac{1}{n}\sum_{l=1}^{n}W_l(\hat{\xi}_{lj} - \xi_{lj})\right]^2$，$S_3 = \sum_{j=1}^{m}\lambda_j\left(\frac{1}{\hat{\lambda}_j} - \frac{1}{\lambda_j}\right)^2\left(\frac{1}{n}\sum_{l=1}^{n}W_l\hat{\xi}_{lj}\right)^2$。则有：

$$\sum_{j=1}^{m}\lambda_j\left[\gamma_j - \frac{1}{\hat{\lambda}_j}\left(\frac{1}{n}\sum_{l=1}^{n}W_l\hat{\xi}_{lj}\right)\right]^2 \leqslant 3(S_1 + S_2 + S_3) \tag{4.22}$$

由于 $E\left[\gamma_j - \frac{1}{\lambda_j}\left(\frac{1}{n}\sum_{l=1}^{n}W_l\xi_{lj}\right)\right] = 0$，由条件 1 至条件 3，可得：

$$E(S_1) = \sum_{j=1}^{m}\frac{1}{\lambda_j}\mathrm{Var}\left(\frac{1}{n}\sum_{l=1}^{n}W_l\xi_{lj}\right) \leqslant \sum_{j=1}^{m}\frac{1}{n^2\lambda_j}\sum_{l=1}^{n}E(W_l^2\xi_{lj}^2) \leqslant \frac{Cm}{n} \tag{4.23}$$

类似于式（4.15）和式（4.17）并利用条件 4 可得：

$$S_2 = O_p(n^{-2}\lambda_m^{-2}m^3\log m + n^{-1}\lambda_m^{-1}m) = O_p(n^{-1}\lambda_m^{-1}m) \tag{4.24}$$

$$\begin{aligned} S_3 &\leqslant C\sum_{j=1}^{m}\frac{(\hat{\lambda}_j-\lambda_j)^2}{\lambda_j^3}\left(\bar{\zeta}_j^2+\left[\frac{1}{n}\sum_{l=1}^{n}W_l(\hat{\xi}_{lj}-\xi_{lj})\right]^2\right)[1++o_p(1)] \\ &= O_p(n^{-1}\lambda_m^{-1}+n^{-3}\lambda_m^{-4}m^3\log m+n^{-2}\lambda_m^{-3}m) \\ &= O_p(n^{-1}\lambda_m^{-1}) \end{aligned} \tag{4.25}$$

这里的$\bar{\zeta}_j = \frac{1}{n}\sum_{l=1}^{\infty}W_l\xi_{lj}$。于是，由式(4.22)至式(4.25)可得引理4.2。

引理4.3 如果条件1、条件2、条件4和条件5被满足，那么下式成立

$$\sum_{j=1}^{m}\lambda_j^{-1}\left(\sum_{i=1}^{n}\xi_{ij}\tilde{Z}_{ir}\right)^2 = O_p(nm+\lambda_m^{-2}m^4\log m)$$

证明： 记$Z_{ir}^* = Z_{ir} - \sum_{j'=1}^{m}\frac{1}{\lambda_{j'}}\left(\frac{1}{n}\sum_{l=1}^{n}Z_{lr}\xi_{lj'}\right)\xi_{ij'}$，注意到

$$\begin{aligned} \left(\sum_{i=1}^{n}\xi_{ij}\tilde{Z}_{ir}\right)^2 \leqslant 4&\left(\sum_{i=1}^{n}\xi_{ij}Z_{ir}^*\right)^2 + \\ &4\left(\sum_{i=1}^{n}\xi_{ij}\sum_{j'=1}^{m}\frac{1}{\lambda_{j'}}\left[\frac{1}{n}\sum_{l=1}^{n}Z_{lr}(\hat{\xi}_{lj'}-\xi_{lj'})\right]\xi_{ij'}\right)^2 + \\ &4\left(\sum_{i=1}^{n}\xi_{ij}\sum_{j'=1}^{m}\left(\frac{1}{\hat{\lambda}_{j'}}-\frac{1}{\lambda_{j'}}\right)\left[\frac{1}{n}\sum_{l=1}^{n}Z_{lr}\hat{\xi}_{lj'}\right]\xi_{ij'}\right)^2 + \\ &4\left(\sum_{i=1}^{n}\xi_{ij}\sum_{j'=1}^{m}\frac{1}{\hat{\lambda}_{j'}}\left[\frac{1}{n}\sum_{l=1}^{n}Z_{lr}\hat{\xi}_{lj'}\right](\hat{\xi}_{ij'}-\xi_{ij'})\right)^2 \\ &=: 4(T_{j1}+T_{j2}+T_{j3}+T_{j4}) \end{aligned} \tag{4.26}$$

通过直接计算并利用条件1，有：

$$\begin{aligned} E(\xi_{ij}^2 Z_{ir}^{*2}) &\leqslant 2E(\xi_{ij}^2 Z_{ir}^2) + 2E\left[\xi_{ij}^2\left(\sum_{j'=1}^{m}\frac{1}{\lambda_{j'}}\left(\frac{1}{n}\sum_{l=1}^{n}Z_{lr}\xi_{lj'}\right)\xi_{ij'}\right)^2\right] \\ &\leqslant C(\lambda_j + m\lambda_j/n^2 + (n-1)m\lambda_j/n^2 + m^2\lambda_j/n^2) \leqslant C\lambda_j \end{aligned}$$

以及

$$\left|\sum_{i_1\neq i_2}E(\xi_{i_1j}\xi_{i_2j}Z_{i_1r}^*Z_{i_2r}^*)\right| \leqslant C[(n-1)(n+2)\lambda_j/n + (n-1)m\lambda_j/n] \leqslant Cn\lambda_j.$$

从而有：

$$E(T_{j1}) = \sum_{i=1}^{n}E(\xi_{ij}^2 Z_{ir}^{*2}) + \sum_{i_1\neq i_2}E(\xi_{i_1j}\xi_{i_2j}Z_{i_1r}^*Z_{i_2r}^*) \leqslant Cn\lambda_j \tag{4.27}$$

由于$\sum_{j'=1}^{m}\frac{1}{\lambda_{j'}}E\left(\sum_{i=1}^{n}\xi_{ij}\xi_{ij'}\right)^2 \leqslant Cn^2\lambda_j$，则由式(4.15)可得：

$$\sum_{j=1}^{m}\lambda_j^{-1}T_{j2}\leqslant\left(\sum_{j'=1}^{m}\frac{1}{\lambda_{j'}}\left[\frac{1}{n}\sum_{l=1}^{n}Z_{lr}(\hat{\xi}_{lj'}-\xi_{lj'})\right]^2\right)\times$$
$$\left(\sum_{j=1}^{m}\lambda_j^{-1}\sum_{j'=1}^{m}\frac{1}{\lambda_{j'}}\left(\sum_{i=1}^{n}\xi_{ij}\xi_{ij'}\right)^2\right)$$
$$=O_p(n^{-2}\lambda_m^{-2}m^3\log m)O_p(n^2m)=O_p(\lambda_m^{-2}m^4\log m)\tag{4.28}$$

类似于式（4.17）的证明并利用条件4，可得：

$$\sum_{j=1}^{m}\lambda_j^{-1}T_{j3}\leqslant\left(\sum_{j'=1}^{m}\lambda_{j'}\left(\frac{1}{\hat{\lambda}_{j'}}-\frac{1}{\lambda_{j'}}\right)^2\left[\frac{1}{n}\sum_{l=1}^{n}Z_{lr}\hat{\xi}_{lj'}\right]^2\right)\times$$
$$\left(\sum_{j=1}^{m}\lambda_j^{-1}\sum_{j'=1}^{m}\frac{1}{\lambda_{j'}}\left(\sum_{i=1}^{n}\xi_{ij}\xi_{ij'}\right)^2\right)$$
$$=O_p(\lambda_m^{-2}m^2+n^{-1}\lambda_m^{-4}m^4\log m)=o_p(\lambda_m^{-2}m^2\log m)\tag{4.29}$$

以及

$$\sum_{j=1}^{m}\lambda_j^{-1}T_{j4}\leqslant\left(\sum_{j'=1}^{m}\frac{1}{\lambda_{j'}^2}\left[\frac{1}{n}\sum_{l=1}^{n}Z_{lr}\hat{\xi}_{lj'}\right]^2\right)[1+O_p(1)]\times$$
$$\left(\sum_{j=1}^{m}\frac{1}{\lambda_j}\sum_{i=1}^{n}\xi_{ij}^2\right)\left(\sum_{j'=1}^{m}\sum_{i=1}^{n}(\hat{\xi}_{ij'}-\xi_{ij'})^2\right)$$
$$=O_p(n^{-1}\lambda_m^{-1}m^5\log m+n^{-2}\lambda_m^{-3}m^7(\log m)^2)$$
$$=o_p(\lambda_m^{-2}m^4\log m)\tag{4.30}$$

于是，引理4.3可由式（4.26）至式（4.30）以及条件4推出。

引理4.4 如果条件1至条件5成立，则有：

$$n^{-1/2}\left|\sum_{j=1}^{m}\frac{1}{\hat{\lambda}_j}\left(\frac{1}{n}\sum_{l=1}^{n}W_l\hat{\xi}_{lj}\right)\sum_{i=1}^{n}(\hat{\xi}_{ij}-\xi_{ij})\tilde{Z}_{ir}\right|=o_p(1).$$

证明：记$\breve{W}_j=\frac{1}{n}\sum_{l=1}^{n}W_l\hat{\xi}_{lj}$。应用Cauchy－Schwarz不等式，有：

$$\left(\sum_{j=1}^{m}\frac{1}{\hat{\lambda}_j}\breve{W}_j\sum_{i=1}^{n}(\hat{\xi}_{ij}-\xi_{ij})\tilde{Z}_{ir}\right)^2\leqslant\left(\sum_{j=1}^{m}\frac{1}{\hat{\lambda}_j^2}\breve{W}_j^2\right)\left(\sum_{j=1}^{m}\left(\sum_{i=1}^{n}(\hat{\xi}_{ij}-\xi_{ij})\tilde{Z}_{ir}\right)^2\right)$$

利用式（4.13）、式（4.14），条件4以及Parseval同一性并利用证明引理4.3类似的方法，可得：

$$\sum_{j=1}^{m}\left(\sum_{i=1}^{n}(\hat{\xi}_{ij}-\xi_{ij})\ \tilde{Z}_{ir}\right)^2\leqslant2\sum_{j=1}^{m}\left[\left(\sum_{k\neq j}(\hat{\lambda}_j-\lambda_k)^{-1}\int\Delta\hat{\phi}_j\phi_k\sum_{i=1}^{n}\xi_{ik}\tilde{Z}_{ir}\right)^2+\right.$$
$$\left.\left(\sum_{i=1}^{n}\xi_{ij}\tilde{Z}_{ir}\right)^2\left(\int(\hat{\phi}_j-\phi_j)\ \phi_j\right)^2\right]\leqslant$$
$$C\ |\|\Delta\||^2\sum_{j=1}^{m}\left[\sum_{k\neq j}(\hat{\lambda}_j-\lambda_k)^{-2}\left(\sum_{i=1}^{n}\xi_{ik}\tilde{Z}_{ir}\right)^2+\right.$$

$$\lambda_j^{-2}j^2\left(\sum_{i=1}^{n}\xi_{ij}\tilde{Z}_{ir}\right)^2\Bigg]$$

$$=O_p\left(\lambda_m^{-1}m^3\log m+n^{-1}\lambda_m^{-3}m^6\log m\right)=o_p(n)$$

作分解$\frac{1}{n}\sum_{l=1}^{n}W_l\hat{\xi}_{lj}=\bar{\zeta}_j+\frac{1}{n}\sum_{l=1}^{n}W_l(\hat{\xi}_{lj}-\xi_{lj})$，利用条件 4 并利用类似于证明式(4.15)的方法，可得：

$$\sum_{j=1}^{m}\frac{1}{\hat{\lambda}_j^2}\breve{W}_j^2=O_p(n^{-1}\lambda_m^{-1}m+1+n^{-2}\lambda_m^{-3}m^3\log m+n^{-1}\lambda_m^{-2}m)=O_p(1)$$

这就完成了引理 4.4 的证明。

引理 4.5 如果满足条件 1 至条件 5，则有：

$$n^{-1/2}\left|\sum_{i=1}^{n}\tilde{W}_i\tilde{Z}_{ir}\right|=o_p(1)$$

证明：注意到

$$\sum_{i=1}^{n}\tilde{W}_i\tilde{Z}_{ir}=\sum_{j=1}^{m}\left[\gamma_j-\frac{1}{\hat{\lambda}_j}\left(\frac{1}{n}\sum_{l=1}^{n}W_l\hat{\xi}_{lj}\right)\right]\sum_{i=1}^{n}\xi_{ij}\tilde{Z}_{ir}-\sum_{j=1}^{m}\frac{1}{\hat{\lambda}_j}\left(\frac{1}{n}\sum_{l=1}^{n}W_l\hat{\xi}_{lj}\right)\sum_{i=1}^{n}(\hat{\xi}_{ij}-\xi_{ij})\tilde{Z}_{ir}+\sum_{j=m+1}^{\infty}\gamma_j\sum_{i=1}^{n}\xi_{ij}\tilde{Z}_{ir}\tag{4.31}$$

结合引理 4.2、引理 4.3 以及条件 4，得到：

$$n^{-\frac{1}{2}}\left|\sum_{j=1}^{m}\left[\gamma_j-\frac{1}{\hat{\lambda}_j}\left(\frac{1}{n}\sum_{l=1}^{n}W_l\hat{\xi}_{lj}\right)\right]\sum_{i=1}^{n}\xi_{ij}\tilde{Z}_{ir}\right|$$

$$\leqslant n^{-\frac{1}{2}}\left(\sum_{j=1}^{m}\lambda_j\left[\gamma_j-\frac{1}{\hat{\lambda}_j}\left(\frac{1}{n}\sum_{l=1}^{n}W_l\hat{\xi}_{lj}\right)\right]^2\right)^{1/2}\left(\sum_{j=1}^{m}\lambda_j^{-1}\left(\sum_{i=1}^{n}\xi_{ij}\tilde{Z}_{ir}\right)^2\right)^{\frac{1}{2}}$$

$$=O_p\left(n^{-\frac{1}{2}}\lambda_m^{-\frac{1}{2}}m+n^{-1}\lambda_m^{-\frac{3}{2}}m^{\frac{5}{2}}(\log m)^{\frac{1}{2}}\right)=o_p(1)\tag{4.32}$$

类似于引理 4.3 的证明，可得：

$$\left(\sum_{j=m+1}^{\infty}\gamma_j\sum_{i=1}^{n}\xi_{ij}\tilde{Z}_{ir}\right)^2\leqslant\left(\sum_{j=m+1}^{\infty}\gamma_j^2\right)\left(\sum_{j=m+1}^{\infty}\left(\sum_{i=1}^{n}\xi_{ij}\tilde{Z}_{ir}\right)^2\right)$$

$$=O_p(nm^{-2\gamma+1}+\lambda_m^{-2}m^{-2\gamma+4}\log m)\sum_{j=m+1}^{\infty}\lambda_j=o_p(n)\tag{4.33}$$

至此引理 4.5 可由式（4.31）至式（4.33）以及引理 4.4 推出。

定理 4.1 的证明：类似于引理 4.4 和引理 4.5 的证明，可推导出 $n^{-1/2}\sum_{i=1}^{n}\left(\frac{1}{n}\sum_{l=1}^{n}\varepsilon_l\tilde{\xi}_{li}\right)\tilde{Z}_{ir}=o_p(1)$。从而有：

$$n^{-\frac{1}{2}}\sum_{i=1}^{n}\widetilde{Z}_{ir}\widetilde{\varepsilon}_i = n^{-\frac{1}{2}}\sum_{i=1}^{n}\widetilde{Z}_{ir}\varepsilon_i + o_p(1)$$

将$\sum_{i=1}^{n}\widetilde{Z}_{ir}\varepsilon_i$分解为如下三部分：

$$\sum_{i=1}^{n}\widetilde{Z}_{ir}\varepsilon_i = \sum_{i=1}^{n}\varepsilon_i\left(Z_{ir} - \sum_{j=1}^{m}\frac{E(Z_{lr}\xi_j)}{\lambda_j}\xi_{ij}\right) - \sum_{i=1}^{n}\varepsilon_i\sum_{j=1}^{m}\frac{\xi_{ij}}{\lambda_j}$$

$$\left(\frac{1}{n}\sum_{l=1}^{n}Z_{lr}\xi_{lj} - E(Z_{lr}\xi_j)\right) - \sum_{i=1}^{n}\varepsilon_i\frac{1}{n}\sum_{l=1}^{n}Z_{lr}(\widetilde{\xi}_{li} - \vec{\xi}_{li})$$

类似于引理 4.4 的证明，有$\sum_{i=1}^{n}\varepsilon_i\frac{1}{n}\sum_{l=1}^{n}Z_{lr}(\widetilde{\xi}_{li} - \vec{\xi}_{li}) = o_p(n)$，由于

$$\sum_{i=1}^{n}\varepsilon_i\left(Z_{ir} - \sum_{j=1}^{m}\frac{E(Z_{lr}\xi_j)}{\lambda_j}\xi_{ij}\right) = \sum_{i=1}^{n}\varepsilon_i H_{ir} + \sum_{i=1}^{n}\varepsilon_i\sum_{j=m+1}^{\infty}g_{rj}\xi_{ij},$$

$$\sum_{i=1}^{n}\varepsilon_i\sum_{j=1}^{m}\frac{\xi_{ij}}{\lambda_j}\left(\frac{1}{n}\sum_{l=1}^{n}Z_{lr}\xi_{lj} - E(Z_{lr}\xi_j)\right) = o_p(n)$$

以及$\sum_{i=1}^{n}\varepsilon_i\sum_{j=m+1}^{\infty}g_{kj}\xi_{ij} = o_p(n)$，从而有：

$$n^{-\frac{1}{2}}\sum_{i=1}^{n}\widetilde{Z}_{ir}\widetilde{\varepsilon}_i = n^{-\frac{1}{2}}\sum_{i=1}^{n}H_{ir}\varepsilon_i + o_p(1) \tag{4.34}$$

这样，式（4.9）可由式（4.10）、引理 4.1、引理 4.5、式（4.34）以及中心极限定理得到。这就完成了定理 4.1 的证明。

引理 4.6 定义$\check{\gamma}_j = \frac{1}{\lambda_j}E\left[(Y - \boldsymbol{Z}^T\boldsymbol{\beta}_0)\xi_j\right]$在定理 4.2 的假设下，下式成立：

$$\sum_{j=1}^{m}(\hat{\gamma}_j - \check{\gamma}_j)^2 = O_p\left(n^{-1}m\lambda_m^{-1} + n^{-2}m\lambda_m^{-2}\sum_{j=1}^{m}\gamma_j^2\lambda_j^{-2}j^3\right)$$

证明：令$I_1 = \frac{1}{n}\sum_{i=1}^{n}(Y_i - \boldsymbol{Z}_i^T\boldsymbol{\beta}_0)\xi_{ij} - \gamma_j\lambda_j$，$I_2 = \frac{1}{n}\sum_{i=1}^{n}(Y_i - \boldsymbol{Z}_i^T\boldsymbol{\beta}_0)(\hat{\xi}_{ij} - \xi_{ij})$以及$I_3 = \frac{1}{n}\sum_{i=1}^{n}\boldsymbol{Z}_i^T(\hat{\boldsymbol{\beta}} - \boldsymbol{\beta}_0)\hat{\xi}_{ij}$. 注意到$E[(Y - \boldsymbol{Z}^T\boldsymbol{\beta}_0)\xi_j] = \gamma_j\lambda_j$，有：

$$\sum_{j=1}^{m}(\hat{\gamma}_j - \check{\gamma}_j)^2 \leqslant 3\sum_{j=1}^{m}\lambda_j^{-2}(I_1^2 + I_2^2 + I_3^2)[1 + o_p(1)] \tag{4.35}$$

这里的$o_p(1)$对$j = 1, 2, \cdots, m$一致成立。由于$E(I_1) = 0$并且$E(I_1^2) \leqslant \frac{1}{n}\left[\sum_{k=1}^{\infty}\gamma_k^2 E(\xi_k^2\xi_j^2) + \sigma^2\lambda_j\right] \leqslant C\lambda_j/n$，从而有：

$$\sum_{j=1}^{m}\lambda_j^{-2}I_1^2 = O_p\left(n^{-1}\sum_{j=1}^{m}\lambda_j^{-1}\right) = O_p(n^{-1}m\lambda_m^{-1}) \tag{4.36}$$

令 $M(t)=E[(Y_i-\boldsymbol{Z}_i^T\boldsymbol{\beta}_0)X_i(t)]=\sum_{k=1}^{\infty}\gamma_k\lambda_k\phi_k(t)$，则有：

$$I_2^2\leqslant 2\int_I\left(\frac{1}{n}\sum_{i=1}^{n}(Y_i-\boldsymbol{Z}_i^T\boldsymbol{\beta}_0)X_i(t)-M(t)\right)^2\mathrm{d}t\,\|\hat{\phi}_j-\phi_j\|^2+$$
$$2\left(\int_I M(t)(\hat{\phi}_j(t)-\phi_j(t))\mathrm{d}t\right)^2$$

应用条件 1，下式成立：

$$E\left(\int_I\left(\frac{1}{n}\sum_{i=1}^{n}(Y_i-\boldsymbol{Z}_i^T\boldsymbol{\beta}_0)X_i(t)-M(t)\right)^2\mathrm{d}t\right)$$
$$\leqslant\frac{1}{n}\int_I E[(Y_i-Z_i^T\boldsymbol{\beta}_0)^2X_i^2(t)]\mathrm{d}t=O(n^{-1})$$

从式（4.28）可知 $\sum_{j=1}^{m}\lambda_j^{-2}\|\hat{\phi}_j-\phi_j\|^2=O_p$（$n^{-1}m^3\lambda_m^{-2}\log m$），类似于 Hall 和 Horowitz（2007）中式（5.15）的证明，可得：

$$\sum_{j=1}^{m}\lambda_j^{-2}\left(\int_I M(t)(\hat{\phi}_j(t)-\phi_j(t))\mathrm{d}t\right)^2$$
$$=O_p\left(\frac{m}{n\lambda_m}+\frac{m}{n^2\lambda_m^2}\sum_{j=1}^{m}\gamma_j^2\lambda_j^{-2}j^3+\frac{m^3\log m}{n^2\lambda_m^2}\right)$$

因此，利用$n^{-1}m^2\lambda_m^{-1}\log m\to 0$，可得：

$$\sum_{j=1}^{m}\lambda_j^{-2}I_2^2=O_p\left(n^{-1}m\lambda_m^{-1}+n^{-2}m\lambda_m^{-2}\sum_{j=1}^{m}\gamma_j^2\lambda_j^{-2}j^3\right)\tag{4.37}$$

运用定理 4.1，式（4.38）成立：

$$\sum_{j=1}^{m}\lambda_j^{-2}I_3^2\leqslant\left(\sum_{j=1}^{m}\frac{1}{n\lambda_j^2}\sum_{i=1}^{n}\hat{\xi}_{ij}^2\right)\left(\frac{1}{n}\sum_{i=1}^{n}[Z_i^T(\hat{\boldsymbol{\beta}}-\boldsymbol{\beta}_0)]^2\right)$$
$$=O_p(m\lambda_m^{-1}+n^{-1}m^3\lambda_m^{-2}\log m)O_p(n^{-1})$$
$$=O_p(n^{-1}m\lambda_m^{-1})\tag{4.38}$$

于是，引理 4.6 可由式（4.35）至式（4.38）推导出：

定理 4.2 的证明： 我们观察到

$$\int_I[\hat{\gamma}(t)-\gamma(t)]^2\mathrm{d}t\leqslant C\left(\sum_{j=1}^{m}(\hat{\gamma}_j-\check{\gamma}_j)^2+\sum_{j=1}^{m}(\check{\gamma}_j-\gamma_j)^2+\right.$$
$$\left.m\sum_{j=1}^{m}\gamma_j^2\|\hat{\phi}_j-\phi_j\|^2+\sum_{j=m+1}^{\infty}\gamma_j^2\right)\tag{4.39}$$

并且

$$\sum_{j=1}^{m}(\check{\gamma}_j-\gamma_j)^2=\sum_{j=1}^{m}\frac{(\hat{\lambda}_j-\lambda_j)^2}{\lambda_j^2}\gamma_j^2[1+o_p(1)]=O_p\left(n^{-1}\lambda_m^{-1}\sum_{j=1}^{m}\gamma_j^2\lambda_j^{-1}\right)\tag{4.40}$$

条件3意味着：

$$m\sum_{j=1}^{m}\gamma_j^2\|\hat{\phi}_j-\phi_j\|^2=O_p\left(mn^{-1}\sum_{j=1}^{m}\gamma_j^2j^2\log j\right)=o_P(m/n)$$

以及 $\sum_{j=m+1}^{\infty}\gamma_j^2=O\ (m^{-2\gamma+1})$，至此，式（4.10）可由引理4.6、式（4.38）以及式（4.40）推导出。这就完成了定理4.2的证明。

定理4.3的证明：我们注意到

$$MSPE\leqslant 2\{\|\hat{\gamma}-\gamma\|_k^2+(\hat{\boldsymbol{\beta}}-\boldsymbol{\beta}_0)^TE(ZZ^T)(\hat{\boldsymbol{\beta}}-\boldsymbol{\beta}_0)\}\tag{4.41}$$

这里的 $\|\hat{\gamma}-\gamma\|_k^2=\int_T\int_T K(s,\ t)[\hat{\gamma}(s)-\gamma(s)][\hat{\gamma}(t)-\gamma(t)]\mathrm{d}s\mathrm{d}t$. 在定理4.3的假设下，类似于Tang（2015）中定理2的证明，有 $\|\hat{\gamma}-\gamma\|_k^2=O_P\ (n^{-(\tau+2\delta-1)/(\tau+2\delta)})$。至此，式（4.12）可由式（4.41）以及定理4.1推出。这就完成了定理4.3的证明。

4.3 部分函数线性模型中的变量选择

在许多实际问题中，人们希望从众多自变量中挑选出对因变量有重要影响的自变量，这就是变量选择问题。假定模型（4.1）中 $\boldsymbol{\beta}_0$ 的某些分量为0，我们的目的是指出这些0元素并估计 $\boldsymbol{\beta}_0$ 中的非0元素。

4.3.1 适应性变量选择方法

有证据表明：在模型估计和变量选择相合性方面，折叠凹惩罚比凸惩罚更好（Lv和Fan，2009；Fan和Lv，2011）。基于此，这里选择折叠凹函数作为惩罚函数。令 $p_{v_n}(|u|)=p_{a,v_n}(|u|)$ 为定义于 $u\in(-\infty,\ +\infty)$ 并满足如下条件的折叠凹函数。

（1）函数 p_{v_n}（u）在 $u\in$［0，$+\infty$）是递增且凹的。

（2）函数 $p_{v_n}(u)$ 在 $u\in[0,\ +\infty)$ 内可维且满足：当 $u\in(0,\ a_2v_n]$ 时，$p'_{v_n}(0):=p'_{v_n}(0+)\geqslant a_1v_n$，$p'_{v_n}(u)\geqslant a_1v_n$；当 $u\in[0,\ +\infty)$ 时，$p'_{v_n}(u)\leqslant a_3v_n$；当 $u\in[a\,v_n,\ +\infty)$ 时，$p'_{v_n}(u)=0$，这里的 a_1，a_2 和 a_3 是正常数。

上面的折叠凹函数包括几个大家熟知的惩罚函数，如SCAD惩罚函数（Fan和Li，2001），其导数为：

$$p'_{v_n}(u)=v_n I_{\{u\leqslant v_n\}}+\frac{(a v_n-u)_+}{a-1}I_{\{u>v_n\}}, \quad a>2$$

和 MCP 惩罚函数（Zhang，2010），其导数为：

$$p'_{v_n}(u)=\left(v_n-\frac{u}{a}\right)_+, \quad a>1$$

易见，当$a_1=a_2=a_3=1$时，上面定义的折叠凹函数即为 SCAD，而当$a_1=1-a^{-1}$，$a_2=a_3=1$时，上面定义的折叠凹函数即为 MCP。

基于上面的分析，定义$\boldsymbol{\beta}_0$的惩罚最小二乘估计量如下：

$$\hat{\boldsymbol{\beta}}_{PLS}=arg\min_{\boldsymbol{\beta}}(\tilde{Y}-\tilde{Z}\boldsymbol{\beta})^T(\tilde{Y}-\tilde{Z}\boldsymbol{\beta})+n\sum_{k=1}^{d}p'_{v_n}(|\beta_k^{(0)}|)|\beta_k| \tag{4.42}$$

这里的$\boldsymbol{\beta}^{(0)}=(\beta_1^{(0)},\beta_2^{(0)},\cdots,\beta_d^{(0)})^T$为$\boldsymbol{\beta}_0$的初始估计量，例如$\boldsymbol{\beta}^{(0)}$可取由式（4.7）得到的估计量。

4.3.2 估计量的“oracle”性质

下面建立由式（4.42）定义的估计量的“oracle”性质（Fan 和 Li，2001）。不失一般性地，令$\boldsymbol{\beta}=(\boldsymbol{\beta}_1^T,\boldsymbol{\beta}_2^T)^T$，这里的$\boldsymbol{\beta}_1\in\boldsymbol{R}^{d_1}$，$\boldsymbol{\beta}_2\in\boldsymbol{R}^{d-d_1}$。真实的参数向量表示为$\boldsymbol{\beta}_0=(\boldsymbol{\beta}_{01}^T,\boldsymbol{\beta}_{02}^T)^T$，其中$\boldsymbol{\beta}_{01}$为非 0 元组成的向量，而$\boldsymbol{\beta}_{02}=0$。

定理 4.4 假设定理 4.1 中的条件被满足。令$p_{v_n}(.)$为上述定义的满足条件(1)和条件(2)的折叠凹惩罚函数并令$\boldsymbol{\beta}^{(0)}$为由式(4.7)得到的估计量。如果当$n\to\infty$时$v_n\to0$且$\sqrt{n}v_n\to\infty$，则由式(4.42)定义的惩罚最小二乘估计量$\hat{\boldsymbol{\beta}}_{PLS}=(\hat{\boldsymbol{\beta}}_{PLS1}^T,\hat{\boldsymbol{\beta}}_{PLS2}^T)^T$满足：

（1）稀疏性：$P(\hat{\boldsymbol{\beta}}_{PLS2}=0)\to1$。

（2）渐近正态性：

$$\sqrt{n}(\hat{\boldsymbol{\beta}}_{PLS1}-\boldsymbol{\beta}_{01})\xrightarrow{d}N(0,\boldsymbol{\Omega}_1^{-1}\sigma^2) \tag{4.43}$$

这里的$\boldsymbol{\Omega}_1=E[(H_1,\cdots,H_{d_1})^T(H_1,\cdots,H_{d_1})]$。

令

$$\hat{\gamma}_{PLSj}=\frac{1}{n\hat{\lambda}_j}\sum_{i=1}^{n}(Y_i-\boldsymbol{Z}_i^T\hat{\boldsymbol{\beta}}_{PLS})\hat{\xi}_{ij}$$

并令$\hat{\gamma}_{PLS}(t)=\sum_{j=1}^{m}\hat{\gamma}_{PLSj}\hat{\phi}_j(t)$，则有下面的定理：

定理 4.5 （1）在定理 4.4 和定理 4.2 的假设下，对估计量$\hat{\gamma}_{PLS}(t)$而言，定理 4.2 的结论仍然成立。

（2）在定理4.4和定理4.3的假设下，对估计量$\hat{\gamma}_{PLS}(t)$而言，定理4.3的结论仍然成立。

4.3.3　定理的证明

引理4.7　在定理4.4假设下，存在局部极小值$\hat{\boldsymbol{\beta}}$满足$\|\hat{\boldsymbol{\beta}}-\boldsymbol{\beta}_0\|=O_P(n^{-1/2})$。

证明：记

$$P_n(\boldsymbol{\beta})=n\sum_{k=1}^{d}p'_{v_n}(|\beta_k^{(0)}|)|\beta_k|,\quad P_{n1}(\boldsymbol{\beta})=n\sum_{k=1}^{d_1}p'_{v_n}(|\beta_k^{(0)}|)|\beta_k|$$

以及$D_n(\boldsymbol{\beta})=(\tilde{\boldsymbol{Y}}-\tilde{\boldsymbol{Z}}\boldsymbol{\beta})^T(\tilde{\boldsymbol{Y}}-\tilde{\boldsymbol{Z}}\boldsymbol{\beta})+P_n(\boldsymbol{\beta})$。只要证明对任意的$\varepsilon>0$，存在常数$C$满足：

$$P\left\{\sup_{\|\boldsymbol{u}\|=C}D_n(\boldsymbol{\beta}_0+n^{-1/2}\boldsymbol{u})>D_n(\boldsymbol{\beta}_0)\right\}\geqslant 1-\varepsilon \tag{4.44}$$

注意到：

$$\begin{aligned}D_n(\boldsymbol{\beta}_0+n^{-1/2}\boldsymbol{u})-D_n(\boldsymbol{\beta}_0)\geqslant&-2n^{-1/2}(\tilde{\boldsymbol{Y}}-\tilde{\boldsymbol{Z}}\boldsymbol{\beta}_0)^T\tilde{\boldsymbol{Z}}\boldsymbol{u}+n^{-1}\boldsymbol{u}^T\tilde{\boldsymbol{Z}}^T\tilde{\boldsymbol{Z}}\boldsymbol{u}+\\&[P_{n1}(\boldsymbol{\beta}_{01}+n^{-1/2}\boldsymbol{u}_1)-P_{n1}(\boldsymbol{\beta}_{01})]\end{aligned} \tag{4.45}$$

并且有

$$(\tilde{\boldsymbol{Y}}-\tilde{\boldsymbol{Z}}\boldsymbol{\beta}_0)^T\tilde{\boldsymbol{Z}}=(\tilde{\boldsymbol{W}}+\tilde{\boldsymbol{\varepsilon}})^T\tilde{\boldsymbol{Z}}$$

由引理4.5，可得$n^{-1/2}\tilde{\boldsymbol{W}}^T\tilde{\boldsymbol{Z}}=o_P(1)$。由(4.34)，有$n^{-1/2}\tilde{\boldsymbol{\varepsilon}}^T\tilde{\boldsymbol{Z}}=O_P(1)$。由定理4.1，有$\boldsymbol{\beta}^{(0)}\to_p\boldsymbol{\beta}_0$，从而有，当$n\to\infty$时，$P\{P_{n1}(\boldsymbol{\beta}_{01}+n^{-\frac{1}{2}}\boldsymbol{u}_1)-P_{n1}(\boldsymbol{\beta}_{01})=0\}\to 1$。因此，对于充分大的$C$，式（4.44）可由式（4.45）、引理4.1以及$\boldsymbol{\Omega}$是正定的推出。这就完成了引理4.7的证明。

定理4.4的证明：我们将首先证明对于$\|\boldsymbol{\beta}-\boldsymbol{\beta}_0\|=O(n^{-1/2})$邻域内的任一$\boldsymbol{\beta}=(\boldsymbol{\beta}_1^T,\boldsymbol{\beta}_2^T)^T$，对充分大的$n$和$\boldsymbol{\beta}_2\neq\boldsymbol{0}$，以概率趋于1，式(4.46)成立

$$D_n((\boldsymbol{\beta}_1,\boldsymbol{\beta}_2))>D_n((\boldsymbol{\beta}_1,\boldsymbol{0})) \tag{4.46}$$

注意到：

$$\begin{aligned}D_n((\boldsymbol{\beta}_1,\boldsymbol{\beta}_2))-D_n((\boldsymbol{\beta}_1,\boldsymbol{0}))=&-2(\tilde{\boldsymbol{W}}-\tilde{\boldsymbol{Z}}((\boldsymbol{\beta}_1-\boldsymbol{\beta}_{01})^T,\boldsymbol{0}^T)^T+\tilde{\boldsymbol{\varepsilon}})^T\tilde{\boldsymbol{Z}}(\boldsymbol{0}^T,\\&\boldsymbol{\beta}_2^T)^T+(\boldsymbol{0}^T,\boldsymbol{\beta}_2^T)\tilde{\boldsymbol{Z}}^T\tilde{\boldsymbol{Z}}(\boldsymbol{0}^T,\boldsymbol{\beta}_2^T)^T+n\sum_{k=d_1}^{d}p'_{v_n}(|\beta_k^{(0)}|)|\beta_k|\end{aligned}$$

依据引理4.5，可得$n^{-1/2}\tilde{\boldsymbol{W}}^T\tilde{\boldsymbol{Z}}=o_P(1)$。由式(4.34)，有$n^{-1/2}\tilde{\boldsymbol{\varepsilon}}^T\tilde{\boldsymbol{Z}}=O_P(1)$。因此，利用引理4.1以及$\|\boldsymbol{\beta}_2\|=O(n^{-1/2})$和$n^{1/2}v_n\to\infty$，并利用定理4.1的结果，可推导出：以概率趋于1，下式成立：

$$
\begin{aligned}
&D_n((\boldsymbol{\beta}_1,\boldsymbol{\beta}_2))-D_n((\boldsymbol{\beta}_1,0))\\
&=O_p(n^{1/2})\sum_{k=d_1}^{d}|\beta_k|+n\sum_{k=d_1}^{d}p'_{v_n}(|\beta_k^{(0)}|)|\beta_k|\\
&=nv_n\sum_{k=d_1}^{d}[O_p((n^{1/2}v_n)^{-1})+v_n^{-1}p'_{v_n}(|\beta_k^{(0)}|)]|\beta_k|>0
\end{aligned}
$$

由引理4.7和式（4.46），存在一个$\sqrt{n}$相合的式（4.42）的局部极小值$\check{\boldsymbol{\beta}}=(\check{\boldsymbol{\beta}}_1,\mathbf{0}^T)^T$。注意到：

$$
\begin{aligned}
D_n((\hat{\boldsymbol{\beta}}_{PLS1},\hat{\boldsymbol{\beta}}_{PLS2}))=D_n((\check{\boldsymbol{\beta}}_1,\mathbf{0}))-2\sqrt{n}[&n^{-1/2}(\widetilde{\mathbf{Y}}-\widetilde{\mathbf{Z}}\check{\boldsymbol{\beta}})^T\widetilde{\mathbf{Z}}(\hat{\boldsymbol{\theta}}_{PLS}-\check{\boldsymbol{\beta}})+\\
&n^{-\frac{1}{2}}(\hat{\boldsymbol{\theta}}_{PLS}-\check{\boldsymbol{\beta}})^T\widetilde{\mathbf{Z}}^T\widetilde{\mathbf{Z}}(\hat{\boldsymbol{\theta}}_{PLS}-\check{\boldsymbol{\beta}})+\\
&\sqrt{n}\sum_{k=d_1+1}^{d}p'_{v_n}(|\beta_k^{(0)}|)|\hat{\beta}_{PLSk}|]
\end{aligned}\tag{4.47}
$$

这里的$\hat{\boldsymbol{\beta}}_{PLS}=(\hat{\beta}_{PLS1},\cdots,\hat{\beta}_{PLS2})^T$，写$\widetilde{\mathbf{Z}}=(\widetilde{\mathbf{Z}}_1,\widetilde{\mathbf{Z}}_2)$，由于$\hat{\boldsymbol{\beta}}_{PLS}$是式（4.42）的极小值并且$\check{\boldsymbol{\beta}}$是式（4.42）的一个局部极小值，从而有：

$$
(\widetilde{\mathbf{Y}}-\widetilde{\mathbf{Z}}\check{\boldsymbol{\beta}})^T\widetilde{\mathbf{Z}}(\hat{\boldsymbol{\theta}}_{PLS}-\check{\boldsymbol{\beta}})=(\widetilde{\mathbf{W}}+\widetilde{\boldsymbol{\varepsilon}})^T\widetilde{\mathbf{Z}}_2\hat{\boldsymbol{\theta}}_{PLS2}+(\boldsymbol{\beta}_0-\check{\boldsymbol{\beta}})\widetilde{\mathbf{Z}}^T\widetilde{\mathbf{Z}}_2\hat{\boldsymbol{\theta}}_{PLS2}\tag{4.48}
$$

由引理4.5，有$n^{-1/2}\widetilde{\mathbf{W}}^T\widetilde{\mathbf{Z}}_2=o_P(1)$。利用式(4.34)，可得$n^{-1/2}\widetilde{\boldsymbol{\varepsilon}}^T\widetilde{\mathbf{Z}}_2=O_P(1)$。$\boldsymbol{\beta}_0-\check{\boldsymbol{\beta}}=O_P(n^{-1/2})$以及引理4.1意味着$n^{-\frac{1}{2}}(\boldsymbol{\beta}_0-\check{\boldsymbol{\beta}})\widetilde{\mathbf{Z}}^T\widetilde{\mathbf{Z}}_2=O_P(1)$。如果$\hat{\boldsymbol{\beta}}_{PLS}\neq\check{\boldsymbol{\beta}}$，在定理4.4的假设下，由式(4.47)和式(4.48)，可得$D_n((\hat{\boldsymbol{\beta}}_{PLS1},\hat{\boldsymbol{\beta}}_{PLS2}))>D_n((\check{\boldsymbol{\beta}}_1,\mathbf{0}))$。这与$\hat{\boldsymbol{\beta}}_{PLS}$是式(4.42)的极小值形成矛盾。因此有$\hat{\boldsymbol{\beta}}_{PLS2}=0$并且$\hat{\boldsymbol{\beta}}_{PLS1}=\check{\boldsymbol{\beta}}_1$。

下面证明式（4.43）。将$D_n(\boldsymbol{\beta}_1,\mathbf{0})$看作$\boldsymbol{\beta}_1$的函数，注意到$\hat{\boldsymbol{\beta}}_{PLS1}$以概率趋于1是$D_n(\boldsymbol{\beta}_1,\mathbf{0})$的$\sqrt{n}$相合极小值点，并且满足：

$$
\left.\frac{\partial D_n(\boldsymbol{\beta}_1,\mathbf{0})}{\partial\boldsymbol{\beta}_1}\right|_{\beta_1=\hat{\beta}_{PLS1}}=-2\widetilde{\mathbf{Z}}^{T_1}(\widetilde{\mathbf{Y}}-\widetilde{\mathbf{Z}}\hat{\boldsymbol{\beta}}_{PLS})=0
$$

从而

$$
\hat{\boldsymbol{\beta}}_{PLS1}-\boldsymbol{\beta}_{01}=(\widetilde{\mathbf{Z}}_1^T\widetilde{\mathbf{Z}}_1)^{-1}\widetilde{\mathbf{Z}}_1^T\widetilde{Y}
$$

于是，类似于式（4.9）的证明，可证明式（4.43），这就完成了定理4.4的证明。

定理4.5的证明：运用与证明定理4.2和定理4.3相似的方法，可完成定理4.5的证明。

4.3.4 数值分析

由于本书中 $\gamma(t)$ 和 $\boldsymbol{\beta}_0$ 的估计量与Shin（2009）中的估计量有着相同的行为，我们省略这方面的模拟。本书中仅调查惩罚最小二乘估计量的有限样本行为，数据集由下面模型产生：

$$Y_i = \int_I \gamma(t) X_i(t)\,\mathrm{d}t + \boldsymbol{Z}_i^T \boldsymbol{\beta}_0 + \varepsilon_i \tag{4.49}$$

这里的 $I=[0,\ 1]$，$\boldsymbol{\beta}_0=(2,\ 0,\ 1.5,\ 0,\ 0.3)^T$，这里取 $\gamma(t)=\sum_{j=1}^{50}\gamma_j\phi_j(t)$ 和 $X_i(t)=\sum_{j=1}^{50}\xi_{ij}\phi_j(t)$，其中 $\gamma_1=0.3$ 和 $\gamma_j=4(-1)^{j+1}j^{-\delta}$，$j\geqslant 2$；$\phi_1(t)\equiv 1$ 和 $\phi_j(t)=2^{\frac{1}{2}}\cos((j-1)\pi t)$，$j\geqslant 2$；$\xi_{ij}$ 相互独立且服从 $N(0,\ \lambda_j)$。令 $\boldsymbol{Z}_i=(Z_{i1},\ \cdots,\ Z_{i5})^T$，给定 ξ_{ij}，$\boldsymbol{Z}_i$ 服从多维正态分布，均值向量为 $((1+\lambda_1)^{-\frac{1}{2}}\xi_{i1},\ \cdots,\ (1+\lambda_5)^{-\frac{1}{2}}\xi_{i5})^T$，协方差矩阵为 $\boldsymbol{V}=(v_{kl})_{5\times 5}$，其中 $v_{kk}=(1+\lambda_k)^{-1}$，$v_{kl}=0.7((1+\lambda_k)(1+\lambda_l))^{-1/2}$，$k,\ l=1,\ \cdots,\ 5$。这样，$\boldsymbol{Z}_i$ 服从多维正态分布，其均值向量为零向量，协方差矩阵的对角线元素为1，离开对角线的元素为 v_{kl}，误差 ε_i 服从均值为零标准差为0.5的正态分布。类似于Shin和Lee(2012)，我们使用4个不同的特征值组 $\{\lambda_j\}$，在其中的两组中，$\lambda_j=j^{-\tau}$ 并且考虑不同的 τ 值。在另外两组中，正如Hall和Horowitz(2007)所描述的，特征值是“稠密”型：$\lambda_1=1$，当 $2\leqslant j\leqslant 4$ 时，$\lambda_j=0.2^2(1-0.0001j)^2$，当 $j\geqslant 1$ 且 $0\leqslant k\leqslant 4$ 时，$\lambda_{5j+k}=0.2^2\{(5j)^{-\frac{\tau}{2}}-0.0001k\}^2$。

（1）$\tau=1.1$，$\delta=2$，特征值间距良好。

（2）$\tau=1.1$，$\delta=2$，特征值间距稠密。

（3）$\tau=3$，$\delta=2$，特征值间距良好。

（4）$\tau=3$，$\delta=2$，特征值间距稠密。

所有的模拟结果都是基于500次的重复所得，在每一次模拟中，使用SCAD惩罚函数并且取 $a=3.7$，样本容量 n 分别取100和200，惩罚最小二乘估计量 $\hat{\boldsymbol{\beta}}_{PLS}$ 和 $\hat{\gamma}_{PLS}(t)$ 由前面给出的适应性变量选择方法得到，调节参数 m 由BIC准则选取，而式（4.42）中的调节参数 v_n 由Fan等（2014）中的方法选取。

参数估计量的精度由500次模拟的平均 l_1 损失 $|\hat{\beta}_1-\beta_1|$，$|\hat{\beta}_3-\beta_3|$ 和 $|\hat{\beta}_5-\beta_5|$ 度量。变量选择准确性由500次模拟中错误地被选入模型中的噪声变量的

平均个数（FP）和错误地未进入模型中的信号变量的平均个数（FN）来度量。表4.1给出了模型（4.48）的模拟结果。从表4.1中可以看出随着 n 的增加平均 l_1 损失和PN、FN逐渐变小；而随着τ的增加，平均 l_1 损失逐渐变小。从表4.1中还可以看出特征值间距保持较好距离的第1组和第3组的PN和FN小于特征值为“稠密”型的第2组和第4组的PN和FN，而第4组的PN和FN小于第2组的PN和FN。

表4.1　模型（4.48）的Monte Carlo模拟结果

		FP	FN	$\|\hat{\beta}_1-\beta_1\|$	$\|\hat{\beta}_2-\beta_2\|$	$\|\hat{\beta}_3-\beta_3\|$
$n=100$	组1	0.0200	0.0640	0.1288	0.1145	0.1012
	组2	0.0520	0.0780	0.1174	0.0890	0.0942
	组3	0.0360	0.0500	0.0924	0.0689	0.0693
	组4	0.0480	0.0580	0.1045	0.0742	0.0843
$n=200$	组1	0.0040	0.0120	0.0952	0.0749	0.0744
	组2	0.0060	0.0280	0.0827	0.0719	0.0632
	组3	0.0040	0.0160	0.0637	0.0460	0.0478
	组4	0.0040	0.0140	0.0658	0.0529	0.0528

表4.2报告了估计量 $\hat{\gamma}(t)$ 在区间 $I=[0,1]$ 的100个等分格点上计算的积分平方偏差（Bias^2）、积分方差（Var）和积分均方误差（MISE）。表4.2显示随着τ的增加MISE逐渐减小。表4.2还显示特征值间距保持较好距离的第1组和第3组的MISE小于特征值为“稠密”型的第2组和第4组的MISE。

表4.2　模型（4.48）的Monte Carlo模拟结果

	$n=100$			$n=200$		
	Bias^2	Var	MISE	Bias^2	Var	MISE
组1	0.1163	0.1608	0.2771	0.1100	0.0873	0.1973
组2	0.1981	0.4146	0.6127	0.1901	0.3551	0.5452
组3	0.1186	0.1185	0.2371	0.1215	0.0546	0.1760
组4	0.1954	0.4159	0.6114	0.1817	0.3437	0.5254

下面调查高维数据的变量选择。在模型（4.48）中，令 $\mathbf{Z}_i=(Z_{i1},\cdots,Z_{i30})^T$，这里的 $Z_{i1},\cdots,Z_{i5}$ 同上，而 $Z_{i6},\cdots,Z_{i30}$ 相互独立且与 $Z_{i1},\cdots,Z_{i5}$ 独立并且 $X_{ij}\sim N(0,1)$，$j=6,\cdots,30$，$\boldsymbol{\beta}_0=(2,0,1.5,0,0.3,0,\cdots,0)^T$。这种高维数据情形下的模拟结果呈现于表 4.3 和表 4.4 中。比较表 4.3 和表 4.1 以及比较表 4.4 与表 4.2 可以看到，高维数据情形下的惩罚最小二乘估计量仍然很出色。

表 4.3　高维数据下模型（4.48）的 Monte Carlo 模拟结果

		FP	FN	$\lvert\hat{\beta}_1-\beta_1\rvert$	$\lvert\hat{\beta}_2-\beta_2\rvert$	$\lvert\hat{\beta}_3-\beta_3\rvert$
$n=100$	组 1	0.0360	0.0840	0.1570	0.1217	0.1187
	组 2	0.1560	0.1380	0.1336	0.1110	0.1166
	组 3	0.0360	0.1580	0.1288	0.0912	0.1299
	组 4	0.1060	0.0840	0.1134	0.0872	0.0975
$n=200$	组 1	0.0020	0.0140	0.0967	0.0795	0.0810
	组 2	0.1400	0.0440	0.0830	0.0769	0.0692
	组 3	0.0020	0.0640	0.0875	0.0631	0.0911
	组 4	0.0120	0.0140	0.0755	0.0557	0.0550

表 4.4　高维数据下模型（4.48）的 Monte Carlo 模拟结果

	$n=100$			$n=200$		
	Bias^2	Var	MISE	Bias^2	Var	MISE
组 1	0.1175	0.1676	0.2851	0.1112	0.0889	0.2001
组 2	0.2111	0.4712	0.6823	0.1956	0.3589	0.5545
组 3	0.1160	0.1337	0.2496	0.1196	0.0644	0.1839
组 4	0.1764	0.4358	0.6121	0.1868	0.3617	0.5485

4.4　部分函数线性分位数回归

同均值回归相比，分位数回归具有以下几个方面的优势：第一，给定一列分位数并对其中的每一个分位数做分位数回归比单纯做均值回归能使我们更多地、更好地认识和理解数据；第二，分位数拟合可用于构建预测区间；第三，中位数回归作为分位数回归中的一种特例能提供比均值回归更稳健的估计。对给定的$\tau \in (0, 1)$，部分函数线性分位数回归具有如下形式：

$$Y = \mu_{0\tau} + \boldsymbol{b}_\tau^T \boldsymbol{Z} + \int_I a_\tau(t) X(t) \mathrm{d}t + \varepsilon_\tau \tag{4.50}$$

这里的$\mu_{0\tau}$为未知常数，$\boldsymbol{b}_\tau$为一未知的 $d \times 1$ 系数向量，$a_\tau(t)$为在区间 I 上平方可积的未知函数，ε_τ为随机误差并且满足：给定(Z, X)的条件下，ε_τ的τ分位数点为0。令$\mu_\tau = \mu_{0\tau} + \int_I a_\tau(t) E[X(t)] \mathrm{d}t, \tilde{X}(t) = X(t) - E[X(t)]$，那么模型(4.50)可写成：

$$Y = \mu_\tau + \boldsymbol{b}_\tau^T \boldsymbol{Z} + \int_I a_\tau(t) \tilde{X}(t) \mathrm{d}t + \varepsilon_\tau \tag{4.51}$$

令(λ_j, ϕ_j)分别表示核函数 K 的线性算子的(特征值，特征函数)对，特征值按$\lambda_1 > \lambda_2 > \cdots$排序，$\xi_j = \int_I \tilde{X}(t) \phi_j(t) \mathrm{d}t$，$j=1, 2, \cdots$是均值为0、方差 $\mathrm{E}\xi_j^2 = \lambda_j$的不相关随机变量。令 $a_\tau(t) = \sum_{j=1}^{\infty} a_{\tau j} \phi_j(t)$，则模型(4.51)可以写为：

$$\begin{aligned} Y &= \mu_\tau + \boldsymbol{b}_\tau^T \boldsymbol{Z} + \sum_{j=1}^{\infty} a_{\tau j} \langle \tilde{X}, \phi_j \rangle + \varepsilon_\tau \\ &= \mu_\tau + \boldsymbol{b}_\tau^T \boldsymbol{Z} + \sum_{j=1}^{\infty} a_{\tau j} \xi_j + \varepsilon_\tau \end{aligned} \tag{4.52}$$

令$(X_i(t), \boldsymbol{Z}_i, Y_i)$，$i=1, 2, \cdots, n$ 是由模型(4.50)生成的$(X(t), \boldsymbol{Z}, Y)$的一个样本。$(\hat{\lambda}_j, \hat{\phi}_j)$是核函数$\hat{K}$的线性算子的(特征值，特征函数)对，样本特征值按$\hat{\lambda}_1 \geqslant \hat{\lambda}_2 \geqslant \cdots \geqslant 0$ 排序。选取$(\hat{\lambda}_j, \hat{\phi}_j)$作为$(\lambda_j, \phi_j)$的估计量，$\mu_\tau$，$\boldsymbol{b}_\tau$、$a_\tau(t)$的分位数估计量$\hat{\mu}_\tau$，$\hat{\boldsymbol{b}}_\tau$、$\hat{a}_\tau(t) = \sum_{j=1}^{m} \hat{a}_{\tau j} \hat{\phi}_j(t)$由解下面关于$a_j$，$j=0, 1, \cdots, m$ 和 $\boldsymbol{b} = (b_1, b_2, \cdots, b_d)^T$的最小化问题得到：

$$\min \sum_{i=1}^{n} \rho_\tau \left(Y_i - a_0 - \boldsymbol{b}^T \boldsymbol{Z}_i - \sum_{j=1}^{m} a_j \hat{\xi}_{ij} \right) \tag{4.53}$$

这里的$\rho_\tau(\mu) = u(\tau - I_{(u<0)})$为分位数损失函数，$m$ 为调节参数，$\hat{\xi}_{ij} = \langle \vec{X}_i, \hat{\phi}_j \rangle$，$\vec{X}_i = X_i - \bar{X}$。

同前文类似，调节参数 m 的选择对估计量尤其是非参数估计量$\hat{a}_\tau(t)$起着极为重要的作用。m 的选取可通过下面的“去一”交叉核实方法来决定。定义 CV 函数为：

$$CV(m) = \sum_{i=1}^{n} \rho_\tau\left(Y_i - \hat{a}_0^{-i} - (\hat{\boldsymbol{b}}^{-i})^T \mathbf{Z}_i - \sum_{j=1}^{m} \hat{a}_j^{-i} \hat{\xi}_{ij}\right)$$

其中，$\hat{a}_j^{-i}$，$j=0$，1，…，m 和$\hat{\boldsymbol{b}}^{-i}$为删除（$X_i$，$\mathbf{Z}_i$，$Y_i$）之后计算得到的估计量，使 CV 函数达到最小的 m 即为我们要选取的。作为一种替代，m 也可以由下面的信息准则 BIC 选取，令

$$BIC(m) = \log\left\{\frac{1}{n}\sum_{i=1}^{n} \rho_\tau\left(Y_i - \hat{a}_0 - \hat{\boldsymbol{b}}^T \mathbf{Z}_i - \sum_{j=1}^{m} \hat{a}_j \hat{\xi}_{ij}\right)\right\} + \frac{\log n}{n}(m+1)$$

使 BIC（m）达到最小的 m 的值即为所求的 m。

注 4.2 对于给定的μ_τ和$\boldsymbol{b}_\tau$，估计量$\hat{a}_\tau$（t）可以理解为如下方程式的非线性反问题经验版的正则解为：

$$E\left[\psi_\tau\left(Y - \mu_\tau - \boldsymbol{b}_\tau^T \mathbf{Z} - \int_I a_\tau(t)\, \tilde{X}(t)\,\mathrm{d}t\right)\tilde{X}(t)\right] = 0 \qquad (4.54)$$

这里的$\psi_\tau(u) = \tau - I_{(u<0)}$。事实上，式（4.53）的一阶矩条件意味着：

$$\frac{1}{n}\sum_{i=1}^{n} \psi_\tau\left(Y_i - \hat{u}_\tau - \hat{\boldsymbol{b}}_\tau^T \mathbf{Z}_i - \sum_{j=1}^{m} \hat{a}_{\tau j} \hat{\xi}_{ij}\right) \sum_{j=1}^{m} \hat{\xi}_{ij}\, \hat{\phi}_j(t) = 0$$

因此，利用近似式$\tilde{X}(t) \approx \sum_{j=1}^{m} \hat{\xi}_{ij}\, \hat{\varphi}_j(t)$，可以看到估计量$\hat{a}_\tau(t)$为式(4.54)的经验版在由$\{\hat{\phi}_1, \hat{\phi}_2, \cdots, \hat{\phi}_m\}$构成的线性子空间的一个近似解。正如 Kato (2012)所指出的，依据 Hofmann 和 Scherzer(1998)的定义 1.1，非线性反问题在$a_\tau(t)$是局部病态的。在这种情形下，通常建议：任何基于方程(4.54)的敏感估计方法需要包含一些正则化条件。在这里，正则化是通过限制$a_\tau(t)$在一列有限维子空间上来达成的，而调节参数 m 起着正则化参数的作用。

4.5 我国四线城市房地产数据分析

这里收集了 90 个四线城市的房地产数据，这些数据主要来自各城市的统计年鉴、房地产市场报告和国民经济与社会发展统计公报等。居民年平均收入选取了 2000 ~2016 年的数据，由于居民年平均收入分为三种：城镇居民年平均收入、农村居民年平均收入和全市居民年平均收入，这里选用的是城镇居民年平均收入。其他数据选取了 2016 年的数据。图 4.1 给出了统计数据的箱线图，可以看出房价之间的差异最大，利率之间的差异最小。

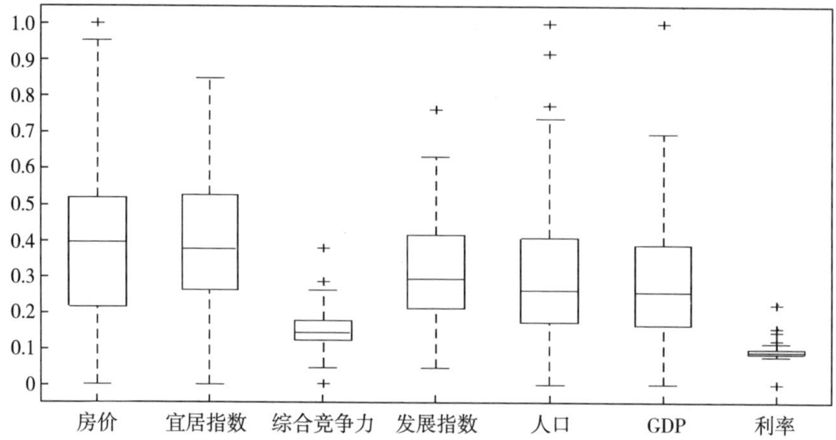

图 4.1　数据箱线图

本书的研究目的是探索房价与影响房价的指标间的定量相关关系，响应变量 Y 表示城市房价，这里选取了一个函数型自变量和六个普通的数字型自变量。由于普通居民购买住房需要很多年的积蓄，我们选取居民年平均收入为函数型变量，并且用 $X_i(t)$ 表示第 i 个城市第 t 年的居民年平均收入，我们规定：$t=0$ 指 2000 年的居民年平均收入，$t=1$ 指 2001 年的居民年平均收入，依次类推，$t=16$ 指 2016 年的居民年平均收入。数字型自变量包括城市宜居指数 (Z_1)、城市综合竞争力 (Z_2)、城市发展指数 (Z_3)、城市居民常住人口 (Z_4)、城市 GDP (Z_5)、银行存款利率 (Z_6)。我们构建如下半参数函数线性模型：

$$Y = \int_0^{16} \gamma(t)X(t)\,\mathrm{d}t + \beta_0 + \beta_1 Z_1 + \beta_2 Z_2 + \beta_3 Z_3 + \beta_4 Z_4 + \beta_5 Z_5 + \beta_6 Z_6 + \varepsilon \tag{4.55}$$

我们运用 4.2 节中的估计方法来估计模型（4.55）中的未知函数 $\gamma(t)$ 和未知参数 β_i，$i=0, 1, \cdots, 6$。图 4.2 给出了未知函数 $\gamma(t)$ 的估计曲线，表 4.5 给出了未知参数估计量的值。从图 4.2 中可以看到：未知函数 $\gamma(t)$ 的估计曲线在区间［0，10］内较为平稳，而在区间［10，15］内呈上升趋势，最后在 $t=16$ 处略有下降。由于边界附近点的估计精度要比其他内点处的估计精度差，我们认为 $\gamma(t)$ 的估计曲线在 $t=16$ 处略有下降很可能是边界估计误差引起的。这些表明 2010 年以前的居民年平均收入对房价的贡献较少，而 2010 年以后的居民年平均收入对房价的贡献较大，且这种贡献是逐年增加的。

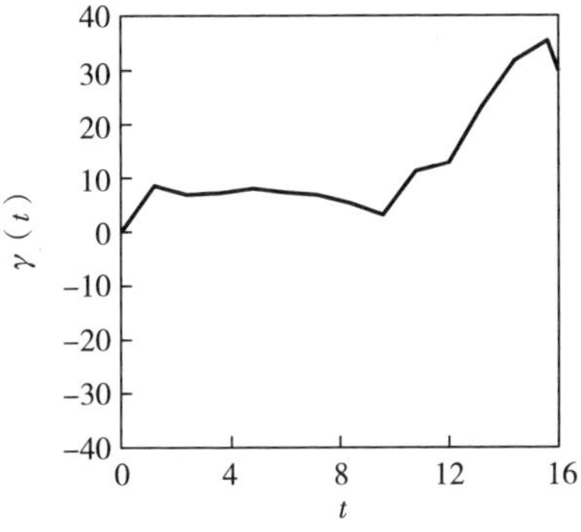

图 4.2 $\gamma(t)$ 的估计曲线

表 4.5 模型（4.55）的参数估计值

$\hat{\beta}_0$	$\hat{\beta}_1$	$\hat{\beta}_2$	$\hat{\beta}_3$	$\hat{\beta}_4$	$\hat{\beta}_5$	$\hat{\beta}_6$
9.873	0.163	0.299	0.148	0.089	0.369	−0.706

依据表 4.5 中的参数估计结果可以看出：影响房价的主要因素是城市 GDP、城市综合竞争力、城市宜居指数和银行存款利率，而利率与房价负相关。

国内生产总值（GDP）是指一个国家或者地区所有常驻单位在一定时期内生产的所有最终产品和劳务的市场价值。GDP 是国民经济核算的核心指标，也是衡量一个地区总体经济状况的重要指标，一个城市的 GDP 水平和增速与房价的水平和增速直接相关。当经济形势看好时，会吸引更多的投资，这样就会吸引更多的企业去投资，并且还会吸引更多的人去就业和创业，也就会激励人们去购房。人们通常认为经济增长情况越好，房价上涨的可能性就越大。在经济繁荣的同时，也会鼓励开发商扩大投资规模，增加住房供应，GDP 和住房市场供应的需求就会上升。

城市综合竞争力是指一个城市在一定区域范围内集散资源、提供产品和服务的能力。城市的经济、社会、科技、环境等因素在很大程度上决定了城市的综合竞争力。如果一个城市比其他城市更有竞争力，那就意味着这个城市有更好的创业就业环境，有更高的收入和福利水平。因此，能够吸引更多的企业和居民搬入该城市，使得更多的人买房，城市在人口、资源、资本积累方面的能力将更强，住房需求将继续增加。另外，集聚程度也使行业升级速度更快，单位空间会创造更大的价值，房价会更高。

从表 4.5 中还可以看到，Z_6的系数为 -0.706，可知银行利率与房地产价格成反比，利率上升时房地产价格下降；银行利率下降时，房地产价格上涨。原因如下：首先，利率上升时，储蓄和购买债券的利润会增加，相对而言，房地产投资收益不具有吸引力，投入的金额大大减少，这将导致缺乏对房地产价格的支持，房价下跌。其次，由于利率上升，投资者使用资本利息费用将会增加，而在商品价格不上涨的情况下，资金利息成本不能通过合理的方式转移到房地产价格上，房地产投资收益将大打折扣，这时，房地产投资不能说是理想的投资方式。而当利率降低到一定程度时，各方面资金需求增加，经济开始振兴，房地产资金投入越来越多，从而推动房价上涨。

4.6 男孩、女孩成长数据分析

下面分析的数据集来源于伯克利成长数据集（Tuddenham 和 Snyder，1954）。该数据集收集了 39 名男孩和 54 名女孩的 1~18 岁共 31 次测量的身高。每个小孩一岁时测量四次，2~8 岁时每年测量一次，然后每年测量两次。

我们感兴趣的依然是根据这个男孩或女孩在［1，T］岁期间测量的身高预测他或她成年后的身高。令 t 表示岁数，$t\in$［1，T］，并令 X（t）表示一个小孩 t 岁时的身高。由于男孩与女孩身高增长存在差异，由此构建如下部分函数线性分位数回归：

$$Y_i = \mu_0 + bZ_i + \int_1^T a(t)\ X_i(t)\,\mathrm{d}t + \varepsilon_{\tau i} \tag{4.56}$$

此处，如果第 i 个小孩为男孩，$Z_i=1$；如果第 i 个小孩为女孩，则令 $Z_i=0$，$P\{\varepsilon_{\tau i}\leqslant 0 \mid X_i\}=\tau$，“去一”交叉核实被用来评价预测行为，即预测第 i 个小孩成年身高的条件分位数时，在估计模型时删除第 i 个数据，使用剩下的 $n-1$ 个数据估计模型。未知函数 a（t）的估计量由解最小化问题式（4.53）得到，而调节参数由 BIC 准则决定。基于区间［1，12］，即 $T=12$ 的测量数据，图 4.3 呈现了分别来自矮小组、中等身高组和高身高组的 3 名男孩和 3 名女孩成年身高的预测分布函数和估计的分位数点$\hat{F}^{-1}$（τ），$\tau\in\{0.05，0.1，0.25，0.5，0.75，0.9，0.95\}$。图 4.3 还显示了 Chen 和 Müller（2012）考虑的女孩 A 和女孩 B 的预测分位数。从图 4.3 中可以看到，除了女孩 A 之外，观察到的成人身高都在预测的分位数的中间范围内，即在 1/4 分位数点和 3/4 分位数点之间。图 4.3（g）和图 4.3（h）显示了与 Chen 和 Muller（2012）相似的结果：预测女孩 B 的成年身高小于 157 厘米的概率很大，而女孩 A 的成年身高小于 157 厘米的概率不大。这表明，对女孩 B 需要进一步的评估和可能的干预。

同第 3 章类似，为了评价预测分位数的效果，令 $I_i(\tau)=I\{Y_i\leqslant F^{-1}(\tau\mid X_i)\}$。图 4.4(a)描述了 $\overline{I}(\tau)$ 与 τ 的散点图，从图 4.4(a)可以看出散点图在直线 $y=x$ 附近，说明给出的模型拟合良好。图 4.4(b)给出的是经验 Y 与模拟 Y^* 的 $Q-Q$ 图，$Q-Q$ 图显示模型(3.55)与数据的拟合较好。

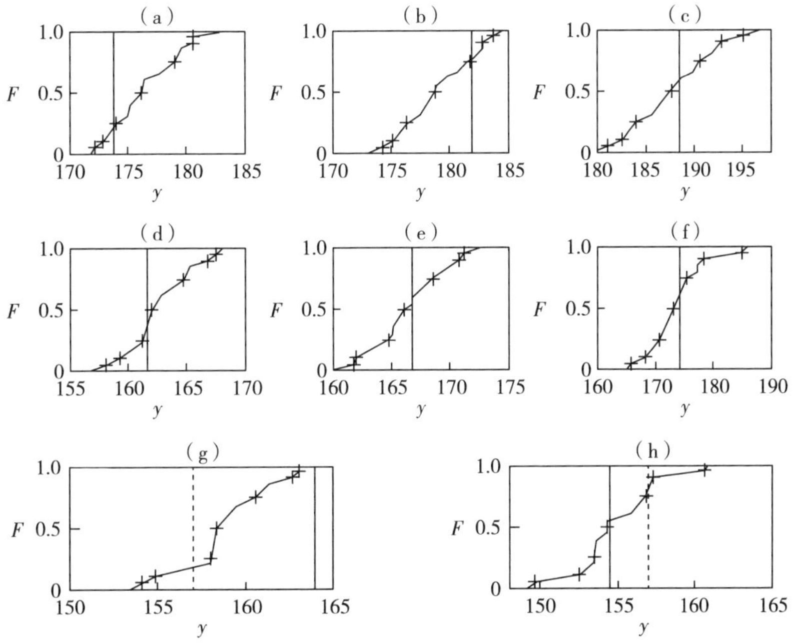

图 4.3　男孩、女孩成年身高预测

注：基于区间［1，12］的历史观测数据，成年身高的预测分布函数图和分位数 $\hat{F}^{-1}(\tau)(+)$，$\tau\in\{0.05, 0.1, 0.25, 0.5, 0.75, 0.9, 0.95\}$：(a)、(b)和(c)分别显示矮小组、中等身高和高身高组 3 名男孩的预测结果，(d)、(e)和(f)分别显示矮小组、中等身高和高身高组 3 名女孩的预测结果，(g)为女孩 A 的结果，(h)为女孩 B 的结果。—为实际的成年身高，－－－为 157 厘米，即成年女孩身高样本中的 0.1 分位数点。

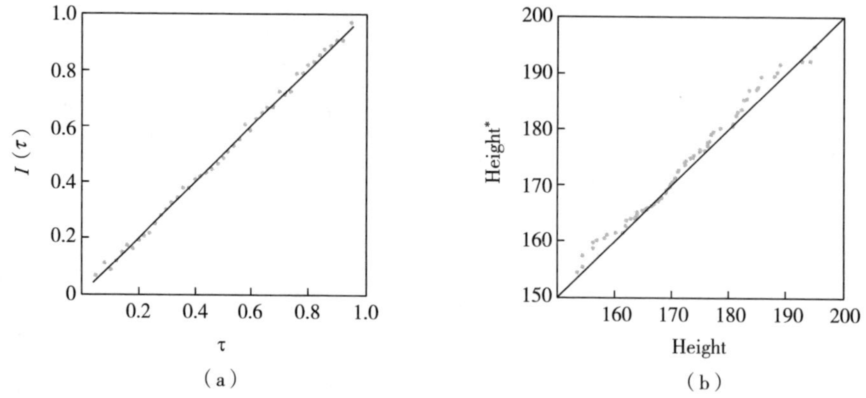

图 4.4 分位数估计对角线图

注：(a) 为 $\bar{I}$ (τ) 与 τ 的散点图；(b) 为经验分布与基于模型的模拟分布 Q－Q 图。对角线为直线 $y=x$。

对于成年后实际身高属于低分位数的男孩和女孩及时地进行进一步的儿科评估和干预是必要的，这就需要在他（她）们还处于发育成长阶段时正确预测他（她）们的成人身高。表 4.5 和表 4.6 给出了实际成人身高分别为 153.6 厘米和 154.5 厘米的两名女孩基于 $[0, T]$，$T=6, 7, \cdots, 15$ 测量数据的成人身高的预测分位数点。她们的成年身高在所有女孩中是最矮的和第二矮的。我们从表 4.5 中可以看出，对于 $T\in[6, 14]$ 时，虽然预测的成年身高略高于实际身高，但预测她的成年身高低于 157 厘米的概率高达 0.5，157 厘米是成年女性身高的 0.1 样本分位数点。由于该女孩 12 岁时的身高为 147 厘米，大约为 0.17 样本分位数点；而 13 岁时的身高为 150.3 厘米，大约为 0.13 样本分位数点，并且 13 岁后接近停止增长，导致 $T\in[6, 14]$ 时，预测的高度略高于实际高度。这两名女孩的预测分位数接近她们的实际成人高度，她们的实际成人身高通常在预测的 0.25 分位数点和预测的 0.75 分位数点之间。表 4.6 显示预测的分位数点很接近于该女孩实际的成年高度。实际身高低于 0.1 分位数点的其他女孩的预测分位数结果类似于第二矮女孩的预测结果，对于实际身高低于 0.1 分位数点的男孩，本书中的方法同样给出了令人满意的预测结果，为节约篇幅，这些预测结果未被显示。表 4.6 和表 4.7 还显示 T 越大，预测结果越接近于真实值。

表 4.6 实际身高为 153.6 厘米的女孩的预测分位数点

τ	$T=6$	$T=7$	$T=8$	$T=9$	$T=10$	$T=11$	$T=12$	$T=13$	$T=14$	$T=15$
0.05	154.4	154.9	154.6	154.4	154.2	154.0	156.1	154.9	154.8	149.8
0.10	155.4	155.4	155.2	155.1	154.8	155.1	156.7	156.1	155.2	150.1
0.25	156.6	156.8	156.4	157.4	157.3	157.5	157.7	157.5	155.3	151.3
0.50	157.6	157.2	157.1	158.5	157.3	157.6	158.1	158.0	156.9	152.2
0.75	159.6	158.9	160.0	158.9	159.6	160.9	161.2	160.2	158.3	154.3
0.90	161.1	160.7	160.9	163.3	161.8	162.3	162.6	163.2	159.7	154.5
0.95	163.2	163.5	166.2	165.6	171.4	168.8	163.5	165.8	160.8	154.7

表 4.7 实际身高为 154.5 厘米的女孩的预测分位数点

τ	$T=6$	$T=7$	$T=8$	$T=9$	$T=10$	$T=11$	$T=12$	$T=13$	$T=14$	$T=15$
0.05	151.6	151.6	150.9	151.2	150.9	150.1	150.6	150.7	153.0	153.2
0.10	151.7	151.7	151.6	151.8	151.3	150.7	151.1	152.4	154.3	153.4
0.25	152.8	152.9	153.5	153.3	153.5	153.8	154.0	154.4	155.8	153.9
0.50	155.1	154.2	153.5	154.9	153.6	154.0	154.3	154.7	156.6	154.7
0.75	157.1	156.0	157.9	155.8	156.4	157.4	157.8	157.9	157.3	156.5
0.90	158.5	157.9	158.0	158.6	158.5	158.5	158.7	161.2	159.8	156.8
0.95	159.3	159.2	161.1	161.0	160.3	162.8	158.5	164.8	160.1	157.3

第 5 章　部分函数线性半参数模型

5.1　引言

在实际应用中，经常存在着一个既与作为解释变量的某些函数型随机变量有关，又与某个有限长度的随机向量呈线性关系，还与某个特定的自变量呈非线性关系的响应变量。为此，本章提出部分函数线性半参数模型，并详细介绍这类模型的统计推断及应用等。令 Y 和 $\mathbf{Z}$ 分别是定义在概率空间(Ω, F, P)上的实值随机变量和具有零均值和有限二阶矩的 d 维随机向量，$\{X(t): t \in I\}$ 是定义在概率空间(Ω, F, P)上并且样本路径属于$L^2(I)$的一个零均值二阶随机过程（即对所有的 $t \in I$，$EX(t)^2 < \infty$），$L^2(I)$是定义在 $I = [T_0, T^0]$上的平方可积函数组成的集合。部分函数线性模型具有如下形式：

$$Y = \int_I \gamma(t) X(t) \mathrm{d}t + \mathbf{Z}^T \boldsymbol{\beta}_0 + f(U) + \varepsilon \tag{5.1}$$

其中，$\gamma(t)$是定义在 I 上的未知平方可积函数，$\boldsymbol{\beta}_0$是要估计的 $d \times 1$ 系数向量，$f(u)$是一个未知函数，$u \in [U_0, U^0]$，ε 是均值为零的随机误差，并且与$(X, \mathbf{Z}, U)$独立。模型(5.1)推广了对应于$f(u) = 0$ 情形的部分函数线性模型。此外，该模型还包含了对应于 $\gamma(t) = 0$ 情况的半参数模型，许多研究者对半参数模型进行了广泛的研究，如 Carroll 等（1997）、Gao 等（2006）以及 Chen 和 Jin（2006）等。

5.2　部分函数线性半参数模型的估计

5.2.1　数据介绍

随机过程 $X(t)$ 的协方差函数为 $K(s, t)=E(X(s)X(t))$，假设 $K(s, t)$ 是正定的，在这种情况下，$K(s, t)$ 依特征值 λ_j 有以下谱分解：

$$K(s,t) = \sum_{j=1}^{\infty} \lambda_j \phi_j(s) \phi_j(t), s,t \in T \tag{5.2}$$

其中，（λ_j，ϕ_j）分别表示核函数 K 的线性算子的（特征值，特征函数）对，特征值按 $\lambda_1>\lambda_2>\cdots$ 排序，并且特征函数 ϕ_1，ϕ_2，…组成 L^2（I）的一个正交基。依据 Karhunen – Loève 表达式，有：

$$X(t) = \sum_{j=1}^{\infty} \xi_j \phi_j(t)$$

其中，$\xi_j = \int_I X(t) \phi_j(t)\mathrm{d}t$，$j=1, 2, \cdots, \infty$ 是均值为 0，方差 $E\xi_j^2=\lambda_j$ 的不相关随机变量。令 $\gamma(t) = \sum_{j=1}^{\infty} \gamma_j \phi_j(t)$，则模型(4.2)可以写为：

$$Y = \sum_{j=1}^{\infty} \gamma_j\xi_j + \boldsymbol{Z}^T \boldsymbol{\beta}_0 + f(U) + \varepsilon \tag{5.3}$$

由模型（5.3），得到：

$$\gamma_j = \frac{E\{[Y - \boldsymbol{Z}^T\boldsymbol{\beta}_0 - f(U)]\xi_j\}}{\lambda_j} \tag{5.4}$$

令 $(X_i(t), \mathbf{Z}_i, U_i, Y_i)$，$i=1, 2, \cdots, n$ 是由模型(5.1)产生的 $(X(t), \mathbf{Z}, U, Y)$ 的一个样本。进一步假设对每个随机函数 $X_i(t)$ 的观测带有测量误差，得到的观测数据为：

$$W_{ij} = X_i(t_{ij}) + \varepsilon_{ij}, 1 \leq j \leq N_i$$

其中，$t_{ij}\in I$，而随机误差 ε_{ij} 独立同分布且均值为 0，有有限方差并且独立于 $X_i(t_{ij})$。

5.2.2　模型中未知参数和函数的估计

通过 B – 样条函数的最小二乘法拟合构造估计量 $\hat{X}_i(t)$。令 $S_{t_n}^r(t)$ 表 $r-1$ 阶样条函数的集合，其中，节点$\vec{T}_N=\{T_0=T_{N0}<T_{N1}<\cdots<T_{N(l_N+1)}=T^0\}$。当$r=1$时，$S_{l_n}^r(t)$为在节点处跳跃的阶梯函数集；当$r\geqslant 2$时，函数$g(t)\in S_{l_n}^r(t)$当且仅当$g(t)\in C^{r-2}[T_0,\ T^0]$且它在每一个区间$[T_{Nk},\ T_{N(k+1)}]$上是一次数不超过$r-1$的多项式。分段常数函数、线性样条、二次样条和三次样条函数对应的r分别为1，2，3，4。令$\{D_k(t)\}_{k=1}^{L_N}$是$S_{l_n}^r(t)$的一个基，其中，$L_N=l_N+r$。

我们使用样条函数$\sum_{k=1}^{L_N} d_{ik}d_k(t)$来逼近$\widetilde{X}_i(t)$，$t\in[T_0,\ T^0]$。根据观察到的$(t_{ij},\ W_{ij})$，$1\leqslant j\leqslant N_i$，求解以下的最小化问题：

$$\min_{d_{i1},\cdots,d_{iL_n}}\sum_{j=1}^{N_i}\left\{W_{ij}-\sum_{k=1}^{L_N}d_{ik}D_k(t_{ij})\right\}^2 \tag{5.5}$$

令$\mathbf{D}(t)=(D_1(t),\ \cdots,\ D_{L_N}(t))^T$，$\mathbf{D}_i=(\boldsymbol{D}(t_{i1}),\ \cdots,\ \boldsymbol{D}(t_{iN_i}))^T$，$\mathbf{d}_i=(d_{i1},\ \cdots,\ d_{iL_N})^T$，$\mathbf{W}_i=(W_{i1},\ \cdots,\ W_{iN_i})^T$，如果$\mathbf{D}_i^T\mathbf{D}_i$是可逆的，则$\mathbf{d}_i$的估计量为：

$$\hat{\boldsymbol{d}}_i=(\boldsymbol{D}_i^TD_i)^{-1}D_i^T\mathbf{W}_i \tag{5.6}$$

且$X_i(t)$的估计量为：

$$\hat{X}_i(t)=\boldsymbol{D}^T(t)\hat{\boldsymbol{d}}_i \tag{5.7}$$

设

$$\hat{K}(s,t)=\frac{1}{n}\sum_{i=1}^{n}\hat{X}_i(s)\hat{X}_i(t) \tag{5.8}$$

类似于K的情况，$\hat{K}$有如下的谱分解：

$$\hat{K}(s,t)=\sum_{j=1}^{\infty}\hat{\lambda}_j\hat{\phi}_j(s)\hat{\phi}_j(t),s,t\in T \tag{5.9}$$

其中，$(\hat{\lambda}_j,\ \hat{\phi}_j)$是核函数$\hat{K}$的线性算子的（特征值，特征函数）对，样本特征值按$\hat{\lambda}_1\geqslant\hat{\lambda}_2\geqslant\cdots\geqslant 0$排序。我们用$(\hat{\lambda}_j,\ \hat{\phi}_j)$和$\hat{\xi}_{ij}=\langle\hat{X}_i,\ \hat{\phi}_j\rangle$分别作为$(\lambda_j,\ \phi_j)$和$\xi_{ij}$的估计量，并令

$$\hat{\gamma}_j=\frac{1}{n\hat{\lambda}_j}\sum_{i=1}^{n}[Y_i-\mathbf{Z}_i^T\boldsymbol{\beta}_0-f(U_i)]\hat{\xi}_{ij} \tag{5.10}$$

为了估计模型(5.1)中的未知函数$f(u)$，我们再次考虑样条近似。对一个固定整数$\rho\geqslant 1$，$S_{k_n}^{\rho}(u)$表$\rho-1$阶样条函数的集合，其中，节点$\vec{U}_n=\{U_0=u_{n0}<u_{n1}<\cdots<u_{n(k_n+1)}=U^0\}$，并令$\{B_k(u)\}_{k=1}^{K_n}$是$S_{k_n}^{\rho}(u)$的一个基，其中，$K_n=k_n+\rho$。我们用样条函数$\sum_{k=1}^{K_n}b_kB_k(u)$来逼近$f(u)$，$u\in[U_0,\ U^0]$。在模型(5.3)

中，利用$\sum_{j=1}^{m}\tilde{\gamma}_j\hat{\xi}_j$近似$\sum_{j=1}^{\infty}\gamma_j\xi_j$。然后解如下关于$\boldsymbol{\beta}$，$b_1$，$\cdots b_{K_n}$的最小化问题：

$$\min_{\beta,b_1,\cdots b_{K_n}}\sum_{i=1}^{n}\left\{Y_i-\sum_{j=1}^{m}\frac{\hat{\xi}_{ij}}{n\hat{\boldsymbol{\lambda}}_j}\sum_{l=1}^{n}\left[Y_l-\boldsymbol{Z}_l^T\boldsymbol{\beta}-\sum_{k=1}^{K_n}b_kB_k(U_l)\right]\hat{\xi}_{Li}-\right.$$

$$\left.\boldsymbol{Z}_i^T\boldsymbol{\beta}-\sum_{k=1}^{K_n}b_kB_k(U_i)\right\} \tag{5.11}$$

其中，m为调节参数。定义$\tilde{\xi}_{li}=\sum_{j=1}^{m}\frac{\hat{\xi}_{lj}\hat{\xi}_{ij}}{\hat{\boldsymbol{\lambda}}_j}$，$\tilde{Y}_i=Y_i-\frac{1}{n}\sum_{l=1}^{n}Y_l\tilde{\xi}_{li}$，$\tilde{\boldsymbol{Z}}_i=\boldsymbol{Z}_i-\frac{1}{n}\sum_{l=1}^{n}\boldsymbol{Z}_l\tilde{\xi}_{li}$以及$\tilde{B}_k(U_i)=B_k(U_i)-\frac{1}{n}\sum_{l=1}^{n}B_k(U_l)\tilde{\xi}_{li}$，那么式(5.11)可以写为：

$$\min_{\beta,b_1,\cdots,b_{K_n}}\sum_{i=1}^{n}\left\{\tilde{Y}_i-\tilde{\boldsymbol{Z}}_i^T\boldsymbol{\beta}-\sum_{k=1}^{Kn}b_k\tilde{B}_k(U_i)\right\}^2 \tag{5.12}$$

令$\tilde{\boldsymbol{Y}}=(\tilde{Y}_1,\ \tilde{Y}_2,\ \cdots,\ \tilde{Y}_n)^T$，$\tilde{\boldsymbol{Z}}=(\tilde{\boldsymbol{Z}}_1,\ \tilde{\boldsymbol{Z}}_2,\ \cdots,\ \tilde{\boldsymbol{Z}}_n)^T$，$\tilde{\boldsymbol{B}}_i=(\tilde{B}_1(U_i),\ \tilde{B}_2(U_i),\ \cdots,\ \tilde{B}_{K_n}(U_i))^T$以及$\tilde{\boldsymbol{B}}=(\tilde{\boldsymbol{B}}_1,\ \tilde{\boldsymbol{B}}_2,\ \cdots,\ \tilde{\boldsymbol{B}}_n)^T$，那么$\boldsymbol{\beta}_0$的估计量$\hat{\boldsymbol{\beta}}$为：

$$\hat{\boldsymbol{\beta}}=(\tilde{\boldsymbol{Z}}^T\tilde{\boldsymbol{Z}}-\tilde{\boldsymbol{Z}}^T\tilde{\boldsymbol{B}}(\tilde{\boldsymbol{B}}^T\tilde{\boldsymbol{B}})^{-1}\tilde{\boldsymbol{B}}^T\tilde{\boldsymbol{Z}})^{-1}(\tilde{\boldsymbol{Z}}^T\tilde{\boldsymbol{Y}}-\tilde{\boldsymbol{Z}}^T\tilde{\boldsymbol{B}}(\tilde{\boldsymbol{B}}^T\tilde{\boldsymbol{B}})^{-1}\tilde{\boldsymbol{B}}^T\tilde{\boldsymbol{Y}}) \tag{5.13}$$

而$\boldsymbol{b}=(b_1,\ b_2,\ \cdots,\ b_{K_n})$的估计量$\hat{\boldsymbol{b}}$为：

$$\hat{\boldsymbol{b}}=(\tilde{\boldsymbol{B}}^T\tilde{\boldsymbol{B}})^{-1}\tilde{\boldsymbol{B}}^T(\tilde{\boldsymbol{Y}}-\tilde{\boldsymbol{Z}}^T\hat{\boldsymbol{\beta}}) \tag{5.14}$$

令$\tilde{f}(u)=\sum_{k=1}^{K_n}\hat{b}_kB_k(u)$，$u\in[U_0,\ U^0]$，$\gamma(t)$的估计量可由式(5.15)给出：

$$\hat{\gamma}(t)=\sum_{j=1}^{m}\hat{\gamma}_j\hat{\phi}_j(t) \tag{5.15}$$

其中，

$$\tilde{\gamma}_j=\frac{1}{n\hat{\boldsymbol{\lambda}}_j}\sum_{i=1}^{n}(Y_i-\boldsymbol{Z}_i^T\hat{\boldsymbol{\beta}}-\tilde{f}(U_i))\hat{\xi}_{ij} \tag{5.16}$$

为了构造一个f的估计量，使其达到最优的收敛速度，我们在估计量$\hat{\beta}$的基础上选择新的节点和新的B－样条基。令$\{U_0=\bar{u}_{n0}<\bar{u}_{n1}<\cdots<\bar{u}_{n(k_n^*+1)}=U^0\}$且$\{B_k^*(u)\}_{k=1}^{K_n^*}$是一个新的基，其中$K_n^*=k_n^*+\rho$。$\tilde{B}_k^*(U_i)$、$\tilde{\boldsymbol{B}}_i^*$和$\tilde{\boldsymbol{B}}^*$的定义分别类似于$\tilde{B}_k(U_i)$、$\tilde{\boldsymbol{B}}_i$和$\tilde{\boldsymbol{B}}$。解如下最小化问题：

$$\min_{b_1,\cdots,b_{K_n^*}}\sum_{i=1}^{n}\left\{\tilde{Y}_i-\tilde{\boldsymbol{Z}}_i^T\hat{\boldsymbol{\beta}}-\sum_{k=1}^{K_n^*}b_k\tilde{B}_k^*(U_i)\right\}^2 \tag{5.17}$$

即可得到关于$\boldsymbol{b}$的估计量，其中，$\boldsymbol{b}=(b_1,\ b_2,\ \cdots,\ b_{K_n^*})^T$。$\boldsymbol{b}$的估计量可由式(5.18)给出：

$$\hat{\boldsymbol{b}}=(\tilde{\boldsymbol{B}}^{*T}\tilde{\boldsymbol{B}}^*)^{-1}\tilde{\boldsymbol{B}}^{*T}(\tilde{\boldsymbol{Y}}-\tilde{\boldsymbol{Z}}^T\hat{\boldsymbol{\beta}}) \tag{5.18}$$

而$f(u)$的估计量由式(5.19)给出：

$$\tilde{f}(u) = \sum_{k=1}^{K_n^*} \hat{b}_k B_k^*(u), u \in [U_0, U^0] \tag{5.19}$$

5.2.3 关键参数的选择

关键参数L_N、m、K_n和K_n^*的选择对估计量而言至关重要。L_N的值可以通过预测误差的“去一”交叉核实(CV)来选择：

$$CV(L_N) = \sum_{i=1}^{n} \sum_{j=1}^{N_i} \left(W_{ij} - \sum_{k=1}^{L_N} \hat{d}_{ik}^{-ij} B_k(t_{ij}) \right)^2 \tag{5.20}$$

其中，$\hat{d}_{ik}^{-ij}$是由去掉W_{ij}后估计所得。类似地，m、K_n和K_n^*可以通过使式(5.21)定义的$CV(m, K_n)$函数：

$$CV(m,K_n) = \sum_{i=1}^{n} \left(Y_i - \sum_{j=1}^{m} \hat{a}_j^{-i} \hat{\xi}_{ij}^{-1} - \boldsymbol{Z}_i^T \hat{\boldsymbol{\beta}}^{-i} - \tilde{f}^{-i}(U_i) \right)^2 \tag{5.21}$$

以及函数$CV(K_n^*)$最小化来选择：

$$CV(K_n^*) = \sum_{i=1}^{n} \left(Y_i - \sum_{j=1}^{m} \hat{a}_j^{-i} \hat{\xi}_{ij}^{-1} - \boldsymbol{Z}_i^T \hat{\boldsymbol{\beta}}^{-i} - \hat{f}^{-i}(U_i) \right)^2 \tag{5.22}$$

其中，$\hat{a}_j^{-i}$、$\hat{\xi}_{ij}^{-1}$、$\hat{\boldsymbol{\beta}}^{-i}$、$\tilde{f}^{-i}(U_i)$和$\hat{f}^{-i}(U_i)$由去掉第$i$个个体计算得到。类似于Kato(2012)，上述光滑和调节参数也可由BIC信息准则来选取。

5.2.4 估计量的渐近性质

在这一节中，将给出上述估计量的渐近性质，首先列出如下假设：

假设1 节点$\vec{T}_N = \{T_0 = T_{N0} < T_{N1} < \cdots < T_{N(l_N+1)} = T^0\}$满足$h_N/\min_{1 \le k \le l_N+1} h_{Nk} \le C_1$，其中，$h_{Nk} = T_{Nk} - T_{N(k-1)}$，$h_N = \max_{1 \le k \le l_N+1} h_{Nk}$且$C_1 > 0$是一个常量。时间$t_{ij}$，$i=1, 2, \cdots, n$；$j=1, 2, \cdots, N_i$为确定性变量，且满足以下条件：

$$\sup |Q_{ni}(t) - Q(t)| = o(h_N)$$

其中，$Q_{ni}(t)$是$\{t_{ij}\}_{j=1}^{N_i}$的经验分布函数，$Q(t)$是一个具有连续密度$q(t)$的分布函数，密度函数$q(t)$满足$0 < c_0 \le q(t) \le C_0 < +\infty$。

假设2 $E(\|\mathbf{Z}\|^4) < +\infty$，$\int_I E(X^4(t))\mathrm{d}t < \infty$且$X(t)$是一个$r$次连续微分函数，满足$\mathrm{E}(\sup_{t \in [T_0, T^0]} |X^{(r)}(t)|^4) < +\infty$，其中，$r \ge 1$；$E(\xi_j | U) = 0$且$E(\xi_k \xi_j | U) = 0$，$k \ne j$。存在某个常数$C_2$满足$E(\xi_j^4 | U) < C_2 \lambda_j^2$且$E(\xi_j^2 | U) < C_2 \lambda_j$，$E(\xi_{j1} \cdots \xi_{j4} | U) = 0$，除非每个$j_k$是重复的。

假设 3 存在一个定义在区间[0, 1]上的凸函数φ，对$j\geqslant 1$，有$\varphi(0)=0$和$\lambda_j=\varphi\left(\frac{1}{j}\right)$。此外，$n^{-1}m^4\lambda_m^{-2}\to 0$且随着$n\to\infty$，$n^{-1}m^6\lambda_m^{-1}\log m\to 0$。

假设 4 存在常数$C_3>0$和$\upsilon>\frac{3}{2}$，使得对所有$j\geqslant 1$，$|\gamma_j|\leqslant C_3 j^{-\upsilon}$。当$n\to\infty$时，$n^{-1}m^6\lambda_m^{-1}\log m\to 0$。

假设 5 对$U_0\leqslant u'$，$u\leqslant U^0$和$\rho'=\rho+\zeta>3$，存在常数$0<\zeta\leqslant 1$和$C_4>0$，使得$f(u)$的$\rho-1$阶连续可微函数满足：$|f^{(\rho-1)}(u')-f^{(\rho-1)}(u)|\leqslant C_4|u'-u|^{\zeta}$。节点$\{U_0=u_{n0}<u_{n1}<\cdots<u_{n(k_n+1)}=U^0\}$满足$h_0/\min_{1\leqslant k\leqslant k_n+1}h_{nk}\leqslant C_5$，其中，$h_{nk}=u_{nk}-u_{n(k-1)}$，$h_0=\max_{1\leqslant k\leqslant k_n+1}h_{nk}$且$C_5>0$是一个常数。

假设 6 $Nmh_0^{-1}(h_N^{2r}+1/Nh_N)\to 0$，其中，$N=\min N_i$。$n^{-1}m^3\lambda_m^{-2}h_0^{-1}\to 0$，$m^{-2\gamma+2}h_0^{-1}\to 0$，$n^{-1}m^4\lambda_m^{-1}h_0^{-3}\log n\to 0$且$nh_0^{2\rho'}\to 0$。

假设 7 节点$\{U_0=\bar{u}_{n0}<\bar{u}_{n1}<\cdots<\bar{u}_{n(k_n^*+1)}=U^0\}$满足$h/\min_{1\leqslant k\leqslant k_n^*+1}\bar{h}_{nk}\leqslant C_6$，其中，$\bar{h}_{nk}=\bar{u}_{nk}-\bar{u}_{n(k-1)}$，$h=\max_{1\leqslant k\leqslant k_n^*+1}\bar{h}_{nk}$且$C_6>0$为一常数。$h\to 0$并且$n^{-1}m^4\lambda_m^{-1}h_0^{-4}\log m\to 0$。

注 5.1 如果$\lambda_j=c_1 j^{-1}(\log j)^{-(1+\iota)}$，$m\sim n^{\varrho}$和$h_0\sim n^{-\vartheta}$，其中，$c_1>0$，$\iota>0$，$\varrho>0$且$\vartheta>0$是常数，符号$a_n\sim b_n$意味着$a_n/b_n$的比值介于0和$\infty$，如果更进一步地，$\upsilon>2$，$\varrho<\frac{1}{7}$，$5\varrho+3\vartheta<1$且$\vartheta<2(\upsilon-1)\varrho$，那么容易验证假设3、假设4和假设6成立。

注 5.2 如果$\lambda_j=c_2 j^{-\tau}$或$\lambda_j=c_2 j^{-\tau}(\log j)^{-\iota}$，$m\sim n^{\varrho}$和$h_0\sim n^{-\vartheta}$，其中，$c_2>0$，和$\tau>1$是常数，那么假设3、假设4和假设6很容易验证。

令$\mathcal{G}$表示下列随机变量组成的集合，$\Gamma\in\mathcal{G}$当且仅当$\Gamma=\sum_{j=1}^{\infty}\mu_j\xi_j$且$|\mu_j|\leqslant C_7 j^{-\upsilon}$，其中，$\upsilon$在假设4中定义且$C_7>0$是一个常数。令$\Gamma_k=\sum_{j=1}^{\infty}\mu_{kj}\xi_j$，并令$\Gamma_k^*=\sum_{j=1}^{\infty}\mu_{kj}^*\xi_j$，由下式给出：

$$\Gamma_k^* = \arg\inf_{\Gamma_k\in\mathcal{G}} E\left[\left(Z_k-\sum_{j=1}^{\infty}\mu_{kj}\xi_j\right)^2\right]$$

由于

$$E\left[\left(Z_k-\sum_{j=1}^{\infty}\mu_{kj}\xi_j\right)^2\right]=E[(Z_k-E(Z_k|X))^2]+E\left[\left(E(Z_k|X)-\sum_{j=1}^{\infty}\mu_{kj}\xi_j\right)^2\right]$$

有

$$\Gamma_k^* = \arg\inf_{\Gamma_k \in \mathcal{G}} E\left[\left(E(Z_k \mid X) - \sum_{j=1}^{\infty} \mu_{kj}\xi_j\right)^2\right]$$

因此，Γ_k^* 是 $E(Z_k \mid X)$ 在空间 $\mathcal{G}$ 上的投影。换句话说，Γ_k^* 是属于 $\mathcal{G}$ 的一个元素，它是 $\mathcal{G}$ 中所有随机变量中最接近 $E(Z_k \mid X)$ 的。对 $k=1, 2, \cdots, p$，令 $Z_k^* = Z_k - \Gamma_k^*$，且 $\boldsymbol{Z}^* = (Z_1^*, Z_2^*, \cdots, Z_p^*)^T$。

令 Π_n 是一个 $K_n \times K_n$ 矩阵，其第 (k, k') 元素为 $E\left(B_k(U)B_{k'}(U)\right)$，令 $\boldsymbol{\gamma}_n$ 是一个 $p \times K_n$ 阶矩阵，其第 (k, k') 元素是 $E\left(Z_k^* B_{k'}(U)\right)$。令 $\sum_n = E(\boldsymbol{Z}^*\boldsymbol{Z}^{*T}) - \boldsymbol{\gamma}_n \Pi_n^{-1} \boldsymbol{\gamma}_n^{\mathrm{T}}$。

定理 5.1 假定假设 1 至假设 6 成立，则有：

$$\sqrt{n}\sum_n^{\frac{1}{2}}(\hat{\boldsymbol{\beta}} - \boldsymbol{\beta}_0) \xrightarrow{d} N(\boldsymbol{O}, \sigma^2 \boldsymbol{I}_p) \tag{5.23}$$

其中，$\xrightarrow{d}$ 指依分布收敛，$\boldsymbol{I}_p$ 是 $p \times p$ 阶单位矩阵。

令 $\hat{\sum}_n = \frac{1}{\mathrm{n}}(\tilde{\boldsymbol{Z}}^T\tilde{\boldsymbol{Z}} - \tilde{\boldsymbol{Z}}^T\tilde{\boldsymbol{B}}(\tilde{\boldsymbol{B}}^T\tilde{\boldsymbol{B}})^{-1}\tilde{\boldsymbol{B}}^T\tilde{\boldsymbol{Z}})$，则有 $\hat{\sum}_n = \sum_n + o_p(1)$。因此，有以下推论 5.1。

推论 5.1 假定假设 1 至假设 6 成立，则有：

$$\sqrt{n}\hat{\sum}_n^{\frac{1}{2}}(\hat{\boldsymbol{\beta}} - \boldsymbol{\beta}_0) \xrightarrow{d} N(\boldsymbol{O}, \sigma^2 \boldsymbol{I}_p)$$

注 5.3 在这里，首先用样条函数对个体函数曲线 $X_i(t)$ 进行平滑处理，然后用 FPCA 估计斜率函数 $\gamma(t)$。事实上，对于 $1 \leqslant j \leqslant m$，有 $(\xi_{ij} - \hat{\xi}_{ij})^2 = \mathrm{o}_p(h_N^{2r} + (Nh_N)^{-1} + n^{-1}m^2\log m$，利用这个等式可推导估计量 $\hat{\boldsymbol{\beta}}$ 的渐近正态性。如果使用 Yao 等(2005)中的局部线性光滑法直接估计均值和协方差函数，并且更进一步得到估计的 FPC 核 $\hat{\xi}_{ij}$，根据 Yao 等(2005)的定理 3，$\hat{\xi}_{ij}$ 依概率收敛 $\tilde{\xi}_{ij}$，其中，$\tilde{\xi}_{ij}$ 是 ξ_{ij} 的最佳线性预测量，利用这个结果将不能推导出 $\hat{\boldsymbol{\beta}}$ 的渐近正态性。如果进一步假设：

$$Z_k^* = f_k(U) + e_k, \quad k = 1, 2, \cdots, p \tag{5.24}$$

其中，$f_k(U)$，$k=1, 2, \cdots, p$ 满足假设 5 且 e_k 是零均值随机变量并与 U 独立，则有以下推论 5.2。

推论 5.2 如果假设 1 至假设 6 和式(4.24)成立，令 $\boldsymbol{e} = (e_1 \cdots e_p)^T$，$\sum = E(\boldsymbol{e}\,\boldsymbol{e}^T)$。则有：

$$\sqrt{n}(\hat{\boldsymbol{\beta}}-\boldsymbol{\beta}_0)\xrightarrow{d}N\left(\boldsymbol{O},\sigma^2\sum{}^{-1}\right)$$

定理 5.2　如果假设 1 至假设 6 成立，那么：

$$\int_I\{\hat{\gamma}(t)-\gamma(t)\}^2\mathrm{d}t$$

$$=O_p\left(\frac{m}{n\lambda_m}+\frac{m}{n^2\lambda_m^2}\sum_{j=1}^m\frac{j^3\gamma_j^2}{\lambda_j^2}+\frac{m}{\lambda_m^2}\left(h_N^{2r}+\frac{1}{\min N_ih_N}\right)+\frac{1}{n\lambda_m}\sum_{j=1}^m\frac{\gamma_j^2}{\lambda_j}+m^{-2v+1}\right)\tag{5.25}$$

在注 5.2 中，如果 $\lambda_j=c_2j^{-\tau}$，$m\sim n^{1/(\tau+2v)}$，$\boldsymbol{v}>2$ 且 $\boldsymbol{v}>1+\tau/2$，那么 $\sum_{j=1}^m\frac{j^3\gamma_j^2}{\lambda_j^2}\leqslant C_8(\log m+m^{2\tau+4-2v})$ 且 $\sum_{j=1}^m\frac{\gamma_j^2}{\lambda_j}<+\infty$，其中，$C_8$是一个正常数。于是有推论 5.3。

推论 5.3　在假设 1 至假设 6 下，如果 $\lambda_j=c_2j^{-\tau}$，$\tau>1$，$m\sim n^{1/(\tau+2v)}$，$\boldsymbol{v}>\min(2,1+\tau/2)$ 且 $n\lambda_j(h_N^{2r}+1/(\min N_ih_N))\to0$，那么有：

$$\int_I\{\hat{\gamma}(t)-\gamma(t)\}^2\mathrm{d}t=O_p(n^{-(2v-1)/(\tau+2v)})\tag{5.26}$$

整体收敛结果(5.26)表明，估计量$\hat{\gamma}(t)$的收敛速度与 Hall 和 Horowitz (2007)得到的估计量的收敛速度相同，这个速度在最大最小意义上是最优的。

定理 5.3　假设 1 至假设 7 成立，那么有：

$$\int_{U_0}^{U^0}\{\hat{f}(u)-f(u)\}^2\mathrm{d}u=O_p\left((nh)^{-1}+h^{2\rho'}\right)\tag{5.27}$$

如果假设 7 中 $h\sim n^{-1/(2\rho'+1)}$，那么：

$$\int_{U_0}^{U^0}\{\hat{f}(u)-f(u)\}^2\mathrm{d}u=O_p(n^{-2\rho'/(2\rho'+1)})\tag{5.28}$$

整体收敛结果(5.28)表明，估计量$\hat{f}(u)$达到了最优收敛速度。

注 5.4　在假设 1 至假设 6 下，类似于定理 5.3 的证明，可以得到：

$$\int_{U_0}^{U^0}\{\tilde{f}(u)-f(u)\}^2\mathrm{d}u=O_p((nh_0)^{-1}+h_0^{2\rho'})$$

值得指出的是，为了得到估计量$\hat{\beta}$的渐近正态分布，在假设 6 中令 $nh_0^{2\rho'}\to0$，这样一来，$\tilde{f}(u)$达不到整体最优收敛速度$O_p(n^{-2\rho'/(2\rho'+1)})$。实际上，假设 $nh_0^{2\rho'}\to0$ 是为了使定理 5.1 中估计量$\hat{\beta}$的偏差可忽略。这导致估计量$\tilde{f}(u)$的整体收敛速度较慢。

令 $S=\{(Y_i,W_{ij},\boldsymbol{Z}_i,U_i):i=1,2,\cdots,n;j=1,2,\cdots,N_i\}$，$(Y_{n+1},$

$W_{n+1,j}$，$\boldsymbol{Z}_{n+1}$，U_{n+1})，$j=1, 2, \cdots, N_{n+1}$为一取自相同总体的新的观测数据并与 S 独立。定义$\hat{Y}_{n+1}$的均方预测误差(MSPE)如下：

$$\text{MSPE} = E\left[\left\{\int_I \hat{a}(t)\hat{X}_{n+1}(t)\mathrm{d}t + Z_{n+1}^T\hat{\boldsymbol{\beta}} + \hat{f}(U_{n+1}) - \left(\int_I a(t) X_{n+1}(t)\mathrm{d}t + \boldsymbol{Z}_{n+1}^T\boldsymbol{\beta}_0 + f(U_{n+1})\right)\right\}^2 \mid S\right]$$

定理 5.4 假定假设 1 至假设 7 成立，如果$\lambda_j = c_2 j^{-\tau}$，$m \sim n^{1/(\tau+2\upsilon)}$，且 $\upsilon > 5/2 + \tau/2$，$h_0 \sim n^{-\vartheta}$，同时 $1/(2\rho') < \vartheta < \min((2\upsilon - 3 - \tau)/(\tau + 2\upsilon), 2(\upsilon - 2)/(3(\tau + 2\upsilon)))$并且 $h \sim n^{-1/(2\rho'+1)}$，那么有：

$$\text{MSPE} = O_p(1/(N_{n+1}h_N) + n^{-(\tau+2\upsilon-1)/(\tau+2\upsilon)}) + O_p(n^{-2\rho'/(2\rho'+1)}) \quad (5.29)$$

此外，如果$\tau + 2\upsilon = 2\rho' + 1$ 且随着 $n\to\infty$，$n^{(\tau+2\upsilon-1)/(\tau+2\upsilon)}/(N_{n+1}h_N)\to 0$，那么：

$$\text{MSPE} = O_p(n^{-(\tau+2\upsilon-1)/(\tau+2\upsilon)}) \quad (5.30)$$

5.2.5 定理的证明

令 $C>0$ 表示一个通用的常数，其值可以逐行变化。对于矩阵 $\mathbf{A} = (a_{ij})$，令$\|\boldsymbol{A}\|_\infty = \max_i \sum_j |a_{ij}|$，$|\boldsymbol{A}|_\infty = \max_{i,j}|a_{ij}|$。对一个向量 $v = (v_1, v_2, \cdots, v_k)^T$，令$\|v\|_\infty = \sum_{j=1}^k |v_j|$，$|v|_\infty = \max_{1\leqslant j\leqslant k}|v_j|$。令$A_l = \sum_{j=1}^\infty a_j\xi_{lj}$，$\tilde{A}_i = A_i - \frac{1}{n}\sum_{l=1}^n A_l\tilde{\xi}_{lj}$，$F_i = f(U_i)$，$\tilde{F}_i = F_i - \frac{1}{n}\sum_{l=1}^n F_l\tilde{\xi}_{li}$，$\tilde{\varepsilon}_i = \varepsilon_i - \frac{1}{n}\sum_{l=1}^n \varepsilon_l\tilde{\xi}_{li}$，且$\tilde{\boldsymbol{A}} = (\tilde{A}_1, \tilde{A}_2, \cdots, \tilde{A}_n)^T$，$\tilde{\boldsymbol{F}} = (\tilde{F}_1, \tilde{F}_2, \cdots, \tilde{F}_n)^T$，$\tilde{\boldsymbol{\varepsilon}} = (\tilde{\varepsilon}_1, \cdots, \tilde{\varepsilon}_n)^T$。

我们首先列出引理 5.1 至引理 5.8。

引理 5.1 令$\Delta(s, t) = \hat{K}(s, t) - K(s, t)$，且$|\ \|\boldsymbol{\Delta}\|\ | = \left(\int_T\int_T \Delta^2(s,t)\mathrm{d}s\mathrm{d}t\right)^{\frac{1}{2}}$。如果假设 1 至假设 3 和假设 6 成立，那么下式成立：

$$|\ \|\boldsymbol{\Delta}\|\ | = O_p\left(n^{-\frac{1}{2}}\right)$$

引理 5.2 如果假设 1 至假设 3 和假设 6 成立，则下式成立：

$$\frac{1}{n}\tilde{\boldsymbol{Z}}^T\tilde{\boldsymbol{Z}} = E(\boldsymbol{Z}^*\boldsymbol{Z}^{*T}) + o_p(1)$$

引理 5.3 如果假设 1 至假设 6 成立，则下式成立：

$$\frac{1}{n}\sum_{i=1}^n \tilde{B}_k(U_i)\tilde{B}_{k'}(U_i) = E\left(B_k(U)B_{k'}(U)\right) + o_p(h_0^2)$$

其中，对所有的$1\leqslant k$，$k'\leqslant K_n$，$o_p(h_0^2)$一致成立。

引理5.4　假设1至假设4成立的条件下，则下式成立：

$$\sum_{j=1}^{m}\lambda_j\left[a_j-\frac{1}{\hat{\lambda}_j}\left(\frac{1}{n}\sum_{l=1}^{n}A_l\hat{\xi}_{lj}\right)\right]^2=O_p(n^{-1}\lambda_m^{-1}m)$$

引理5.5　假设1至假设3成立的条件下，则下式成立：

$$\sum_{j=1}^{m}\lambda_j^{-1}\left(\sum_{i=1}^{n}\xi_{ij}\tilde{Z}_{ik}\right)^2=O_p(n\lambda_m^{-1}m^2+nm^4\log m)$$

引理5.6　假设1至假设4和假设6成立的条件下，则下式成立：

$$n^{-\frac{1}{2}}\left|\sum_{j=1}^{m}\frac{1}{\hat{\lambda}_j}\left(\frac{1}{n}\sum_{l=1}^{n}A_l\hat{\xi}_{lj}\right)\sum_{i=1}^{n}(\hat{\xi}_{ij}-\xi_{ij})\tilde{Z}_{ik}\right|=o_p(1)$$

引理5.7　假设1至假设4和假设6成立的条件下，则下式成立：

$$n^{-\frac{1}{2}}\left|\sum_{i=1}^{n}\tilde{A}_i\tilde{Z}_{ik}\right|=o_p(1)$$

引理5.8　定义$\breve{a}_j=\frac{1}{\hat{\lambda}_j}E\left[\left((Y-\boldsymbol{Z}^T\boldsymbol{\beta}_0-f(U)\right)\xi_j\right]$。在定理4.2假设下，则下式成立：

$$\sum_{j=1}^{m}(\hat{a}_j-\breve{a}_j)^2=O_p\left(n^{-1}m\lambda_m^{-1}+n^{-2}m\lambda_m^{-2}\sum_{j=1}^{m}a_j^2\lambda_j^{-2}j^3+m\lambda_m^{-2}\left(h_N^{2r}+\frac{1}{Nh_N}\right)\right)$$

上述引理的证明可见Tang和Bian(2021)中的附件。

定理5.1的证明　若假设5成立，依据Schumaker(1981)的推论6.21，存在样条函数$f_0(u)=\sum_{k=1}^{K_n}b_{0k}B_k(u)$和常数$C>0$，使得：

$$\sup_{u\in[U_0,U^0]}|\bar{f}(u)|\leqslant Ch_0^{\rho'} \tag{5.31}$$

这里的$\bar{f}(u)=f(u)-f_0(u)$。定义$\bar{F}_i=\bar{f}(U_i)$，$\tilde{F}_i=\bar{F}_i-\frac{1}{n}\sum_{l=1}^{n}\bar{F}_l\tilde{\xi}_{li}$，$\tilde{\tilde{F}}=(\tilde{\tilde{F}}_1,\tilde{\tilde{F}}_2,\cdots,\tilde{\tilde{F}}_n)^T$。利用式(5.13)，可得：

$$\hat{\boldsymbol{\beta}}-\boldsymbol{\beta}_0=(\tilde{\boldsymbol{Z}}^T\tilde{\boldsymbol{Z}}-\tilde{\boldsymbol{Z}}^T\tilde{\boldsymbol{B}}(\tilde{\boldsymbol{B}}^T\tilde{\boldsymbol{B}})^{-1}\tilde{\boldsymbol{B}}^T\tilde{\boldsymbol{Z}})^{-1}\tilde{\boldsymbol{Z}}^T(\boldsymbol{I}_n-\tilde{\boldsymbol{B}}(\tilde{\boldsymbol{B}}'\tilde{\boldsymbol{B}})^{-1}\tilde{\boldsymbol{B}}^T)(\tilde{\boldsymbol{A}}+\tilde{\tilde{\boldsymbol{F}}}+\tilde{\boldsymbol{\varepsilon}}) \tag{5.32}$$

其中，$\boldsymbol{I}_n$是$n\times n$阶单位矩阵。类似于Tang(2013)中引理1的证明并利用引理5.2和引理5.3，可得：

$$\frac{1}{n}\left(\tilde{\boldsymbol{Z}}^T\tilde{\boldsymbol{Z}}-\tilde{\boldsymbol{Z}}^T\tilde{\boldsymbol{B}}(\tilde{\boldsymbol{B}}^T\tilde{\boldsymbol{B}})^{-1}\tilde{\boldsymbol{B}}^T\tilde{\boldsymbol{Z}}\right)=\sum\nolimits_n+o_p(1) \tag{5.33}$$

类似于引理 5.7 的证明，$n^{-\frac{1}{2}}|\sum_{i=1}^{n}\widetilde{A}_i\widetilde{B}_k(U_i)|=o_p(h_0)$ 对 $1\leqslant k\leqslant K_n$ 一致成立。从而，类似于 Tang(2013) 中引理 1 的证明，得到：

$$n^{-\frac{1}{2}}|\widetilde{\boldsymbol{Z}}^T\widetilde{\boldsymbol{B}}(\widetilde{\boldsymbol{B}}^T\widetilde{\boldsymbol{B}})^{-1}\widetilde{\boldsymbol{B}}^T\widetilde{\boldsymbol{A}}|_\infty\leqslant K_n\left\|\frac{1}{n}\widetilde{\boldsymbol{Z}}^T\widetilde{\boldsymbol{B}}\right\|_\infty\left\|\left(\frac{K_n}{n}\widetilde{\boldsymbol{B}}^T\widetilde{\boldsymbol{B}}\right)^{-1}\right\|_\infty|n^{-\frac{1}{2}}\widetilde{\boldsymbol{B}}^T\widetilde{\boldsymbol{A}}|_\infty$$

$$=K_nO_p(1)O_p(1)o_p(h_0)=o_p(1) \tag{5.34}$$

利用引理 5.7 及式(5.34)，可推导出：

$$n^{-\frac{1}{2}}\widetilde{\boldsymbol{Z}}^T(\boldsymbol{I}_n-\widetilde{\boldsymbol{B}}(\widetilde{\boldsymbol{B}}^T\widetilde{\boldsymbol{B}})^{-1}\widetilde{\boldsymbol{B}}^T)\widetilde{\boldsymbol{B}}=o_p(1) \tag{5.35}$$

依据引理 5.2，有 $\sum_{i=1}^{n}\widetilde{Z}_{ik}^2=o_p(n)$。运用式(5.31)以及 $nh_0^{2\rho'}\to0$，可得：

$$n^{-1}\left(\sum_{i=1}^{n}\widetilde{Z}_{ik}\overline{F}_i\right)^2\leqslant n^{-1}\left(\sum_{i=1}^{n}\overline{F}_i^2\right)\left(\sum_{i=1}^{n}\widetilde{Z}_{ik}^2\right)=o_p(1)$$

通过引理 5.5 和引理 5.6 的论证，并利用式(5.31)，可推导出 $n^{-\frac{1}{2}}\sum_{i=1}^{n}(\frac{1}{n}\sum_{l=1}^{n}F_l\widetilde{\xi}_{li})\widetilde{Z}_{ik}=o_p(1)$ 以及

$$n^{-\frac{1}{2}}\sum_{i=1}^{n}\left(\frac{1}{n}\sum_{l=1}^{n}\varepsilon_l\widetilde{\xi}_{li}\right)\widetilde{Z}_{ik}=o_p(1) \tag{5.36}$$

因此，$n^{-\frac{1}{2}}\sum_{i=1}^{n}\widetilde{Z}_{ik}\overline{\widetilde{F}}_i=o_p(1)$。通过与证明式(5.35)类似的论证，进一步可得到：

$$n^{-\frac{1}{2}}\widetilde{\boldsymbol{Z}}^T\left(\boldsymbol{I}_n-\widetilde{\boldsymbol{B}}(\widetilde{\boldsymbol{B}}^T\widetilde{\boldsymbol{B}})^{-1}\widetilde{\boldsymbol{B}}^T\right)\overline{\widetilde{\boldsymbol{F}}}=o_p(1) \tag{5.37}$$

将 $\sum_{i=1}^{n}\varepsilon_i\widetilde{Z}_{ik}$ 分解为以下三部分：

$$\sum_{i=1}^{n}\widetilde{Z}_{ik}\varepsilon_i=\sum_{i=1}^{n}\varepsilon_i\left(Z_{ik}-\sum_{j=1}^{m}\frac{E(Z_{lk}\xi_j)}{\lambda_j}\xi_{ij}\right)-$$

$$\sum_{i=1}^{n}\varepsilon_i\sum_{j=1}^{m}\frac{\xi_{ij}}{\lambda_j}\left(\frac{1}{n}\sum_{l=1}^{n}Z_{lk}\xi_{lj}-E(Z_{lk}\xi_j)\right)-$$

$$\sum_{i=1}^{n}\varepsilon_i\frac{1}{n}\sum_{l=1}^{n}Z_{lk}(\widetilde{\zeta}_{li}-\vec{\zeta}_{li})$$

类似于引理 5.6 的证明，可到 $\sum_{i=1}^{n}\varepsilon_i\frac{1}{n}\sum_{l=1}^{n}Z_{lk}(\widetilde{\zeta}_{li}-\vec{\zeta}_{li})=o_p(n)$。由于

$$\sum_{i=1}^{n}\varepsilon_i(Z_{ik}-\sum_{j=1}^{m}\frac{E(Z_{lk}\xi_j)}{\lambda_j}\xi_{ij})=\sum_{i=1}^{n}\varepsilon_iZ_{ik}^*+\sum_{i=1}^{n}\varepsilon_i\sum_{j=m+1}^{\infty}\mu_{kj}\xi_{ij},$$

$\sum_{i=1}^{n}\varepsilon_i\sum_{j=1}^{m}\frac{\xi_{ij}}{\lambda_j}(\frac{1}{n}\sum_{l=1}^{n}Z_{lk}\xi_{lj}-E(Z_{lk}\xi_j))=o_p(n)$，且 $\sum_{i=1}^{n}\varepsilon_i\sum_{j=m+1}^{\infty}\mu_{kj}\xi_{ij}=o_p(n)$，依据式(5.36)有：

$$n^{-\frac{1}{2}}\sum_{i=1}^{n}\widetilde{Z}_{ik}\widetilde{\varepsilon}_i=n^{-\frac{1}{2}}\sum_{i=1}^{n}Z_{ik}^{*}\varepsilon_i+o_p(1) \tag{5.38}$$

通过使用 Tang(2013) 中证明引理 2 类似的论证方法，可推导出：

$$n^{-\frac{1}{2}}\widetilde{\boldsymbol{Z}}^T\widetilde{\boldsymbol{B}}(\widetilde{\boldsymbol{B}}^T\widetilde{\boldsymbol{B}})^{-1}\widetilde{\boldsymbol{B}}^T\widetilde{\varepsilon}=n^{-\frac{1}{2}}\boldsymbol{\gamma}_n\Pi_n^{-1}\boldsymbol{B}^T\boldsymbol{\varepsilon}+o_p(1) \tag{5.39}$$

其中，$\boldsymbol{B}^T=(\boldsymbol{B}_1,\cdots,\boldsymbol{B}_n)$，$\boldsymbol{B}_i=(B_1(U_i),\cdots,B_{K_n}(U_i))^T$ 且 $\boldsymbol{\varepsilon}=(\varepsilon_1,\cdots,\varepsilon_n)^T$。至此，式（5.23）可由式（5.32）至式（5.34）以及式（5.36）至式（5.39）和中心极限定理推出。这就完成了定理 5.1 的证明。

定理 5.2 的证明：

$$\int_I[\hat{a}(t)-a(t)]^2\mathrm{d}t\leqslant$$

$$C\left(\sum_{j=1}^{m}(\hat{a}_j-\breve{a}_j)^2+\sum_{j=1}^{m}(\breve{a}_j-a_j)^2+m\sum_{j=1}^{m}a_j^2\|\hat{\phi}_j-\phi_j\|^2+\sum_{j=m+1}^{\infty}a_j^2\right) \tag{5.40}$$

和

$$\sum_{j=1}^{m}(\breve{a}_j-a_j)^2=\sum_{j=1}^{m}\frac{(\hat{\lambda}_j-\lambda_j)^2}{\lambda_i^2}a_j^2[1+o_p(1)]=O_p\left(n^{-1}\lambda_m^{-1}\sum_{j=1}^{m}a_j^2\lambda_j^{-1}\right) \tag{5.41}$$

以及假设 4 可得 $n\sum_{j=1}^{m}a_j^2\|\hat{\phi}_j-\phi_j\|^2=O_p\left(mn^{-1}\sum_{j=1}^{m}a_j^2j^2\log j\right)=O_p\left(\frac{m}{n}\right)$ 和 $\sum_{j=m+1}^{\infty}a_j^2=O(m^{-2\gamma+1})$。于是，式（5.25）可由引理 5.8、式（5.40）以及式（5.41）推出。定理 5.2 的证明完毕。

定理 5.3 的证明：依据假设 7 和引理 5.3，除一个概率趋于 0 的事件外，$\left(\frac{K_n^*}{n}\widetilde{\boldsymbol{B}}^{*T}\widetilde{\boldsymbol{B}}^*\right)^{-1}$ 的所有特征值大于 0 并小于∞。类似于式（5.31），存在一个 B－样条函数 $f^*(u)=\sum_{k=1}^{K_n^*}b_{0k}^*B_k^*(u)$，使得：

$$\sup_{u\in[U_0,U^0]}|f(u)-f^*(u)|\leqslant Ch^{\rho'} \tag{5.42}$$

令 $\boldsymbol{b}_0^*=(b_{01}^*,\cdots,b_{0K_n^*}^*)^T$。利用 B－样条性质（de Boor，1978），可得：

$$\int_{U_0}^{U^0}(\hat{f}(u)-f(u))^2\mathrm{d}u\leqslant C(\|\hat{\boldsymbol{b}}-\boldsymbol{b}_0^*\|^2/K_n^*+h^{2\rho'}) \tag{5.43}$$

类似于式（5.34）至式（5.37）的证明，并利用定理 5.1，可得

$\|\hat{\boldsymbol{b}}-\boldsymbol{b}_0^*\|^2=O_p\left(n^{-1}K_n^{*2}\right)$。于是，式（5.27）可由式（5.43）以及 $h=O\left(K_n^{*-1}\right)$推出。定理5.3的证明完毕。

定理5.4证明 注意到：

$$\text{MSPE}\leqslant 2\left\{\|\hat{a}\|^2\cdot\|\hat{X}_{n+1}-X_{n+1}\|^2+\|\hat{a}-a\|_K^2+(\hat{\boldsymbol{\beta}}-\boldsymbol{\beta}_0)^TE\left(\boldsymbol{Z}\boldsymbol{Z}^T\right)\times(\hat{\boldsymbol{\beta}}-\boldsymbol{\beta}_0)+E\left([\hat{f}(U_{n+1})-f(U_{n+1})]^2\mid S\right)\right\}\quad(5.44)$$

这里的 $\|\hat{a}-a\|_K^2=\int_I\int_I K(s,t)[\hat{a}(s)-a(s)][\hat{a}(t)-a(t)]\mathrm{d}s\mathrm{d}t$。与引理5.1的证明类似，可得：

$$\|\hat{X}_{n+1}-X_{n+1}\|^2=O_p\left(h_N^{2r}+1/(N_{n+1}h_N)\right)\quad(5.45)$$

在定理5.4的假设下，利用与Tang（2015）中证明定理2相似的论证，可推导出：

$$\|\hat{a}-a\|_K^2=O_p\left(n^{-(\delta+2\gamma-1)/(\delta+2\gamma)}\right)\quad(5.46)$$

显然

$$\hat{f}(U_{n+1})-g(U_{n+1})=\hat{f}(U_{n+1})-f^*(U_{n+1})+f^*(U_{n+1})-f(U_{n+1})$$

根据定理5.3，可得 $E\left([\hat{f}(U_{n+1})-f^*(U_{n+1})]^2\mid S\right)=O_p\left(n^{-2\rho'/(2\rho'+1)}\right)$。根据式（5.42），有 $E\left([f^*(U_{n+1})-f(U_{n+1})]^2\mid S\right)=O_p\left(h^{2\rho'}\right)$。因此，$E\left([\hat{f}(U_{n+1})-f(U_{n+1})]^2\mid S\right)=O_p\left(n^{-2\rho'/(2\rho'+1)}\right)$。从而，式（5.29）可由式（5.44）至式（5.46）、假设6以及定理5.1推出。定理5.4的证明完毕。

5.2.6 模拟

本节将通过蒙特卡罗模拟来研究前面提出的估计量的有限样本性能。数据集由以下模型生成：

$$Y_i=\int_I a(t)X_i(t)\mathrm{d}t+\boldsymbol{Z}_i^T\boldsymbol{\beta}_0+f(U_i)+\varepsilon_i,i=1,2,\cdots,n\quad(5.47)$$

其中，$I=[0,1]$，$\boldsymbol{\beta}_0=(2.5,1.6,-1)^T$。我们取 $a(t)=\sum_{j=1}^{50}a_j\phi_j(t)$，且 $a_1=0.5$，$a_j=4(-1)^{j+1}j^{-3.6}$，$j\geqslant 2$；$X_i(t)=\sum_{j=1}^{50}\xi_{ij}\phi_j(t)$，且 $\phi_1(t)\equiv 1$，$\phi_j(t)=2^{\frac{1}{2}}\cos((j-1)\pi t)$，$j\geqslant 2$；$\xi_{ij}$ 相互独立且服从 $N(0,j^{-2})$。设 $f(u)=$

$1.2\sin(2u-0.3)+1.5$。U_i 服从 $[0, \pi]$ 上的均匀分布。令 $\boldsymbol{Z}_i=(Z_{i1}, Z_{i2}, Z_{i3})^T$，且$Z_{i1}=\xi_{i1}+\xi_{i2}-0.5(U_i-1.5)^3+e_{i1}$，$Z_{i2}=\xi_{i2}-2\xi_{i3}+0.3U_i^2+e_{i2}$，$Z_{i3}=\xi_{i1}-\xi_{i3}-2\exp(-U_i)+e_{i3}$，其中，$\boldsymbol{e}_i=(e_{i1}, e_{i2}, e_{i3})^T$相互独立且服从$N(0, \boldsymbol{\Lambda})$，同时，$\boldsymbol{\Lambda}=(\delta_{kk'})_{3\times3}$且$\delta_{kk'}=6\exp(-|k-k'|)$。$e_i$与$\xi_{ij}$和$U_i$独立。误差$\varepsilon_i$服从正态分布，均值为0，标准差为0.5。我们取$W_{ij}=X_i(t_{ij})+\varepsilon_{ij}$，且对$i=1, 2, \cdots, n$；$j=1, 2, \cdots, N_i=N$。有$t_{ij}=(j-0.5)/N$，其中，$\varepsilon_{ij}$是服从均值为0，标准差为1的正态分布且独立于$X_i(t)$。

所有结果皆基于500次试验得到，样本量分别为$n=50$和$n=100$。在每次试验中，$X_i(t)$的估计量用等分线性样条来近似，光滑参数L_N由式（4.20）来确定。$\boldsymbol{\beta}_0$的估计量由解最小化问题式（5.12）得到，其中$f(u)$用等分三次样条来近似，$\gamma(t)$的估计量由式（5.15）和式（5.16）来计算。调节参数m和光滑参数K_n由式（5.21）确定。$f(u)$的估计值由最小化式（5.17）得到，而$f(u)$由等间隔的三次样条逼近，平滑参数K_n^*由式（5.22）确定。表5.1报告了估计量$\hat{\beta}_k, k=1, 2, 3$的偏差和标准差（sd），以及分别在[0, 1]和$[0, \pi]$上100个等间距点计算的估计量$\hat{\gamma}(t)$和$\hat{f}(u)$的近似平均积分平方误差（MISE），例如，$\text{MISE}(\hat{\gamma}(t))=\sum_{k=1}^{100}\left(\hat{\gamma}(k/100)-\gamma(k/100)\right)^2/100$。图5.1显示了$\gamma(t)$，$f(u)$在样本容量$n=100$和$N=30$的情况下的真实曲线和平均估计曲线以及它们的95%逐点置信区间。从表5.1可以看出估计量$\hat{\beta}_k$的标准差以及$\hat{\gamma}(t)$和$\hat{f}(u)$的平均积分平方误差随着样本量n从50增加到100而减小，但当N从15增加到30和50时变化不大，这表明增加X（t）上的观测点数量对$\boldsymbol{\beta}_0$，$\gamma(t)$和$f(u)$的估计影响不大。

表5.1　模型（5.47）的模拟结果

n	N	$\hat{\beta}_1$		$\hat{\beta}_2$		$\hat{\beta}_3$		$\hat{\gamma}(t)$	$\hat{f}(u)$
		bias	sd	bias	sd	bias	sd	MISE	MISE
50	15	0.0020	0.0516	-0.0044	0.0550	0.0046	0.0533	0.2126	0.3689
	30	0.0021	0.0522	-0.0084	0.0538	0.0064	0.0506	0.2174	0.3678
	50	0.0007	0.0518	-0.0027	0.0556	0.0010	0.0525	0.2209	0.3577
100	15	0.0058	0.0319	-0.0104	0.0347	0.0072	0.0335	0.0925	0.1471
	30	0.0033	0.0324	-0.0058	0.0364	0.0042	0.0358	0.0927	0.1493
	50	0.0014	0.0335	-0.0039	0.0343	-0.0001	0.0330	0.0943	0.1425

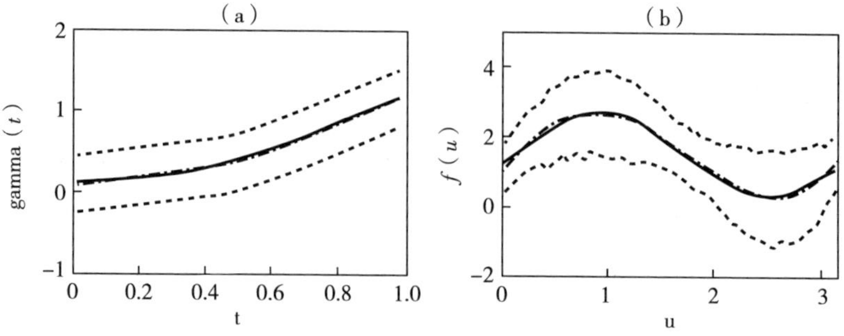

图 5.1　$n=100$ 和 $N=30$ 情形下模型（5.47）中 $\gamma(t)$ 和 $f(u)$ 的实际和平均估计曲线以及 95% 逐点置信带

注：(a) 是 $\gamma(t)$ 的图形；(b) 是 $f(u)$ 的图形。—表示真实曲线；－－－表示均值估计曲线；…表示 95% 置信区间带。

在这里，我们采用的是先平滑后估计的方法。下面比较这里提出的估计量（记为 PE）和由以下方法给出的经典估计量(记为 NE)的性能。令 $W_{ij}=X_i(t_{ij})+\varepsilon_{ij}$，$\varepsilon_{ij}\sim N(0,\sigma^2)$，且对 $i=1,2,\cdots,n$；$j=1,2,\cdots,N$，$t_{ij}=t_j=(j-0.5)/N$。经典估计方法如下：首先，直接令 $\hat{X}_i(t_j)=W_{ij}$，对 $j,j'=1,2,\cdots,N$，样本协方差函数为 $\tilde{K}(t_j,t_{j'})=\sum_{i=1}^{n}\hat{X}_i(t_j)\hat{X}_i(t_{j'})/n$。其次，求解以下特征方程：

$$N^{-1}\sum_{j=1}^{N}\tilde{K}(t_j,t_{j'})\tilde{\phi}_k(t_j)=\tilde{\lambda}_k\tilde{\phi}_k(t_{j'})$$

得到所估计的特征值 $\tilde{\lambda}_k$ 和特征函数 $\tilde{\phi}_k$，$k=1,2,\cdots,N$。最后，估计的函数主成分核为 $\tilde{\xi}_{ik}=\sum_{j=1}^{N}N^{-1}\hat{X}_i(t_j)\tilde{\phi}_k(t_{j'})$。对于不同的 σ，表 5.2 显示了 $\gamma(t)$ 和 $f(u)$ 在 $N=30$ 时的两种估计方法得到的估计量的积分平方偏差（Bias^2）、积分方差（Var）和 MISE。作为比较，我们还计算了函数型自变量 $X_i(t)$ 在没有噪声的情况下被精确观测到时 $\gamma(t)$ 和 $f(u)$ 的估计量。在这种情况下，对 $j,j'=1,2,\cdots,N$，样本协方差函数为 $\check{K}(t_j,t_{j'})=\sum_{i=1}^{n}X_i(t_j)X_i(t_{j'})/n$。表 5.2 还显示了 $\gamma(t)$ 和 $f(u)$ 的无噪声估计量（记为 NLE）的 Bias^2、Var 和 MISE。由于三种方法得到的 β_k，$k=1,2,3$ 的估计量结果差异很小，因此我们省略了 β_k，$k=1,2,3$ 的估计量结果。由表 5.2 可知，当 σ 增加时，$\gamma(t)$ 的 PE 和 NE 的 Bias^2 增加，但 $\gamma(t)$ 的 NE 的 Bias^2 大于 PE 的 Bias^2。从表 5.2

还可以看出，当 σ 较小时，PE 的性能与 NE 相似，但均不如 NLE。当 σ 较大时，PE 优于 NE。

表 5.2　模型（5.47）中 $\gamma(t)$ 和 $f(u)$ 的估计量的 $Bias^2$、Var 和 MISE

n	σ	估计量	$\hat{\gamma}(t)$			$\hat{f}(u)$		
			$Bias^2$	Var	MISE	$Bias^2$	Var	MISE
50	0.2	PE	0.0009	0.2854	0.2863	0.0015	0.3513	0.3528
		NE	0.0036	0.2824	0.2860	0.0012	0.4012	0.4024
	1	PE	0.0047	0.2089	0.2136	0.0016	0.3692	0.3708
		NE	0.0108	0.2066	0.2174	0.0023	0.4203	0.4226
	2	PE	0.0267	0.1378	0.1645	0.0027	0.3800	0.3827
		NE	0.0647	0.1206	0.1853	0.0035	0.4697	0.4732
	3	PE	0.0649	0.1021	0.1670	0.0093	0.4157	0.4250
		NE	0.1351	0.0893	0.2144	0.0115	0.5569	0.5684
		NLE	0.0075	0.0778	0.0852	0.0023	0.3495	0.3518
100	0.2	PE	0.0019	0.1158	0.1177	0.0016	0.1348	0.1364
		NE	0.0019	0.0934	0.0953	0.0018	0.1396	0.1414
	1	PE	0.0055	0.0791	0.0847	0.0022	0.1354	0.1376
		NE	0.0077	0.0875	0.0953	0.0022	0.1453	0.1475
	2	PE	0.0294	0.0542	0.0836	0.0031	0.1423	0.1454
		NE	0.0424	0.0562	0.0986	0.0054	0.1470	0.1524
	3	PE	0.0677	0.0405	0.1082	0.0077	0.1462	0.1540
		NE	0.1109	0.0426	0.1535	0.0086	0.1529	0.1615
		NLE	0.0070	0.0365	0.0435	0.0028	0.1318	0.1346

在下面，我们将比较这里提出的部分函数线性半参数估计（记为 FLSE）与 Shin 和 Lee（2012）中给出的部分函数线性估计（记为 PFLE）的性能。为此，我们构建如下模型：

$$Y_i = \int_T a(t)X_i(t)\mathrm{d}t + \boldsymbol{Z}_i^T\boldsymbol{\beta}_0 + 1.2U_i + 1.8 + \varepsilon_i, i = 1,2,\cdots,n \quad (5.48)$$

其中，除 $f(u)$ 外，其他均与模型（5.47）相同。模型（5.48）是部分函数线性模型，设 $f(u)=1.2u+1.8$，则模型（5.48）也可视为部分函数线性半参数模型。表 5.3 报告了 $\beta_k, k=1, 2, 3$ 的 FLSE 和 PFLE 的偏差和标准差（sd），以及 $f(u)$ 由三次 B－样条逼近得到的 $\gamma(t)$ 的 FLSE 和 PFLE 的 MISE

值。由表 5.3 可知β_k和 γ（t）的部分函数线性半参数估计与β_k和 γ（t）的部分函数线性估计相当。表 5.4 显示了在［0，π］上由 100 个等间距点构成的网格上计算的估计量$\hat{f}$（u）的 $Bias^2$、Var 和 MISE，其中，f（u）分别由线性样条和三次样条来近似。从表 5.4 可以看出，FLSE 的 $Bias^2$ 与 PFLE 的 $Bias^2$ 相当，FLSE 的 Var 值略大于 PFLE 的 Var 值。

表 5.3　模型（5.48）模拟结果

估计量	n	N	$\hat{\beta}_1$		$\hat{\beta}_2$		$\hat{\beta}_3$		$\hat{\gamma}$（t）
			Bias	sd	Bias	sd	Bias	sd	MISE
FLSE	50	15	0.0016	0.0470	−0.0086	0.0510	0.0103	0.0501	0.0845
		30	0.0071	0.0498	−0.0060	0.0483	0.0030	0.0460	0.0756
		50	−0.0023	0.0521	−0.0040	0.0525	0.0012	0.0489	0.0819
	100	15	0.0047	0.0315	−0.0110	0.0345	0.0064	0.0329	0.0446
		30	0.0047	0.0313	−0.0074	0.0340	0.0041	0.0315	0.0416
		50	0.0024	0.0326	−0.0035	0.0347	0.0022	0.0323	0.0384
PFLE	50	15	0.0057	0.0480	−0.0074	0.0519	0.0056	0.0488	0.0835
		30	0.0042	0.0490	−0.0050	0.0520	0.0042	0.0483	0.0763
		50	−0.0009	0.0488	0.0013	0.0528	0.0008	0.0495	0.0780
	100	15	0.0052	0.0326	−0.0109	0.0349	0.0067	0.0329	0.0438
		30	0.0057	0.0340	−0.0067	0.0344	0.0055	0.0335	0.0431
		50	−0.0007	0.0339	−0.0024	0.0339	0.0041	0.0320	0.0416

表 5.4　模型（5.48）中$\hat{f}$（u）的 $Bias^2$、Var 和 MISE

估计量	方法		n = 50			n = 100		
			N = 15	N = 30	N = 50	N = 15	N = 30	N = 50
FLSE	线性样条函数	$Bias^2$	0.0005	0.0017	0.0002	0.0011	0.0003	0.0006
		Var	0.1359	0.1337	0.1269	0.0670	0.0644	0.0578
		MISE	0.1364	0.1354	0.1271	0.0681	0.0647	0.0584
	三次样条函数	$Bias^2$	0.0012	0.0004	0.0002	0.0009	0.0004	0.0003
		Var	0.1977	0.1889	0.1929	0.0809	0.0781	0.0877
		MISE	0.1989	0.1893	0.1931	0.0819	0.0786	0.0881

续表

估计量	方法		n = 50			n = 100		
			N = 15	N = 30	N = 50	N = 15	N = 30	N = 50
PFLE		$Bias^2$	0.0006	0.0006	0.0007	0.0001	0.0015	0.0007
		Var	0.1106	0.1106	0.1039	0.0980	0.0496	0.0471
		MISE	0.1112	0.1112	0.1047	0.0981	0.0512	0.0478

作为比较，我们将模型（5.47）看作一个部分函数线性模型，即设 $Z_{4i}=U_i$，$Z_{5i}=1$ 且 $Z_i=(Z_{1i},\ \cdots,\ Z_{5i})^T$。表5.5给出了模型（5.47）中未知参数和函数的部分函数线性估计的模拟结果。将表5.5与表5.1进行比较可以看出，模型（5.47）中的所有未知参数和函数的部分函数线性半参数估计都优于部分函数线性估计，且 $f(u)$ 的 PFLE 的 MISE 值显著大于 FLSE 的 MISE 值。由表5.1至表5.5可知，模型（5.47）的 FLSE 估计量显著优于 PFLE 的估计量，而模型（5.48）中估计量 FLSE 与 PFLE 具有可比性。这些表明部分函数线性半参数模型比部分函数线性模型更灵活。

表5.5 模型（5.47）中 PFLE 的模拟结果

n	N	$\hat{\boldsymbol{\beta}}_1$		$\hat{\boldsymbol{\beta}}_2$		$\hat{\boldsymbol{\beta}}_3$		$\hat{a}(t)$
		Bias	sd	Bias	sd	Bias	sd	MISE
50	15	-0.0180	0.0644	-0.0191	0.0655	0.0254	0.0624	0.3606
	30	-0.0211	0.0633	-0.0095	0.0624	0.0191	0.0619	0.4569
	50	-0.0221	0.0579	-0.0084	0.0638	0.0199	0.0621	0.4315
100	15	-0.0161	0.0404	-0.0161	0.0427	0.0244	0.0419	0.1393
	30	-0.0202	0.0430	-0.0085	0.0440	0.0171	0.0409	0.1523
	50	-0.0153	0.0406	-0.0110	0.0448	0.0157	0.0425	0.1833

为了研究模型和方法的预测性能，我们从模型（5.47）和模型（5.48）中生成 n = 100、200 的训练样本。我们还生成了 M = 500 的测试样本来计算均方预测误差 $\text{MSPE}=\sum_{i=1}^{M}(\tilde{Y}_{n+i}-\hat{Y}_{n+i})^2/M$ 和平均相对误差 $\text{MRE}=\frac{1}{M}\sum_{i=1}^{M}|\tilde{Y}_{n+i}-\hat{Y}_{n+i}|/|\tilde{Y}_{n+i}|$（如果 $|\tilde{Y}_{n+i}|$ 非常小，我们去掉观察结果），其中，$\tilde{Y}_{n+i}=\int_I\gamma(t)$

$X_{n+i}(t)\,dt+\boldsymbol{Z}_{n+i}^{T}\boldsymbol{\beta}_0+f(U_{n+i})$，且$\hat{Y}_{n+i}=\int_I\hat{\gamma}(t)X_{n+i}(t)\,dt+\boldsymbol{Z}_{n+i}^{T}\hat{\boldsymbol{\beta}}+\hat{f}(U_{n+i})$，同时，$f(u)$由一个三次样条来近似。表 5.6 报告了基于 500 次重复的平均 MSPE 和平均 MRE。从表 5.6 可以看出，对于模型（5.47），基于部分函数线性半参数方法的性能明显优于部分函数线性方法，对于模型（5.48），其可与部分函数线性方法媲美。从表 5.6 可以看出，这里所提出的模型和方法比部分函数线性模型和方法具有更好的预测性能。

表 5.6　FSPLE 和 PFLE 的 MSPE 和 MRE 值

n	N	FSPLE				PFLE			
		Model（4.47）		Model（4.48）		Model（4.47）		Model（4.48）	
		MSPE	MRE	MSPE	MRE	MSPE	MRE	MSPE	MRE
100	15	0.152	0.097	0.155	0.095	0.461	0.165	0.146	0.094
	30	0.162	0.110	0.154	0.099	0.466	0.171	0.145	0.093
	50	0.167	0.112	0.151	0.100	0.475	0.171	0.148	0.095
200	15	0.129	0.103	0.121	0.084	0.442	0.168	0.118	0.087
	30	0.130	0.102	0.123	0.092	0.430	0.167	0.116	0.088
	50	0.136	0.103	0.126	0.091	0.435	0.167	0.121	0.091

5.3　部分函数线性半参数分位数回归

对于给定的分位数水平$\tau\in(0.1)$，部分函数线性半参数分位数回归具有如下形式：

$$q_\tau(Y\mid Z,X(s),T)=\int_0^1\gamma_\tau(s)X(s)\,ds+\boldsymbol{Z}^T\boldsymbol{\beta}_\tau+f_\tau(T)\qquad(5.49)$$

其中，$q_\tau(Y|Z,X(s),T)$ 为给定（$\boldsymbol{Z}$，$X(s)$，T）条件下 Y 的τ条件分位数，$\gamma_\tau(s)$，$s\in[0,1]$ 为未知平方可积函数，$\{X(s): s\in[0,1]\}$ 为零均值随机过程，$\boldsymbol{Z}$ 为 d 维随机向量，$\boldsymbol{\beta}_\tau$为一 $d\times1$ 未知系数向量，$f_\tau(t)$，$t\in[t_1,t_2]$ 为未知函数。

5.3.1 估计方法

令 $S(s, t) = \mathrm{Cov}(X(s), X(t))$ 并令 (k_j, ψ_j)，$j=1, 2, \cdots, \infty$ 为核函数为 S 的线性算子的特征值和特征函数。依据 Karhunen – Loève 表示式，$X(s)$ 和 $\gamma_\tau(s)$ 在函数空间 $L_2([0, 1])$ 内可展开成：$X(s) = \sum_{j=1}^{\infty} \eta_j \psi_j(s)$，$\gamma_\tau(s) = \sum_{j=1}^{\infty} \gamma_{\tau j} \psi_j(s)$，这里的 $\eta_j = \int_0^1 X(s)\psi_j(s)\mathrm{d}s$，$j=1, 2, \cdots, \infty$ 为不相关零均值随机变量，且 $E\eta_j^2 = k_j$。随之而来，式(4.48)可写成：

$$q_\tau(Y \mid Z, X(s), T) = \sum_{j=1}^{\infty} \gamma_{\tau j}\eta_j + \boldsymbol{Z}^T\boldsymbol{\beta}_\tau + f_\tau(T) \tag{5.50}$$

令 $(\boldsymbol{Z}_i, X_i(s), T_i, Y_i)$，$i=1, 2, \cdots, n$ 为来自 $(\boldsymbol{Z}, X(s), T, Y)$ 的样本，并令 $\hat{S}(s, t) = \left(\frac{1}{n}\right)\sum_{i=1}^{n} X_i(s)X_i(t)$，类似于 S，$\hat{S}$ 有如下谱分解：

$$\hat{S}(s,t) = \sum_{j=1}^{\infty} \hat{k}_j \hat{\psi}_j(s)\hat{\psi}_j(t), \quad \hat{k}_1 \geqslant \hat{k}_2 \geqslant \cdots \geqslant 0$$

这里的 $(\hat{k}_j, \hat{\psi}_j)$ 为(特征值，特征函数)对。我们用 $(\hat{k}_j, \hat{\psi}_j)$ 作为 (k_j, ψ_j) 的估计量，并且用 $\sum_{j=1}^{m}\gamma_j\hat{\psi}_j(s)$ 逼近 $\gamma_\tau(s)$，这里的 m 为调节参数，在偏差和方差之间做一个调节平衡，一般来说，m 越大，偏差变小，而方差变大，合理的 m 的选择使均方误差较小，通常 m 随 n 的增大而增大。

为了估计 $f_\tau(t)$，$t \in [t_1, t_2]$，我们用 p 阶逐段多项式逼近 $f_\tau(t)$，将 $[t_1, t_2]$ 划分成 M_n 个小区间，每个小区间的长度为 $2h_0 = \frac{t_1 - t_2}{M_n}$。令 $I_v = [t_1 + 2(v-1)h_0, t_1 + 2vh_0]$，$1 \leqslant v \leqslant M_n - 1$ 以及 $I_{M_n} = [t_2 - 2h_0, t_2]$。令 t_v 为区间 I_v 的中心，并令 χ_v 为 I_v 的示性函数，即当 $t \in I_v$ 时 $\chi_v(t) = 1$；而当 $t \overline{\in} I_v$ 时 $\chi_v(t) = 0$。

令 $\boldsymbol{A}_v(t) = \left(1, \frac{t-t_v}{h_0}, \cdots, \left[\frac{t-t_v}{h_0}\right]^p\right)^T$，$v=1, 2, \cdots, M_n$

$$\boldsymbol{A}(t) = (\chi_1(t)\boldsymbol{A}_1(t)^T, \cdots, \chi_{M_n}(t)\boldsymbol{A}_{M_n}(t)^T)^T$$

记 $\boldsymbol{\theta}_v = (\theta_{v0}, \cdots, \theta_{vp})^T$，$\boldsymbol{\theta} = (\boldsymbol{\theta}_1^T, \cdots, \boldsymbol{\theta}_{M_n}^T)^T$。下面运用逐段多项式 $\check{f}(t) = \boldsymbol{A}^T(t)\boldsymbol{\theta}$ 逼近 $f_\tau(t)$，基于观测数据 $(\boldsymbol{Z}_i, X_i(s), T_i, Y_i)$，$i=1, 2, \cdots, n$，我们解下列关于 $\boldsymbol{\beta}$，γ_j，$j=1, 2, \cdots, m$ 和 $\boldsymbol{\theta}$ 的最小化问题：

$$\min \sum_{i=1}^{n} \rho_\tau\left(Y_i - \boldsymbol{Z}_i^T\boldsymbol{\beta} - \sum_{j=1}^{m}\gamma_j\hat{\eta}_{ij} - \boldsymbol{A}^T(T_i)\boldsymbol{\theta}\right) \tag{5.51}$$

这里的$\rho_{\tau}(t)=t(\tau-I_{(t<0)})$为分位数损失函数，而$\hat{\eta}_{ij}=<X_i, \hat{\psi}_j>$。最小化问题式(5.51)的解可通过解线性规划问题求得。$\boldsymbol{\beta}_{\tau}$和$\gamma_{\tau}(s)$的分位数估计量分别为$\hat{\boldsymbol{\beta}}$和$\hat{\gamma}(s)=\sum_{j=1}^{\infty}\hat{\gamma}_j\hat{\psi}_j(s)$。

获得了$\boldsymbol{\beta}_{\tau}$和$\gamma_{\tau}(s)$的估计量以后，对给定的$t_0\in[t_1, t_2]$，下面将通过局部线性方法估计$f_{\tau}(t_0)$，对$t_0$的某个邻域内的$t$，运用线性函数$a_0+a_1(t-t_0)$逼近$f_{\tau}(t)$。基于样本观测数据$(\boldsymbol{Z}_i, X_i(s), T_i, Y_i)$，$i=1, 2, \cdots, n$，我们解下列关于$a_0$，$a_1$最小化问题：

$$\min\sum_{i=1}^{n}\rho_{\tau}\left(Y_i-\boldsymbol{Z}_i^T\hat{\boldsymbol{\beta}}-\sum_{j=1}^{m}\hat{\gamma}_j\hat{\boldsymbol{\eta}}_{ij}-(a_0+a_1(T_i-t_0))\right)K\left(\frac{T_i-t_0}{h}\right) \tag{5.52}$$

这里的$K(\cdot)$为核函数，h为窗宽。上述最小化问题的解同样可通过解线性规划问题得到。令$\hat{a}_0$，$\hat{a}_1$为上述最小化问题的最小值点，那么$f_{\tau}(t_0)$的估计量为$\hat{f}(t_0)=\hat{a}_0$。

光滑参数m，M_n的选择对估计量的好坏起着非常重要的作用。m，M_n可通过 BIC 准则来选取：

$$\mathrm{BIC}(m,M_n)=\log\left\{\frac{1}{n}\sum_{i=1}^{n}\rho_{\tau}(Y_i-\boldsymbol{Z}_i^T\hat{\boldsymbol{\beta}}-\sum_{j=1}^{m}\hat{\gamma}_j\hat{\eta}_{ij}-\boldsymbol{A}^T(T_i)\hat{\boldsymbol{\theta}})\right\}+\frac{(m+M_n)\log n}{n}$$

越大的 BIC 值意味着估计量越差。而窗宽h可由“去一”交叉核实方法来选取：

$$CV(h)=\sum_{i=1}^{n}\rho_{\tau}\left(Y_i-\boldsymbol{Z}_i^T\hat{\boldsymbol{\beta}}^{-i}-\sum_{j=1}^{m}\hat{\gamma}_j^{-i}\hat{\boldsymbol{\eta}}_{ij}-\hat{f}^{-i}(T_i)\right)$$

这里的$\hat{\beta}^{-i}$、$\hat{\gamma}_j^{-i}$和$\hat{f}^{-i}$由删除第i个数据后计算所得。

5.3.2 估计量的渐近性质

这部分将给出估计量的渐近性质，首先列出以下所需的条件：

(1)$E(X|T)=0$且对$k\neq j$，有$E(\boldsymbol{\eta}_k\boldsymbol{\eta}_j|T)=0$。$X$有有限的4阶矩，即$\int_0^1 E[X^4(s)]\mathrm{d}s<\infty$，存在正常数$C_1$使对所有的$j$，成立$E(\boldsymbol{\eta}_j^4)<C_1k_j^2$且$E(\boldsymbol{\eta}_j^2|T)<C_1k_j$，$T$的密度函数$v(t)$在区间$[t_1, t_2]$上连续且大于零。

(2)存在$a>1$和正常数C_2，使得特征值λ_j满足$C_2^{-1}j^{-a}\leqslant\lambda_j\leqslant C_2j^{-a}$，$\lambda_j-\lambda_{j+1}\geqslant C_2j^{-(a+1)}$，$j\geqslant1$。

(3)$\gamma(s)$的展开式系数$\gamma_{\tau j}$满足$|\gamma_{\tau j}|\leqslant C_3j^{-b}$，$j\geqslant1$，这里的$b>1+a/2$，而

C_3为一正常数。

(4) $f_\tau(t)$ 为一 p 次连续可维函数且对 $t_1 \leqslant t$，$t' \leqslant t_2$，满足 $|f_\tau^{(p)}(t') - f_\tau^{(p)}(t)| \leqslant C_4 |t' - t|^\zeta$，这里的 $0 < \zeta \leqslant 1$，而C_4为一正常数。$\tilde{p} = p + \zeta$ 可用作度量$f_\tau(t)$的光滑度，$\tilde{p} > (a + 2b - 1)/2$。

(5) $m = O(n^{1/(a+2b)})$ 并且$M_n = O(n^{1/(a+2b)})$。

(6) 令 $\varepsilon_\tau = Y - Z^T \beta_\tau - \int_0^1 \gamma_\tau(s) X(s) \mathrm{d}s - f_\tau(T)$，在0的某个邻域内$\varepsilon_\tau$的条件密度 $g(u \mid X, T)$ 有有界连续的导数且存在正常数c_0和c_1，满足 $0 < c_0 \leqslant g(0 \mid X, T) \leqslant c_1 < \infty$。$\varrho(t) = E(g(0 \mid X, T) \mid T = t)$ 在t_0的邻域内连续。

(7) $E(Z_r^4) < +\infty$，$r = 1, 2, \cdots, d$。

(8) 窗宽 h 满足 $h \leqslant C_5 n^{-\frac{1}{5}}$，这里的$C_5$为正常数。当 $n \to \infty$ 时，$(nh)^{-1/2} m^{\frac{1}{2}} \to 0$。

(9) 核函数 $K(\cdot) \geqslant 0$ 有紧支撑$[-M, M]$且在其上为有界对称函数。

半参数模型中需要面对的一个重要问题是处理好参数元与非参数元之间的关系，为此，这里假设 $\boldsymbol{Z}$ 与 X 和 T 的关系为：

$$Z_{ir} = \sum_{j=1}^{\infty} w_{rj} \eta_{ij} + f_r(T_i) + \epsilon_{ir}, r = 1, 2, \cdots, d$$

这里的w_{rj}满足条件(3)，即存在正常数C_3，对所有的 $j \geqslant 1$，有 $|w_{rj}| \leqslant C_3 j^{-b}$，而 $f_r(t)$ 满足条件(4)，$\boldsymbol{\epsilon}_i = (\epsilon_{i1}, \cdots, \epsilon_{id})^T$为零均值随机向量并且与$\eta_{ij}$，$T_i$和$\varepsilon_{\tau i}$独立。令 $\boldsymbol{B} = E(\boldsymbol{\epsilon}_i \boldsymbol{\epsilon}_i^T)$。下面的定理给出了$\boldsymbol{\beta}_\tau$的估计量的渐近正态性。

定理5.5 假设条件1至条件8被满足，如果 $\boldsymbol{B}$ 可逆，则有：

$$\sqrt{n}(\hat{\boldsymbol{\beta}} - \boldsymbol{\beta}_\tau) \to_d N\left(0, \frac{\tau(1-\tau)}{\varpi^2} \boldsymbol{B}^{-1}\right)$$

这里的 $\varpi = E[g(0 \mid X, T)]$。下面的定理给出了$\gamma_\tau(s)$的整体收敛速度。

定理5.6 假设条件1至条件7被满足，则有：

$$\int_0^1 [\hat{\gamma}(s) - \gamma_\tau(s)]^2 \mathrm{d}s = O_p(n^{-(2b-1)/(a+2b)})$$

定理5.6的结果表明估计量$\hat{\gamma}(s)$获得了与Hall和Horowitz(2007)一样的收敛速度，该收敛速度在最小最大意义下是最优的。

令 $u_k = \int u^k K(u) \mathrm{d}u, v_k = \int u^k K^2(u) \mathrm{d}u$，$k = 0, 1, \cdots n$，下面的定理给出了$f_\tau(t_0)$估计量的渐近分布。

定理5.7 在条件1至条件9下，如果t_0是$[t_1, t_2]$的内点，则当 $n \to \infty$ 时，有：

$$\sqrt{nh}\left(\hat{f}(t_0)-f_\tau(t_0)-\frac{u_2h^2}{2u_0}f''_\tau(t_0)\right)\to_d N\left(0,\ \frac{v_0\tau(1-\tau)}{u_0^2v(t_0)\varrho^2(t_0)}\right)$$

5.3.3 定理的证明

令 $C>0$ 为一个可逐行变化的一般性的不重要的正常数，记 $\boldsymbol{\eta}_i=(\eta_{i1},\cdots,\eta_{im})^T$，$\hat{\boldsymbol{\eta}}_i=(\hat{\eta}_{i1},\cdots,\hat{\eta}_{im})^T$，$\boldsymbol{\gamma}_{\boldsymbol{\tau}}=(\gamma_{\tau1},\cdots,\gamma_{\tau m})^T$，$\boldsymbol{\gamma}=(\gamma_1,\cdots,\gamma_m)^T$，$D_i=\sum_{j=m+1}^{\infty}\gamma_\tau j\eta_{ij}$，并且 $\boldsymbol{F}_{\boldsymbol{\tau}}=(f_{\boldsymbol{\tau}}(t_1),\cdots,h_0^pf_{\boldsymbol{\tau}}^{(p)}(t_1)/p!,\cdots,f_{\boldsymbol{\tau}}(t_{M_n}),\cdots,h_0^pf_{\boldsymbol{\tau}}^{(p)}(t_{M_n})/p!)^T$，$\boldsymbol{F}_r=(f_r(t_1),\cdots,h_0^pf_r^{(p)}(t_1)/p!,\cdots,f_r(t_{M_n}),\cdots,h_0^pf_r^{(p)}(t_{M_n})/p!)^T$，$r=1,2,\cdots,d$。

令 $\boldsymbol{F}=(\boldsymbol{F}_1,\cdots,\boldsymbol{F}_d)^T$，$\boldsymbol{W}_{rm}=(W_{r1},\cdots,W_{rm})^T$，$\boldsymbol{W}_m=(W_{1m},\cdots,W_{dm})^T$，$S_{ir}=\sum_{j=m+1}^{\infty}W_{rj}\eta_{ij}$，$\boldsymbol{S}_i=(S_{i1},\cdots,S_{id})^T$以及$\boldsymbol{A}_i=A(T_i)$，$f_{\boldsymbol{\tau}}^*(t)=f_{\boldsymbol{\tau}}(t)-A^T(t)\boldsymbol{F}_{\boldsymbol{\tau}}$，$f_r^*(t)=f_r(t)-A^T(t)\boldsymbol{F}_r$，$\boldsymbol{F}_i^*=(f_1^*(T_i),\cdots,f_d^*(T_i))^T$。于是，式（5.52)可写成：

$$\min\sum_{i=1}^n\rho_{\boldsymbol{\tau}}((\boldsymbol{\epsilon}_i+\boldsymbol{W}_m\boldsymbol{\eta}_i+\boldsymbol{F}\boldsymbol{A}_i+\boldsymbol{S}_i+\boldsymbol{F}_i^*)^T(\boldsymbol{\beta}_\tau-\boldsymbol{\beta})+\boldsymbol{\eta}_i^T\boldsymbol{\gamma}_\tau-\hat{\boldsymbol{\eta}}_i^T\boldsymbol{\gamma}+\boldsymbol{A}_i^T(\boldsymbol{F}_\tau-\boldsymbol{\theta})+D_i+f_{\boldsymbol{\tau}}^*(T_i)+\varepsilon_{\tau i})$$

记$\boldsymbol{E}_n=\sum_{i=1}^n g(0\mid X_i,T_i)\boldsymbol{\epsilon}_i\boldsymbol{\epsilon}_i^T$，$\boldsymbol{H}=\mathrm{diag}(k_1,\cdots,k_m)$，$\boldsymbol{\alpha}_1=E_n^{1/2}(\boldsymbol{\beta}-\boldsymbol{\beta}_\tau)$，$\boldsymbol{\alpha}_2=n^{1/2}\boldsymbol{H}^{1/2}[(\boldsymbol{\gamma}-\boldsymbol{\gamma}_\tau)+\boldsymbol{W}_m^T(\boldsymbol{\beta}-\boldsymbol{\beta}_\tau)]$，$\boldsymbol{\alpha}_3=(n/M_n)^{1/2}[(\boldsymbol{\theta}-\boldsymbol{F}_\tau)+\boldsymbol{F}^T(\boldsymbol{\beta}-\boldsymbol{\beta}_\tau)]$，$\boldsymbol{V}_{i1}=\boldsymbol{E}_n^{-\frac{1}{2}}\boldsymbol{\epsilon}_i$，$\boldsymbol{V}_{i2}=n^{-\frac{1}{2}}\boldsymbol{H}^{-\frac{1}{2}}\hat{\boldsymbol{\eta}}_i$，$\boldsymbol{V}_{i3}=(M_n/n)^{1/2}\boldsymbol{A}_i$以及$\boldsymbol{\alpha}=(\boldsymbol{\alpha}_1^T,\boldsymbol{\alpha}_2^T,\boldsymbol{\alpha}_3^T)^T$，$\boldsymbol{V}_i=(\boldsymbol{V}_{i1}^T,\boldsymbol{V}_{i2}^T,\boldsymbol{V}_{i3}^T)^T$，$e_i=(\boldsymbol{\eta}_i-\hat{\boldsymbol{\eta}}_i)^T\boldsymbol{\gamma}_\tau+(\boldsymbol{\eta}_i-\hat{\boldsymbol{\eta}}_i)^T\boldsymbol{W}_m^T(\boldsymbol{\beta}_\tau-\boldsymbol{\beta})+f_\tau^*(T_i)$。这样一来，上述最小化问题可写成：

$$\hat{\boldsymbol{\alpha}}=\mathrm{Argmin}_\alpha\sum_{i=1}^n[\rho_\tau(e_i+\varepsilon_{\tau i}-\boldsymbol{V}_i^T\boldsymbol{\alpha})-\rho_\tau(e_i+\varepsilon_{\tau i})]\qquad(5.53)$$

显然有

$$\hat{\boldsymbol{\alpha}}_1=\boldsymbol{E}_n^{\frac{1}{2}}(\hat{\boldsymbol{\beta}}-\boldsymbol{\beta}_\tau),\ \hat{\boldsymbol{\alpha}}_2=n^{\frac{1}{2}}\boldsymbol{H}^{\frac{1}{2}}[(\boldsymbol{\gamma}-\boldsymbol{\gamma}_\tau)+\boldsymbol{W}_m^T(\hat{\boldsymbol{\beta}}-\boldsymbol{\beta}_\tau)]\qquad(5.54)$$

引理 5.9 存在正常数K_1和K_2，除了一个概率趋于零的事件外，$\sum_{i=1}^n\boldsymbol{V}_{i3}\boldsymbol{V}_{i3}^T$的所有的特征值介于$K_1$和$K_2$之间，随之而来的是，$\sum_{i=1}^n\boldsymbol{V}_{i3}\boldsymbol{V}_{i3}^T$可逆。

证明： 显然，$\sum_{i=1}^n\boldsymbol{V}_{i3}\boldsymbol{V}_{i3}^T$ 可写成 $\mathrm{diag}(\boldsymbol{\Omega}_1,\cdots,\boldsymbol{\Omega}_{M_n})$，这里的 $\boldsymbol{\Omega}_v=$

$(\phi_{vkl})_{(p+1)\times(p+1)}$，$\phi_{vkl} = (M_n/n)\sum_{i=1}^{n}[(T_i - t_v)/h_0]^{k+l} I_{\{|T_i-t_v|\leqslant h_0\}}$，$k, l=0$，1，…，$p$；$v=1$，2，…，$M_n$。令$\tilde{\Omega}_v = (\tilde{\phi}_{vkl})_{(p+1)\times(p+1)}$，$\tilde{\phi}_{vkl} = \frac{1}{2}(t_2 - t_1)\int_{|t|\leqslant 1} t^{k+l}v(t_v + h_0 t)dt$。对任意$\varepsilon>0$，由条件5，有：

$$\sum_{n=1}^{\infty}\sum_{v=1}^{m}P\{|\phi_{vkl} - \tilde{\phi}_{vkl}| > \varepsilon\} \leqslant C\sum_{n=1}^{\infty}\frac{(nM_n^4 + n^2M_n^3)}{\varepsilon^4 n^4} < +\infty$$

于是，由 Borel – Cantelli 引理，有：

$$\phi_{vkl} - \tilde{\phi}_{vkl} \to 0 \text{ a. s. },\ v=1,\ 2,\ \cdots,\ M_n;\ k,\ l=0,\ \cdots,\ p \tag{5.55}$$

令$\check{\boldsymbol{\Omega}} = (\check{\phi}_{kl})_{(p+1)\times(p+1)}$，其中$\check{\phi}_{kl} = \int_{|t|\leqslant 1} t^{k+l}\mathrm{d}t$。易证，$\check{\boldsymbol{\Omega}}$是正定的。因此，由条件1，存在正常数$K_1$和$K_2$，$\tilde{\boldsymbol{\Omega}}_v$，$v=1$，2，…，$M_n$所有的特征值介于$K_1$和$K_2$之间，于是，引理5.9可由式（5.55）推出。

引理5.10 如果条件1、条件2、条件5和条件7被满足，那么下式成立。

$$m^{\frac{1}{2}}(\log n)\max_i \|\boldsymbol{V}_i\| = o_p(1)$$

证明：在条件1和条件7下，由 Kato（2012）的引理 E.1 知，对$j=1$，2，…，一致的有：

$$\max_i \|X_i\| = O_p\left(n^{\frac{1}{4}}\right),\ \max_i \|\boldsymbol{\epsilon}_i\| = O_p\left(n^{\frac{1}{4}}\right),\ \max_i |\eta_{ij}| = O_p\left(k_j^{\frac{1}{2}}n^{\frac{1}{4}}\right) \tag{5.56}$$

由于$\boldsymbol{E}_n \to_p \varpi \boldsymbol{B}$，可得：

$$\max_i \|\boldsymbol{V}_{i1}\| = \boldsymbol{E}_n^{-\frac{1}{2}}\max_i \|\boldsymbol{\epsilon}_i\| = O_p\left(n^{-\frac{1}{4}}\right) \tag{5.57}$$

我们注意到：

$$\| V_{i2}\|^2 \leqslant 2n^{-1}\left[\sum_{j=1}^{m}k_j^{-1}\eta_{ij}^2 + \sum_{j=1}^{m}k_j^{-1} < X_i, \hat{\psi}_j - \psi_j >^2\right]$$

于是，由 Hall 和 Horowitz（2007）的式（5.21）和式（5.22）知，对$j=1$，2，…，一致地有$\|\hat{\psi}_j - \psi_j\|^2 = O_p(n^{-1}j^2)$。因此，由条件2和式（5.56）可得$\max_i \|\boldsymbol{V}_{i2}\| = O_p\left(m^{\frac{1}{2}}n^{-\frac{1}{4}} + m^{\frac{\alpha}{2}+\frac{3}{2}}n^{-\frac{3}{4}}\right)$。由于$\|\boldsymbol{A}_i\|$有界，因此，$\max_i \|V_{i3}\| = O_p\left(M_n^{\frac{1}{2}}n^{-\frac{1}{2}}\right)$。于是，由条件5可得：

$$m^{\frac{1}{2}}(\log n)\max_i \|\boldsymbol{V}_i\| \leqslant m^{\frac{1}{2}}(\log n)\max_i(\|\boldsymbol{V}_{i1}\| + \|\boldsymbol{V}_{i2}\| + \|\boldsymbol{V}_{i3}\|) = o_p(1)$$

这就完成了引理5.10的证明。

记 $\mathcal{A}=\{(Z_i, X_i, T_i), i=1, 2, \cdots, n\}$，$G_{ni}(\boldsymbol{\alpha})=\rho_{\tau}(e_i+\varepsilon_{\tau i}-\boldsymbol{V}_i^T\boldsymbol{\alpha})-\rho_{\tau}(e_i+\varepsilon_{\tau i})$，$G_n(\boldsymbol{\alpha})=G_{ni}(\boldsymbol{\alpha})$，$\Lambda_{ni}(\boldsymbol{\alpha})=E(G_{ni}(\boldsymbol{\alpha})\mid\mathcal{A})$，$\Lambda_{\mathrm{n}}(\boldsymbol{\alpha})=\sum_{i=1}^{n}\Lambda_{ni}(\boldsymbol{\alpha})$ 以及$\gamma_{ni}(\boldsymbol{\alpha})=G_{ni}(\boldsymbol{\alpha})-\Lambda_{ni}(\boldsymbol{\alpha})+\boldsymbol{V}_i^T\boldsymbol{\alpha}\,\varphi_{\tau}(\varepsilon_{\tau i})$，$\gamma_n(\boldsymbol{\alpha})=\sum_{i=1}^{n}\Upsilon_{ni}(\alpha)$，这里的$\varphi_{\tau}(t)=\tau-I_{(t<0)}$为$\rho_{\tau}(t)$的导数。依据上述符号，得到：

$$G_n(\boldsymbol{\alpha}) = \Lambda_n(\boldsymbol{\alpha}) - \sum_{i=1}^{n}\boldsymbol{V}_i^T\boldsymbol{\alpha}\,\varphi_{\tau}(\varepsilon_{\tau i}) + \gamma_n(\boldsymbol{\alpha}) \tag{5.58}$$

引理 5.11 如果满足条件 1 至条件 7，那么对充分大的 L，下式成立：

$$\sup_{\|\alpha\|\leqslant L} m^{-1}\left|\gamma_n\left(m^{\frac{1}{2}}\boldsymbol{\alpha}\right)\right| = o_p\ (1)$$

证明：记$U_n=\sup_{\|\boldsymbol{\alpha}\|\leqslant L}\left|\gamma_{ni}\left(m^{\frac{1}{2}}\boldsymbol{\alpha}\right)\right|$，依据引理 5.10，下式成立：

$$\begin{aligned}&(\log n)\ U_n\leqslant C\ (\log n)\ m^{\frac{1}{2}}\max_i|\boldsymbol{V}_i^T\boldsymbol{\alpha}|\leqslant\\&CL\ (\log n)\ m^{\frac{1}{2}}\max_i\|\boldsymbol{V}_{i1}\| = o_p\ (1)\end{aligned} \tag{5.59}$$

在条件 6 下，有：

$$\begin{aligned}&\sum_{i=1}^{n}\mathrm{Var}(\gamma_{ni}\left(m^{\frac{1}{2}}\boldsymbol{\alpha}\right)\mid\mathcal{A})\\&\leqslant\sum_{i=1}^{n}E(\left\{\int_{e_i}^{e_i-m^{\frac{1}{2}}\boldsymbol{V}_i^T\boldsymbol{\alpha}}[\varphi_{\tau}(\varepsilon_{\tau i}+t)-\varphi_{\tau}(\varepsilon_{\tau i})]dt\right\}^2\mid\mathcal{A})\\&\leqslant\sum_{i=1}^{n}m^{1/2}\mid\boldsymbol{V}_i^T\boldsymbol{\alpha}\mid\int_{e_i-m^{1/2}\mid\boldsymbol{V}_i^T\boldsymbol{\alpha}\mid}^{e_i+m^{1/2}\mid\boldsymbol{V}_i^T\boldsymbol{\alpha}\mid}E(I_{(-|t|<\varepsilon_{\tau i}<|t|)}\mid\mathcal{A})dt\\&\leqslant Cm^{1/2}\max_i|\boldsymbol{V}_i^T\boldsymbol{\alpha}|\sum_{i=1}^{n}g(0\mid X_i,T_i)[e_i^2+m(\boldsymbol{V}_i^T\boldsymbol{\alpha})^2][1+o_p(1)]\end{aligned} \tag{5.60}$$

记$\triangle=\hat{S}-S$，由于$\sup_{j\geqslant 1}|\hat{k}_j-k_j|\leqslant|\ \|\triangle\|\ |=O_p\ (n^{-1/2})$，从而，由条件 2 可得：

$$\frac{1}{2}k_j\ [1+o_p\ (1)]\ \leqslant\hat{k}_j\leqslant\frac{3}{2}k_j\ [1+o_p\ (1)],\ j=1,\ 2,\ \cdots,\ m \tag{5.61}$$

利用条件 6、引理 5.9 和式（5.61）可得：

$$\begin{aligned}\sum_{i=1}^{n}g(0\mid X_i,T_i)\,(\boldsymbol{V}_i^T\boldsymbol{\alpha})^2&\leqslant 3\sum_{i=1}^{n}g(0\mid X_i,T_i)\,[(\boldsymbol{V}_{i1}^T\boldsymbol{\alpha}_1)^2+(\boldsymbol{V}_{i2}^T\boldsymbol{\alpha}_2)^2+(V_{i3}^T\alpha_3)^2]\\&\leqslant C\ \|\boldsymbol{\alpha}\|^2[1+o_p(1)]\end{aligned} \tag{5.62}$$

利用对 $1\leqslant j\leqslant m$ 一致地有 $\|\hat{\psi}_j-\psi_j\|^2=O_p\ (n^{-1}j^2)$ 这一事实，得到：

$$\sum_{i=1}^{n}\left[(\boldsymbol{\eta}_i-\hat{\boldsymbol{\eta}}_i)^T\boldsymbol{\gamma}_{\tau}\right]^2\leqslant m\sum_{i=1}^{n}\sum_{j=1}^{m}(\eta_{ij}-\hat{\eta}_{ij})^2\gamma_{\tau j}^2$$

$$\leqslant m\sum_{i=1}^{n}\|X_i\|^2\sum_{j=1}^{m}\|\hat{\psi}_j-\psi_j\|^2\gamma_{\tau j}^2=O_p(m)\qquad(5.63)$$

由于$\boldsymbol{\beta}-\boldsymbol{\beta}_{\tau}=\boldsymbol{E}_n^{-1/2}=O_p(n^{-1/2})$，类似于式（5.63）的证明，可得：

$$\sum_{i=1}^{n}\left[(\boldsymbol{\eta}_i-\hat{\boldsymbol{\eta}}_i)^T\boldsymbol{W}_m^T(\boldsymbol{\beta}-\boldsymbol{\beta}_{\tau})\right]^2=O_p(n^{-1}m)=o_p(m)\qquad(5.64)$$

由条件2、条件3和条件5，可得$E\left(\sum_{i=1}^{n}D_i^2\right)=n\sum_{j=m+1}^{\infty}\gamma_{\tau j}^2k_j\leqslant Cnm^{-(a+2b)+1}\leqslant Cm$以及$\sum_{i=1}^{n}\left[\boldsymbol{S}_i^T(\boldsymbol{\beta}_{\tau}-\boldsymbol{\beta})\right]^2=O_p(n^{-1}m)=o_p(m)$。利用条件4、条件5以及$\widetilde{p}\geqslant(a+2b-1)/2$，得到$\sum_{i=1}^{n}f_{\tau}^{*2}(T_i)=O_p(nM_n^{-2\widetilde{p}})=O_p(m)$以及$\sum_{i=1}^{n}\left[\boldsymbol{F}_i^{*T}(\boldsymbol{\beta}_{\tau}-\boldsymbol{\beta})\right]^2=O_p(n^{-1}m)=O_p(m)$。从而，由条件6以及式(5.63)和式(5.64)，式(5.65)成立：

$$\sum_{i=1}^{n}g(0\mid X_i,T_i)\,e_i^2=O_p(m)\qquad(5.65)$$

记$K_n=\sum_{i=1}^{n}\sup_{\|\alpha\|\leqslant L}\mathrm{Var}(\gamma_{ni}(m^{1/2}\boldsymbol{\alpha})\mid\mathcal{A})$。利用式（5.60）、式（5.62）和式（5.65），有：

$$K_n\leqslant Cm^{\frac{3}{2}}\max_i|\boldsymbol{V}_i^T\boldsymbol{\alpha}|\left[1+o_p(1)\right]\leqslant CL\,m^{\frac{3}{2}}\max_i\|\boldsymbol{V}_i\|\left[1+o_p(1)\right]\qquad(5.66)$$

记$\mathcal{D}=\{\boldsymbol{\alpha}:\|\boldsymbol{\alpha}\|\leqslant L\}$。对一向量$\boldsymbol{c}=(c_1,\cdots,c_m)^T$，令$|\boldsymbol{c}|=\max_{1\leqslant i\leqslant m}|c_i|$，我们将$\mathcal{D}$划分为$J_n$个互相没有公共交点的部分$\mathcal{D}_1$，$\mathcal{D}_2$，…，$\mathcal{D}_{J_n}$并满足对任意的$\boldsymbol{d}_k\in\mathcal{D}_k$，$1\leqslant k\leqslant J_n$和任意小的$\epsilon>0$，除了一个概率趋于零的事件外，下式成立：

$$\begin{aligned}&\sup_{\alpha\in\mathcal{D}_k}\left|\gamma_n(m^{1/2}\boldsymbol{\alpha})-\Upsilon_n(m^{1/2}\boldsymbol{d}_k)\right|\\&-\sup_{\alpha\in\mathcal{D}_k}\left|\sum_{i=1}^{n}\left(\int_{e_i-m^{1/2}\boldsymbol{V}_i^T\boldsymbol{d}_k}^{e_i-m^{1/2}\boldsymbol{V}_i^T\boldsymbol{\alpha}}\left[\varphi_{\tau}(\varepsilon_{\tau i}+t)-\varphi_{\tau}(\varepsilon_{\tau i})\right]\mathrm{d}t-\right.\right.\\&\left.\left.E\left(\int_{e_i-m^{1/2}\boldsymbol{V}_i^Td_k}^{e_i-m^{1/2}\boldsymbol{V}_i^T\boldsymbol{\alpha}}\left[\varphi_{\tau}(\varepsilon_{\tau i}+t)-\varphi_{\tau}(\varepsilon_{\tau i})\right]\mathrm{d}t\mid\mathcal{A}\right)\right)\right|\\&\leqslant 4c_0^{-1}\sup_{\alpha\in\mathcal{D}_k}\sum_{i=1}^{n}m^{1/2}g(0\mid X_i,T_i)\left|\boldsymbol{V}_i^T(\boldsymbol{\alpha}-\boldsymbol{d}_k)\right|\\&\leqslant C\sup_{\alpha\in\mathcal{D}_k}m^{1/2}n^{1/2}\left(\sum_{i=1}^{n}f(0\mid X_i)\,(\boldsymbol{V}_i^T(\boldsymbol{\alpha}-d_k))^2\right)^{1/2}\end{aligned}$$

$$\leqslant C\sup_{\alpha\in\mathcal{D}_k} m^{1/2} n^{1/2}\|\boldsymbol{\alpha}-\boldsymbol{d}_k\| \leqslant C\sup_{\alpha\in\mathcal{D}_k} m\, n^{1/2}|\boldsymbol{\alpha}-\boldsymbol{d}_k| < \epsilon/2$$

上面的第三个不等式由式（5.62）推出。我们可以通过取 $J_n = (4C\ln^{\frac{1}{2}} m/\epsilon)^{d+m+(p+1)M_n}$ 来满足上式。利用条件5、式（5.59）、式（5.66）、引理5.10以及Bernstein不等式，可得：

$$P(\sup_{\|\boldsymbol{\alpha}\|\leqslant L} m^{-1}|\gamma_n(m^{1/2}\boldsymbol{\alpha})| \geqslant \epsilon \mid \mathcal{A})$$

$$\leqslant \sum_{k=1}^{J_n} P(|\gamma_n(m^{1/2}\boldsymbol{d}_k)| \geqslant m\epsilon/2 \mid \mathcal{A})$$

$$\leqslant 2J_n\exp(-\epsilon^2 m^2/(8K_n + 4m\epsilon U_n)) = o_p(1)$$

从而有：

$$P\ (\sup_{\|\boldsymbol{\alpha}\|\leqslant L} m^{-1}|\gamma_n\ (m^{1/2}\boldsymbol{\alpha})\ | \geqslant\epsilon) = o\ (1)$$

这就完成了引理5.11的证明。

引理5.12 假定满足条件1至条件8，则有：

$$\|\hat{\boldsymbol{\alpha}}\| = O_p\ (m^{1/2})$$

证明：由条件6、式（5.60）和引理5.9，可得：

$$\Lambda_n(m^{1/2}\boldsymbol{\alpha}) = \sum_{i=1}^{n}\int_{e_i}^{e_i-m^{1/2}\boldsymbol{V}_i^T\boldsymbol{\alpha}} E(\varphi_{\boldsymbol{\tau}}(\varepsilon_{\boldsymbol{\tau}i}+t)\mid\mathcal{A})\mathrm{d}t$$

$$= \frac{1}{2}\sum_{i=1}^{n} g(0\mid X_i,T_i)[(e_i - m^{1/2}\boldsymbol{V}_i^T\boldsymbol{\alpha})^2 - e_i^2][1+o_p(1)]$$

$$= \frac{1}{2}\sum_{i=1}^{n} g(0\mid X_i,T_i)[(e_i - m^{1/2}\boldsymbol{V}_i^T\boldsymbol{\alpha})^2 - e_i^2][1+o_p(1)]$$

$$\geqslant c_0 m[c_0^*\ \|\boldsymbol{\alpha}\|^2 + \sum_{i=1}^{n}(\boldsymbol{V}_{i1}^T\boldsymbol{\alpha}_1\boldsymbol{V}_{i2}^T\boldsymbol{\alpha}_2 + \boldsymbol{V}_{i1}^T\boldsymbol{\alpha}_1\boldsymbol{V}_{i3}^T\boldsymbol{\alpha}_3 +$$

$$\boldsymbol{V}_{i2}^T\boldsymbol{\alpha}_2\boldsymbol{V}_{i3}^T\boldsymbol{\alpha}_3) - m^{-1}\sum_{i=1}^{n} e_i^2][1+o_p(1)] \tag{5.67}$$

此处，c_0^* 为一正常数。令 $\overline{\boldsymbol{V}}_{i2} = n^{-1/2}\boldsymbol{H}^{-1/2}\boldsymbol{\eta}_i$。由条件1和条件5以及 $\|\boldsymbol{A}_i\|$ 有界这一事实，可得：

$$E\left(\left[\sum_{i=1}^{n}\overline{\boldsymbol{V}}_{i2}^T\boldsymbol{\alpha}_2\boldsymbol{V}_{i3}^T\boldsymbol{\alpha}_3\right]^2\right) \leqslant M_n\ \|\boldsymbol{\alpha}_2\|^2\ \|\boldsymbol{\alpha}_3\|^2 E(\|\overline{\boldsymbol{V}}_{i2}\|^2\ \|\boldsymbol{A}_i\|^2)$$

$$\leqslant Cn^{-1}m\,M_n = o(1)$$

类似于式（5.63）的证明并利用条件6，可得：

$$\left|\sum_{i=1}^{n}(\boldsymbol{V}_{i2}-\overline{\boldsymbol{V}}_{i2})^{T}\boldsymbol{\alpha}_{2}\boldsymbol{V}_{i3}^{T}\boldsymbol{\alpha}_{3}\right|$$

$$\leqslant\left(\sum_{i=1}^{n}\|\boldsymbol{V}_{i2}-\overline{\boldsymbol{V}}_{i2}\|^{2}\right)^{\frac{1}{2}}\|\boldsymbol{\alpha}_{2}\|\left[\sum_{i=1}^{n}(\boldsymbol{V}_{i3}^{T}\boldsymbol{\alpha}_{3})^{2}\right]^{\frac{1}{2}}=o_{p}(1)$$

因而有$\sum_{i=1}^{n}\boldsymbol{V}_{i2}^{T}\boldsymbol{\alpha}_{2}\boldsymbol{V}_{i3}^{T}\boldsymbol{\alpha}_{3}=o_{p}(1)$。类似地，可得$\sum_{i=1}^{n}\boldsymbol{V}_{i1}^{T}\boldsymbol{\alpha}_{1}\boldsymbol{V}_{i2}^{T}\boldsymbol{\alpha}_{2}=o_{p}(1)$。注意到$\sum_{i=1}^{n}\boldsymbol{V}_{i1}^{T}\boldsymbol{\alpha}_{1}\boldsymbol{V}_{i3}^{T}\boldsymbol{\alpha}_{3}=n^{-1/2}M_{n}^{1/2}\boldsymbol{E}_{n}^{-1/2}\sum_{i=1}^{n}\boldsymbol{\varepsilon}_{i}^{T}\boldsymbol{\alpha}_{1}\boldsymbol{A}_{i}^{T}\boldsymbol{\alpha}_{3}$以及$E\left(\left[\sum_{i=1}^{n}\boldsymbol{\varepsilon}_{i}^{T}\boldsymbol{\alpha}_{1}\boldsymbol{A}_{i}^{T}\boldsymbol{\alpha}_{3}\right]^{2}\right)=O(n)$。得到$\sum_{i=1}^{n}\boldsymbol{V}_{i1}^{T}\boldsymbol{\alpha}_{1}\boldsymbol{V}_{i3}^{T}\boldsymbol{\alpha}_{3}=O_{p}(n^{-1/2}M_{n}^{1/2})=o_{p}(1)$，从而，由式（5.67）和式（5.65），对充分大的 L，下式成立：

$$\inf_{\|\boldsymbol{\alpha}\|=L}\Lambda_{n}(m^{1/2}\boldsymbol{\alpha})\geqslant c_{0}c_{0}^{*}L^{2}m[1+o_{p}(1)] \tag{5.68}$$

由于

$$E((m^{\frac{1}{2}}\sum_{i=1}^{n}(\boldsymbol{V}_{i}^{T}\alpha)\varphi_{\tau}(\varepsilon_{\tau i}))^{2}\mid\mathcal{A})\leqslant 3m\sum_{i=1}^{n}[(\boldsymbol{V}_{i1}^{T}\boldsymbol{\alpha}_{1})^{2}+(\boldsymbol{V}_{i2}^{T}\boldsymbol{\alpha}_{2})^{2}+(\boldsymbol{V}_{i3}^{T}\boldsymbol{\alpha}_{3})^{2}]$$
$$\leqslant Cm\|\boldsymbol{\alpha}\|^{2}[1+o_{p}(1)],$$

由ρ_{τ}的凸性，这就意味着：

$$P(\inf_{\|\boldsymbol{\alpha}\|=L}(\sum_{i=1}^{n}[\rho_{\tau}(e_{i}+\varepsilon_{\tau i}-m^{1/2}\boldsymbol{V}_{i}^{T}\boldsymbol{\alpha})-\rho_{\tau}(e_{i}+\varepsilon_{\tau i})])>0)\to 1$$

从而有 $P(\|\hat{\alpha}\|\leqslant Lm^{1/2})\to 1$。这就完成了引理 5.12 的证明。

定理 5.5 的证明 令$\tilde{\boldsymbol{\alpha}}_{1}=\sum_{i=1}^{n}\boldsymbol{V}_{i1}\varphi_{\tau}(\varepsilon_{\tau i})$，依据中心极限定理，有$\tilde{\boldsymbol{\alpha}}_{1}\to_{d}N(0,(\tau(1-\tau)/\varpi)\boldsymbol{I}_{d})$，此处$\boldsymbol{I}_{d}$为一 $d\times d$ 单位矩阵。由式（5.54），为了证明定理 5.5，只要证明对任意的$\epsilon>0$，$P(\|\hat{\boldsymbol{\alpha}}_{1}-\tilde{\boldsymbol{\alpha}}_{1}\|<\epsilon)\to 1$。事实上，我们只要证明：

$$P\{\inf_{\|\boldsymbol{\alpha}_{1}-\tilde{\boldsymbol{\alpha}}_{1}\|\geqslant L}\sum_{i=1}^{n}(\rho_{\tau}(e_{i}+\varepsilon_{\tau i}-\boldsymbol{V}_{i1}^{T}\boldsymbol{\alpha}_{1}-\boldsymbol{V}_{i2}^{T}\hat{\boldsymbol{\alpha}}_{2}-\boldsymbol{V}_{i3}^{T}\hat{\boldsymbol{\alpha}}_{3})-$$
$$\rho_{\tau}(e_{i}+\varepsilon_{\tau i}-\boldsymbol{V}_{i1}^{T}\tilde{\boldsymbol{\alpha}}_{1}-\boldsymbol{V}_{i2}^{T}\hat{\boldsymbol{\alpha}}_{2}-\boldsymbol{V}_{i3}^{T}\hat{\boldsymbol{\alpha}}_{3}))>0\}\to 1$$

令$\tilde{G}_{n}(\boldsymbol{\alpha}_{1},\boldsymbol{\alpha}_{2},\boldsymbol{\alpha}_{3})=\sum_{i=1}^{n}(\rho_{\tau}(e_{i}+\varepsilon_{\tau i}-\boldsymbol{V}_{i1}^{T}\boldsymbol{\alpha}_{1}-\boldsymbol{V}_{i2}^{T}\boldsymbol{\alpha}_{2}-\boldsymbol{V}_{i3}^{T}\boldsymbol{\alpha}_{3})-\rho_{\tau}(e_{i}+\varepsilon_{\tau i}-\boldsymbol{V}_{i2}^{T}\boldsymbol{\alpha}_{2}-\boldsymbol{V}_{i3}^{T}\boldsymbol{\alpha}_{3}))$。由引理 5.12 知$\|\hat{\boldsymbol{\alpha}}_{2}\|=O_{P}(m^{\frac{1}{2}})$并且$\|\hat{\boldsymbol{\alpha}}_{3}\|=O_{P}(m^{\frac{1}{2}})$。由于$\|\tilde{\boldsymbol{\alpha}}_{1}\|=O_{p}(1)$，依据$\rho_{\tau}$的凸性，只要证明对充分大的 $L>0$，$L'>0$，下式成立：

$$P\left(\left\{\inf_{\|\boldsymbol{\alpha}_1-\bar{\boldsymbol{\alpha}}_1\|=\varepsilon,\ \|\boldsymbol{\alpha}_2\|\leqslant Lm^{\frac{1}{2}},\ \|\boldsymbol{\alpha}_3\|\leqslant Lm^{\frac{1}{2}}}\left(\widetilde{G}_n(\boldsymbol{\alpha}_1,\boldsymbol{\alpha}_2,\boldsymbol{\alpha}_3)-\widetilde{G}_n(\widetilde{\boldsymbol{\alpha}}_1,\boldsymbol{\alpha}_2,\boldsymbol{\alpha}_3)\right)>0\right\}\cap\left\{\|\widetilde{\boldsymbol{\alpha}}_1\|\leqslant L'\right\}\right)\to 1 \tag{5.69}$$

令$\widetilde{\Lambda}_n(\boldsymbol{\alpha}_1,\boldsymbol{\alpha}_2,\boldsymbol{\alpha}_3)=E(\widetilde{G}_n(\boldsymbol{\alpha}_1,\boldsymbol{\alpha}_2,\boldsymbol{\alpha}_3)\mid\mathcal{A})$以及

$$\widetilde{\gamma}_n(\boldsymbol{\alpha}_1,\boldsymbol{\alpha}_2,\boldsymbol{\alpha}_3)=\widetilde{G}_n(\boldsymbol{\alpha}_1,\boldsymbol{\alpha}_2,\boldsymbol{\alpha}_3)-\widetilde{\Lambda}_n(\boldsymbol{\alpha}_1,\boldsymbol{\alpha}_2,\boldsymbol{\alpha}_3)+\sum_{i=1}^{n}\boldsymbol{V}_{i1}^T\boldsymbol{\alpha}_1\rho_\tau(\varepsilon_{\tau i})$$

于是有：

$$\widetilde{G}_n(\boldsymbol{\alpha}_1,\boldsymbol{\alpha}_2,\boldsymbol{\alpha}_3)=\widetilde{\Lambda}_n(\boldsymbol{\alpha}_1,\boldsymbol{\alpha}_2,\boldsymbol{\alpha}_3)-\sum_{i=1}^{n}\boldsymbol{V}_{i1}^T\boldsymbol{\alpha}_1\rho_\tau(\varepsilon_{\tau i})+\widetilde{\gamma}_n(\boldsymbol{\alpha}_1,\boldsymbol{\alpha}_2,\boldsymbol{\alpha}_3) \tag{5.70}$$

类似于式（5.68）的证明，可得：

$$\begin{aligned}&\widetilde{\Lambda}_n(\boldsymbol{\alpha}_1,\boldsymbol{\alpha}_2,\boldsymbol{\alpha}_3)\\&=\sum_{i=1}^{n}g(0\mid X_i,T_i)\left[\frac{1}{2}(\boldsymbol{V}_{i1}^T\boldsymbol{\alpha}_1)^2+\boldsymbol{V}_{i1}^T\boldsymbol{\alpha}_1(\boldsymbol{V}_{i2}^T\boldsymbol{\alpha}_2+\boldsymbol{V}_{i3}^T\boldsymbol{\alpha}_3-e_i)\right][1+o_p(1)]\\&=\frac{1}{2}\|\boldsymbol{\alpha}_1\|^2+o_p(1)\end{aligned} \tag{5.71}$$

于是，由式（5.70）和式（5.71）可得：

$$\widetilde{G}_n(\boldsymbol{\alpha}_1,\boldsymbol{\alpha}_2,\boldsymbol{\alpha}_3)=\frac{1}{2}(\boldsymbol{\alpha}_1-\widetilde{\boldsymbol{\alpha}}_1)^T(\boldsymbol{\alpha}_1-\widetilde{\boldsymbol{\alpha}}_1)-\frac{1}{2}\widetilde{\boldsymbol{\alpha}}_1^T\widetilde{\boldsymbol{\alpha}}_1+\widetilde{\gamma}_n(\boldsymbol{\alpha}_1,\boldsymbol{\alpha}_2,\boldsymbol{\alpha}_3)+o_p(1) \tag{5.72}$$

由式（5.72）可得：

$$\widetilde{G}_n(\widetilde{\boldsymbol{\alpha}}_1,\boldsymbol{\alpha}_2,\boldsymbol{\alpha}_3)=-\frac{1}{2}\widetilde{\boldsymbol{\alpha}}_1^T\widetilde{\boldsymbol{\alpha}}_1+\widetilde{\gamma}_n(\widetilde{\boldsymbol{\alpha}}_1,\boldsymbol{\alpha}_2,\boldsymbol{\alpha}_3)+o_p(1)$$

于是，利用$\|\boldsymbol{\alpha}_1-\widetilde{\boldsymbol{\alpha}}_1\|=\epsilon$，可得：

$$\begin{aligned}&\widetilde{G}_n(\boldsymbol{\alpha}_1,\boldsymbol{\alpha}_2,\boldsymbol{\alpha}_3)-\widetilde{G}_n(\widetilde{\boldsymbol{\alpha}}_1,\boldsymbol{\alpha}_2,\boldsymbol{\alpha}_3)\\&\geqslant\frac{1}{2}\epsilon^2-2\sup_{\|\alpha_1\|\leqslant L',\ \|\alpha_2\|\leqslant Lm^{1/2},\ \|\alpha_3\|\leqslant Lm^{1/2}}\left|\widetilde{\gamma}_n(\boldsymbol{\alpha}_1,\boldsymbol{\alpha}_2,\boldsymbol{\alpha}_3)\right|+o_p(1)\end{aligned}$$

类似于引理5.11的证明，下式成立：

$$\sup_{\|\boldsymbol{\alpha}_1\|\leqslant L',\ \|\boldsymbol{\alpha}_2\|\leqslant Lm^{1/2},\ \|\boldsymbol{\alpha}_3\|\leqslant Lm^{1/2}}\left|\widetilde{\gamma}_n(\boldsymbol{\alpha}_1,\boldsymbol{\alpha}_2,\boldsymbol{\alpha}_3)\right|=o_p(1)$$

至此，式（4.69）成立。证毕。

定理5.6的证明： 依据引理5.12，有$\|\hat{\boldsymbol{\alpha}}_1\|=O_P(m^{1/2})$及$\|\hat{\boldsymbol{\alpha}}_2\|=O_P(m^{1/2})$，利用式（5.54）可得$\|\hat{\boldsymbol{\beta}}-\boldsymbol{\beta}_\tau\|=O_P(n^{-1/2}m^{1/2})$。由条件2，有

$\| \boldsymbol{H}^{1/2} \boldsymbol{W}_m^T \| = O_P(1)$，从而有$n^{1/2} \| \boldsymbol{H}^{1/2} \boldsymbol{W}_m^T (\hat{\boldsymbol{\beta}} - \boldsymbol{\beta}_\tau) \| = O_P(m^{1/2})$。于是，由式(5.54)有$n^{1/2} \| \boldsymbol{H}^{1/2} (\hat{\boldsymbol{\gamma}} - \boldsymbol{\gamma}_\tau) \| = O_P(m^{1/2})$，利用条件2、条件3和条件5并利用对$1 \leqslant j \leqslant m$一致地有$\| \hat{\psi}_j - \psi_j \|^2 = O_P(n^{-1} j^2)$这一结论，可得：

$$\begin{aligned}
&\int_0^1 [\hat{\gamma}(s) - \gamma_\tau(s)]^2 \mathrm{d}s \\
&\leqslant 3 \sum_{j=1}^{m} (\hat{\gamma}_j - \gamma_{\tau j})^2 + 3 \int_0^1 [\sum_{j=1}^{m} \gamma_{\tau j} (\hat{\psi}_j(s) - \psi_j(s))]^2 \mathrm{d}s + 3 \sum_{j=m+1}^{\infty} \gamma_{\tau j}^2 \\
&\leqslant 3 n^{-1} k_m^{-1} \| \boldsymbol{H}^{1/2} (\hat{\boldsymbol{\gamma}} - \boldsymbol{\gamma}_\tau) \|^2 + 3m \sum_{j=1}^{m} \gamma_{\tau j}^2 \| \hat{\psi}_j - \psi_j \|^2 + 3 \sum_{j=m+1}^{\infty} \gamma_{\tau j}^2 \\
&= O_p(n^{-1} m^{a+1} + n^{-1} m + m^{-2b+1}) = O_p(n^{-(2b-1)/(a+2b)})
\end{aligned}$$

这就完成了定理5.6的证明。

定理5.7的证明： 依据Taylor展开式，有$f_\tau(T_i) = f_\tau(t_0) + f_\tau'(t_0)(T_i - t_0) + \frac{1}{2} f_\tau''(\xi_i)(T_i - t_0)^2$，其中$|T_i - t_0| \leqslant Mh$，此处$|\xi_i - t_0| < |T_i - t_0|$，令$\boldsymbol{R}_i = (nh)^{-1/2} (1, h^{-1}(T_i - t_0))^T$，$\boldsymbol{u} = (nh)^{1/2} (a_0 - f_\tau(t_0), h(a_1, f_\tau'(t_0)))^T$，$\widetilde{\boldsymbol{V}}_{i1} = n^{-1/2} \boldsymbol{Z}_i$，$\boldsymbol{q}_1 = n^{1/2} (\boldsymbol{\beta} - \boldsymbol{\beta}_\tau)$，$\boldsymbol{q}_2 = n^{1/2} \boldsymbol{H}^{1/2} (\boldsymbol{\gamma} - \boldsymbol{\gamma}_\tau)$以及$\widetilde{e}_i = (\boldsymbol{\eta}_i - \hat{\boldsymbol{\eta}}_i)^T \boldsymbol{\gamma}_\tau + D_i + \frac{1}{2} f_\tau''(\xi_i)(T_i - t_0)^2$。据此，我们考虑下列新的最小化问题：

$$\min_{\boldsymbol{u}} \sum_{i=1}^{n} [\rho(\varepsilon_{\tau i} + \widetilde{e}_i - \boldsymbol{R}_i^T \boldsymbol{u} - \widetilde{\boldsymbol{V}}_{i1}^T \hat{\boldsymbol{q}}_1 - \widetilde{\boldsymbol{V}}_{i2}^T \hat{\boldsymbol{q}}_2) - \rho(\varepsilon_{\tau i} + \widetilde{e}_i - \widetilde{\boldsymbol{V}}_{i1}^T \hat{\boldsymbol{q}}_1 - \widetilde{\boldsymbol{V}}_{i2}^T \hat{\boldsymbol{q}}_2)] K(\frac{T_i - t_0}{h})$$

这样一来，我们有：

$$\hat{\boldsymbol{u}} = (nh)^{1/2} (\hat{a}_0 - f_\tau(t_0), h(\hat{a}_1, f_\tau'(t_0)))^T \tag{5.73}$$

令

$$\begin{aligned}
G_{ni}^*(\boldsymbol{u}, \boldsymbol{q}_1, \boldsymbol{q}_2) = &\rho(\varepsilon_{\tau i} + \widetilde{e}_i - \boldsymbol{R}_i^T \boldsymbol{u} - \widetilde{\boldsymbol{V}}_{i1}^T \boldsymbol{q}_1 - \widetilde{\boldsymbol{V}}_{i2}^T \boldsymbol{q}_2) - \\
&\rho(\varepsilon_{\tau i} + \widetilde{e}_i - \widetilde{\boldsymbol{V}}_{i1}^T \boldsymbol{q}_1 - \widetilde{\boldsymbol{V}}_{i2}^T \boldsymbol{q}_2) K\left(\frac{T_i - t_0}{h}\right),
\end{aligned}$$

$$G_n^*(\boldsymbol{u}, \boldsymbol{q}_1, \boldsymbol{q}_2) = \sum_{i=1}^{n} G_{ni}^*(\boldsymbol{u}, \boldsymbol{q}_1, \boldsymbol{q}_2),$$

$$\Lambda_n^*(\boldsymbol{u}, \boldsymbol{q}_1, \boldsymbol{q}_2) = \sum_{i=1}^{n} E(G_{ni}^*(\boldsymbol{u}, \boldsymbol{q}_1, \boldsymbol{q}_2) \mid Z_i, X_i, T_i)$$

类似于式（5.68）的证明，可得：

$$\Lambda_n^*(\boldsymbol{u},\boldsymbol{q}_1,\boldsymbol{q}_2)=\sum_{i=1}^{n}g(0\mid X_i,T_i)\left[\frac{1}{2}(\boldsymbol{R}_i^T\boldsymbol{u})^2+\boldsymbol{R}_i^T\boldsymbol{u}(\widetilde{\boldsymbol{V}}_{i1}^T\boldsymbol{q}_1+\widetilde{\boldsymbol{V}}_{i2}^T\boldsymbol{q}_2-\widetilde{e}_i)\right]K\left(\frac{T_i-t_0}{h}\right)+o_p(1). \tag{5.74}$$

由于

$$\sum_{i=1}^{n}|(\boldsymbol{\eta}_i-\hat{\boldsymbol{\eta}}_i)^T\boldsymbol{\gamma}_\tau|\leqslant m^{\frac{1}{2}}\sum_{i=1}^{n}\|X_i\|\left(\sum_{j=1}^{m}\|\hat{\psi}_j-\psi_j\|^2\gamma_{\tau j}^2\right)^{\frac{1}{2}}$$
$$=O_P(m^{1/2})$$

于是，依据条件8，可得$\sum_{i=1}^{n}g(0\mid X_i, T_i)(\boldsymbol{\eta}_i-\hat{\boldsymbol{\eta}}_i)^T\boldsymbol{\gamma}_\tau\boldsymbol{R}_iK(T_i-t_0)/h=o_p(1)$。由条件5和条件7，下式成立：

$$(nh)^{-1/2}E\left|\sum_{i=1}^{n}g(0\mid X_i,T_i)D_i\right|\leqslant C(nh)^{-\frac{1}{2}}n(E(D_i^2))^{\frac{1}{2}}$$
$$\leqslant C(nh)^{-1/2}n\,m^{-(a+2b)+1}=o(1)$$

从而，依据大数定律，可得：

$$\sum_{i=1}^{n}g(0\mid X_i,T_i)(\boldsymbol{R}_i^T\boldsymbol{u})^2K\left(\frac{T_i-t_0}{h}\right)=v(t_0)\varrho(t_0)\boldsymbol{u}^T\Gamma\boldsymbol{u}+o_p(1) \tag{5.75}$$

以及

$$\sum_{i=1}^{n}g(0\mid X_i,T_i)\boldsymbol{R}_i^T\boldsymbol{u}\,\widetilde{e}_iK\left(\frac{T_i-t_0}{h}\right)=\frac{1}{2}(nh)^{1/2}h^2v(t_0)\varrho(t_0)f_\tau''(t_0)\boldsymbol{\Theta}^T\boldsymbol{u}+o_p(1) \tag{5.76}$$

此处$\Gamma=\mathrm{diag}(u_0, u_2)$，$\boldsymbol{\Theta}=(u_2, 0)^T$。由条件1可得：

$$E\left[\left|\sum_{i=1}^{n}g(0\mid X_i,T_i)\boldsymbol{R}_i^T\boldsymbol{u}\,\overline{\boldsymbol{V}}_{i2}^T\boldsymbol{q}_2K\left(\frac{T_i-t_0}{h}\right)\right|\right]$$
$$\leqslant C(nh)^{-1/2}n\sum_{i=1}^{n}\|\boldsymbol{u}\|E\left[(E((\overline{\boldsymbol{V}}_{i2}^T\boldsymbol{q}_2)^2\mid T_i))^{1/2}K\left(\frac{T_i-t_0}{h}\right)\right]$$
$$=O(h^{1/2})=o(1)$$

由于$\|\boldsymbol{V}_{i2}-\overline{\boldsymbol{V}}_{i2}\|\leqslant n^{-1/2}\|X_i\|(\sum_{j=1}^{m}k_j^{-1}\|\hat{\psi}_j-\psi_j\|^2)^{1/2}$，因此，由条件5可得：

$$\left|\sum_{i=1}^{n}g(0\mid X_i,T_i)R_i^T\boldsymbol{u}(V_{i2}-\overline{V}_{i2})^Tq_2K\left(\frac{T_i-t_0}{h}\right)\right|$$
$$\leqslant Cn^{-1}h^{-1/2}\|\boldsymbol{u}\|\|q_2\|\left(\sum_{j=1}^{m}k_j^{-1}\|\hat{\psi}_j-\psi_j\|^2\right)^{1/2}$$

$$\sum_{i=1}^{n} \| X_i \| \times K\left(\frac{T_i - t_0}{h}\right) = o_p(1).$$

进而有$\sum_{i=1}^{n} g(0 \mid X_i, T_i) \boldsymbol{R}_i^T \boldsymbol{u} \overline{\boldsymbol{V}}_{i2}^T \boldsymbol{q}_2 K\left(\frac{T_i - t_0}{h}\right) = o_p(1)$。利用$\sum_{i=1}^{n} g(0 \mid X_i, T_i) \boldsymbol{R}_i^T \boldsymbol{u} \boldsymbol{V}_{i1}^T \boldsymbol{q}_2 K\left(\frac{T_i - t_0}{h}\right) = O_P(h^{1/2}) = o_p(1)$，并结合式（5.74）至式（5.76），可得：

$$\begin{aligned} &\Lambda_n^*(\boldsymbol{u}, \boldsymbol{q}_1, \boldsymbol{q}_2) \\ &= \frac{1}{2} v(t_0) \wp(t_0) \boldsymbol{u}^T \Gamma_{\boldsymbol{u}} - \frac{1}{2} n^{1/2} h^{5/2} v(t_0) \wp(t_0) f_\tau''(t_0) \boldsymbol{\Theta}^T \boldsymbol{u} + o_p(1) \end{aligned}$$

令$\boldsymbol{u}^* = \frac{1}{2} n^{1/2} h^{5/2} f_\tau''(t_0) \boldsymbol{\Theta}^*$以及

$$\tilde{\boldsymbol{u}} = \boldsymbol{u}^* + (1/v(t_0) \wp(t_0)) \Gamma^{-1} \sum_{i=1}^{n} \boldsymbol{R}_i \varphi(\varepsilon_{\tau i}) K\left(\frac{T_i - t_0}{h}\right)$$

此处，$\boldsymbol{\Theta}^* = (u_0^{-1} u_2, 0)^T$，类似于定理 4.5 的证明，有$\hat{\boldsymbol{u}} - \tilde{\boldsymbol{u}} = o_p(1)$。依据中心极限定理，有$\sum_{i=1}^{n} \boldsymbol{R}_i \varphi(\varepsilon_{\tau i}) K\left(\frac{T_i - t_0}{h}\right) \rightarrow_d N(0, \tau(1-\tau) v(t_0) \tilde{\Gamma})$，此处，$\tilde{\Gamma} = \mathrm{diag}(v_0, v_2)$。至此，定理式 5.7 的结论可由式（5.73）推出。证毕。

5.3.4　模拟

下面将通过模拟来评价上面给出的分位数估计量的有限样本性质，数据集由下列模型产生：

$$q_\tau(Y_i \mid Z_{i1}, Z_{i2}, X_i(s), T_i) = \beta_1 Z_{i1} + \beta_2 Z_{i2} + \int_0^1 \gamma_\tau(s) X_i(s) \mathrm{d}s + f_\tau(T_i), \tag{5.77}$$

其中，$\beta_1 = 3$，$\beta_2 = -2$，$\gamma_\tau(s) = \sum_{j=1}^{50} \tilde{\gamma}_{\tau j} \psi_j(s)$，而$\tilde{\gamma}_{\tau 1} = 1.5$，对$j \geqslant 2$，$\tilde{\gamma}_{\tau j} = 2(-1)^{j+1} j^{-1}$，$X_i(s) = \sum_{j=1}^{50} \eta_{ij} \psi_j(s)$，而$\psi_1(s) = 1$，对$j \geqslant 2$，$\psi_j(s) = 2^{1/2} \cos((j-1)\pi s)$，$\eta_{ij}$相互独立并服从$N(0, j^{-1.5})$。我们取$f_\tau(t) = 1.6t^3 - 2.5t^2 - 2t + 3$，$T_i$服从$[0, 1]$的均匀分布。令$Z_{i1} = 2\eta_{i1} + \eta_{i2} - T_i + 2 + \epsilon_{i1}$以及$Z_{i2} = \eta_{i2} - 2\eta_{i3} + 2T_i - 1 + \epsilon_{i2}$，此处的$\epsilon_i = (\epsilon_{i1}, \epsilon_{i2})^T$相互独立并服从$N(0, \Sigma)$，其中，$\Sigma = (\sigma_{ij})_{2\times 2}$，而$\sigma_{11} = 1$，$\sigma_{12} = \sigma_{21} = 1/2$以及$\sigma_{22} = 2$，$\epsilon_i$与$\eta_{ij}$和$T_i$独立。$\varepsilon_{\tau i} = \varepsilon_i - F^{-1}(\tau)$，此处，F 为$\varepsilon_i$的分布函数。$\varepsilon_i$中减去$F^{-1}(\tau)$的目的是

使$\varepsilon_{\tau i}$的τ分位数点为零。

所有结果皆基于500次试验得到，样本量分别为$n=50$和$n=100$。在每次试验中，β_1、β_2和$\gamma_\tau(s)$的估计量由解最小化问题(5.51)得到，其中$f_r(t)$用逐段线性函数逼近。调节参数m和小区间个数M_n由BIC准则确定。$f_r(t)$的估计值由最小化式（5.52）得到，其中的核函数为Epanechnikov核，窗宽h由“去一”交叉核实方法选取。我们首先考虑误差$\varepsilon_i \sim N(0,\ 1)$，基于分位数水平$\tau \in \{0.05,\ 0.25,\ 0.5,\ 0.75,\ 0.95\}$，表5.7报告了估计量$\hat{\beta}_k, k=1,\ 2$的偏差(bias)和标准差(sd)，以及在[0，1]上100个等间距点计算的估计量$\hat{\gamma}(s)$和$\hat{f}(t)$的积分平方偏差(Bias^2)和积分方差(Var)。从表5.7可以看出，估计量$\hat{\beta}_1$和$\hat{\beta}_2$的标准差以及$\hat{\gamma}(s)$和$\hat{f}(t)$的积分方差随样本量n的增加而减少，但随分位数水平τ离0.5的距离的增加而增加。这表明中位数估计量比其他分位数水平估计量更加有效。表5.7还显示，样本容量从100增加到200以及分位数变化时，$\hat{\beta}_1$和$\hat{\beta}_2$的偏差和$\hat{\gamma}(s)$和$\hat{f}(t)$的Bias^2变化不大。

表5.7　正态误差情形下分位数估计量的模拟结果

n	τ	$\hat{\beta}_1$		$\hat{\beta}_2$		$\hat{\gamma}(s)$		$\hat{f}(t)$	
		bias	sd	bias	sd	Bias^2	Var	Bias^2	Var
100	0.05	−0.0009	0.2386	−0.0034	0.1655	0.0303	0.8442	0.0102	0.3237
	0.25	0.0156	0.1536	−0.0095	0.1120	0.0309	0.3838	0.0013	0.1499
	0.50	−0.0076	0.1381	0.0033	0.1004	0.0302	0.2958	0.0001	0.1171
	0.75	−0.0101	0.1556	0.0038	0.1111	0.0305	0.3496	0.0003	0.1474
	0.95	−0.0120	0.2300	−0.0019	0.1626	0.0305	0.8426	0.0104	0.3048
200	0.05	−0.0051	0.1759	0.0002	0.1154	0.0301	0.4199	0.0031	0.1733
	0.25	0.0036	0.1063	−0.0055	0.0772	0.0306	0.1627	0.0001	0.0704
	0.50	0.0069	0.1027	−0.0022	0.0676	0.0304	0.1510	0.0003	0.0646
	0.75	0.0106	0.1058	−0.0038	0.0740	0.0305	0.1605	0.0009	0.0727
	0.95	−0.0054	0.1541	0.0034	0.1166	0.0304	0.4005	0.0029	0.1561

下面调查数据被污染情形下分位数估计量的有限样本行为。在模型(5.77)中，令$\varepsilon_i \sim 0.9N(0,\ 1)+0.1N(0,\ 82)$，即$\varepsilon_i$来自一个被污染的正态分布，$N(0,\ 82)$可看作外来分布。在这种被污染正态误差情形下的模拟结果显示在表5.8中。从表5.8中可以看出：0.5、0.75和0.25分位数水平下

的估计量比 0.1、0.05、0.9 和 0.95 分位数水平下的估计量更有效。比较表 5.7 和表 5.8 可以看出：数据中的外点对 0.5、0.75 和 0.25 分位数水平下的估计量影响较小，而对 0.1、0.05、0.9 和 0.95 分位数水平下的估计量影响较大。

表 5.8 被污染正态误差情形下分位数估计量的模拟结果

n	τ	$\hat{\beta}_1$		$\hat{\beta}_2$		$\hat{\gamma}(s)$		$\hat{f}(t)$	
		bias	sd	bias	sd	Bias^2	Var	Bias^2	Var
100	0.05	-0.0358	0.8106	0.0325	0.5727	0.0336	9.9817	3.7361	6.7977
	0.10	0.0144	0.3707	-0.0009	0.2612	0.0317	1.9736	0.3121	1.5031
	0.25	-0.0055	0.1842	0.0014	0.1342	0.0303	0.4942	0.0061	0.2138
	0.50	-0.0004	0.1560	-0.0006	0.1071	0.0300	0.3752	0.0001	0.1616
	0.75	-0.0036	0.1861	-0.0054	0.1336	0.0305	0.4871	0.0098	0.2114
	0.90	0.0147	0.3470	-0.0084	0.2731	0.0316	1.9345	0.2390	1.2172
	0.95	0.0515	0.8051	-0.0284	0.5843	0.0491	9.7863	3.5268	5.2692
200	0.05	0.0073	0.5905	0.0008	0.4242	0.0325	5.2496	2.9602	3.9100
	0.10	-0.0004	0.2278	0.0082	0.1564	0.0300	0.7470	0.1341	0.4209
	0.25	0.0005	0.1228	-0.0020	0.0848	0.0303	0.2249	0.0062	0.0926
	0.50	0.0007	0.1037	-0.0061	0.0765	0.0307	0.1659	0.0001	0.0678
	0.75	-0.0026	0.1193	0.0018	0.0885	0.0300	0.2162	0.0065	0.0892
	0.90	-0.0007	0.2218	-0.0063	0.1536	0.0300	0.7472	0.1269	0.4082
	0.95	0.0217	0.5578	0.0295	0.4026	0.0368	5.0164	2.5157	3.4262

下面调查另一种数据被污染情形下分位数估计量的有限样本行为。在模型(5.77)中，令$\varepsilon_i \sim 0.9N(0,1)+0.1N(\mu,1)$，表 5.9 和表 5.10 分别给出了$\mu=-10$和$\mu=10$两种情形下的模拟结果，这两种情形分别对应于在左边和在右边添加外点。表 5.9 显示在左边添加外点对较低水平 0.05 和 0.1 的分位数估计量有较大影响，而较高水平 0.95 和 0.9 的分位数估计量影响不大。这是由于左边的外点集中在数据的左边，对较高水平的分位数估计量影响较小。类似地，表 5.10 显示较低水平的分位数估计量较少受到右边外点的影响，而较高水平的分位数估计量受右边外点的影响较大。

表 5.9 存在左边外点情形下分位数估计量的模拟结果

τ	$\hat{\beta}_1$		$\hat{\beta}_2$		$\hat{\gamma}(s)$		$\hat{f}(t)$	
	bias	sd	bias	sd	$Bias^2$	Var	$Bias^2$	Var
0. 05	-0. 1773	1. 3133	0. 0091	0. 9898	0. 2274	32. 6601	37. 3243	9. 2052
0. 10	-0. 1046	1. 2599	0. 0257	0. 9148	0. 1074	23. 4066	18. 9613	9. 3544
0. 25	-0. 0184	0. 2547	0. 0043	0. 1782	0. 0311	0. 9061	0. 1509	0. 5515
0. 50	-0. 0077	0. 1626	-0. 0071	0. 1109	0. 0322	0. 3654	0. 0223	0. 1617
0. 75	-0. 0005	0. 1601	-0. 0025	0. 1168	0. 0307	0. 3922	0. 0119	0. 1648
0. 90	-0. 0024	0. 2074	0. 0030	0. 1493	0. 0302	0. 6085	0. 0140	0. 2525
0. 95	-0. 0105	0. 2387	0. 0048	0. 1707	0. 0314	0. 8997	0. 0227	0. 3200

表 5.10 存在右边外点情形下分位数估计量的模拟结果

τ	$\hat{\beta}_1$		$\hat{\beta}_2$		$\hat{\gamma}(s)$		$\hat{f}(t)$	
	bias	sd	bias	sd	$Bias^2$	Var	$Bias^2$	Var
0. 05	-0. 0186	0. 2498	0. 0050	0. 1825	0. 0313	0. 9058	0. 0355	0. 3327
0. 10	-0. 0018	0. 2016	-0. 0072	0. 1363	0. 0319	0. 5845	0. 0158	0. 2465
0. 25	0. 0130	0. 1581	-0. 0006	0. 1183	0. 0321	0. 3964	0. 0089	0. 1650
0. 50	0. 0124	0. 1692	-0. 0123	0. 1182	0. 0311	0. 3829	0. 0172	0. 1556
0. 75	0. 0009	0. 2421	-0. 0014	0. 1704	0. 0307	0. 9244	0. 1728	0. 5553
0. 90	0. 2046	1. 1093	-0. 0923	0. 8159	0. 2466	23. 6445	16. 9080	6. 8469
0. 95	0. 7120	1. 1999	-0. 1867	1. 0283	2. 4930	29. 7720	27. 6573	6. 8513

5.4 我国城市住房价格影响因素分析

我们从中国各城市统计年鉴、房地产市场报告和国民经济和社会发展统计公报中收集房地产数据，收集的数据中包括中国 196 个二、三、四线城市的房地产数据。在这个数据集中，有 2000～2016 年的城镇居民年平均收入，其他数据基于 2016 年。我们的目的是研究城市房价及其影响因素之间的关系。响应变量 Y 代表城市房价。由于居民买房需要多年的储蓄，所以我们选择居民的年平均收入作为函数型协变量。设$X_i^*(t)$表示第 i 个城市第 t 年居民年平均收入。主要利用的标量协变量包括城市类别（Z_1、Z_2）、城市人口（U）、城市 GDP(Z_3)、银行利率(Z_4)、城市宜居指数(Z_5)和城市发展指数(Z_6)。我们注意到，在这些变量中，有些变量如 Z_3 的数据非常大，而有些变量如 Z_4 的数据很小。为此，对于这些变量的每个数据，我们首先进行如下修改：令 $\bar{z}_{i3}$，$i=1,2,\cdots,196$ 是 Z_3 的观测值。令 $z_{i3}=\bar{z}_{i3}/\max\bar{z}_{i3}$，$i=1,2,\cdots,196$，这样变量 Z_3 修改后数据的最大值为 1。对变量 Z_4，Z_5，Z_6 的数据也进行类似的修改。令 $X_i(t)=X_i^*(t)-\bar{X}^*(t)$，其中，$\bar{X}^*(t)=\frac{1}{n}\sum_{i=1}^{n}X_i^*(t)$，以使 $E(X_i(t))=0$。我们注意到，不同城市的住房价格差异很大，在这 196 个城市中，最高价格为每平方米 18007 元，最低价格为每平方米 2941 元。log（Y）与 U 的相关系数为 0.4012，log（Y）与 Z_3、log（Y）与 Z_5、log（Y）与 Z_6 的相关系数分别为 0.7065、0.6057、0.7309。由于 log（Y）与 U 之间的线性相关性不强，故设 U 为非线性预测变量，构造部分函数线性半参数模型如下：

$$\log(Y_i)=\int_0^{17}a(t)X_i(t)dt+Z_{i1}\beta_{01}+\cdots+Z_{i6}\beta_{06}+f(U_i)+\varepsilon_i \quad (5.78)$$

其中，$Z_{i1}=1$ 且 $Z_{i2}=0$ 代表二线城市，$Z_{i1}=0$ 且 $Z_{i2}=1$ 代表三线城市，$Z_{i1}=0$ 且 $Z_{i2}=0$ 代表四线城市。

图 5.2 展示了 2000～2016 年 196 个城市的年均收入 $X_i(t)$，$i=1,2,\cdots,196$ 的曲线图和通过等距线性样条获得的估计量 $\hat{X}_i(t)$，$i=1,2,\cdots,196$ 的曲线图。从图 5.2 可以看出，大多数城镇居民的年平均收入都在逐年增加。模型（5.78）中未知参数和函数的估计用 5.2 节中所给出的方法计算。表 5.11 给出了参数估计量及其标准误差。图 5.3（a）为斜率函数 $a(t)$ 的估计曲线及其 95% 逐点置信区间，图 5.3（b）为非参数函数 $f(u)$ 的估计曲线及其 95% 逐点置信区间。参数估计量的标准差和未知函数的逐点置信区间由 Bootstrap 方法得到。由表 5.11 可知，城市 GDP、城市宜居指数和城市发展指数具有非负向效应，而银行利率具有负向效应。城市 GDP 和城市发展指数对房价的影响更大。表 5.11 中，$\beta_{01}>\beta_{02}>0$ 表明三线城市的房价大于四线城市且二线城市的房价要比三线城市高。$|\beta_{04}|$ 很小，这可以用以下事实来解释：不同城市的利率相差很小，而且许多城市的利率是相同的。从图 5.3（a）可以看出，估算出的斜率曲线变化平缓，随着 t 的增加，斜率曲线整体呈下降趋势，但是在尾部有快速上升的趋势。因为 $E(X_i(t))=0$，$a(t)$ 的值越大，不同城市居民年平均收入对房价的差异越大，居民年平均收入越高，居民年平均收入对房价

的影响越大，居民年平均收入越低，居民年平均收入对房价的影响越小。从图5.3（a）可以看出，平均年收入对房价影响的差异从下降到稳定再到快速增长的趋势。从图5.3（b）可以看出，城市人口对房价的影响呈曲线趋势。从图5.3（b）还可以看到，当城市人口从800万增加到1000万时，人口对房价的影响显示稳定甚至缓慢下降，这可以解释我国中西部许多大城市的房价并不高的原因。

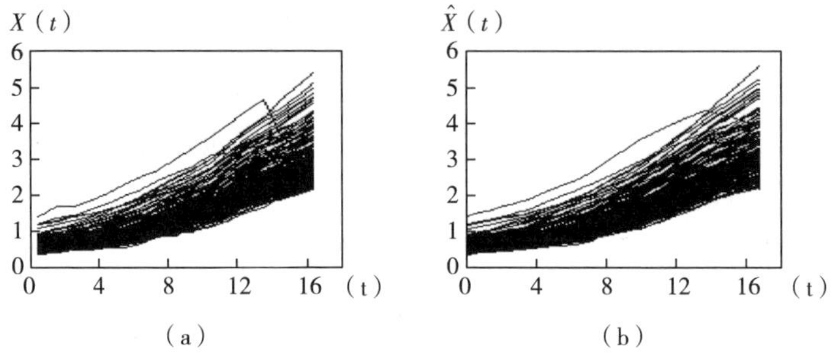

图5.2　2000～2016年196个城市的平均年收入曲线

注：（a）为$X_i(t)$，$i=1, 2, \cdots, 196$的观测曲线。（b）为估计量$\hat{X}_i(t)$，$i=1, 2, \cdots, 196$的曲线。

表5.11　模型（5.78）的参数估计量及其标准差

β_{01}	β_{02}	β_{03}	β_{04}	β_{05}	β_{06}
0.3053	0.1365	0.4811	-0.0534	0.0150	0.4021
(0.0295)	(0.0143)	(0.3229)	(0.0485)	(0.0525)	(0.1130)

注：括号中的值为标准差。

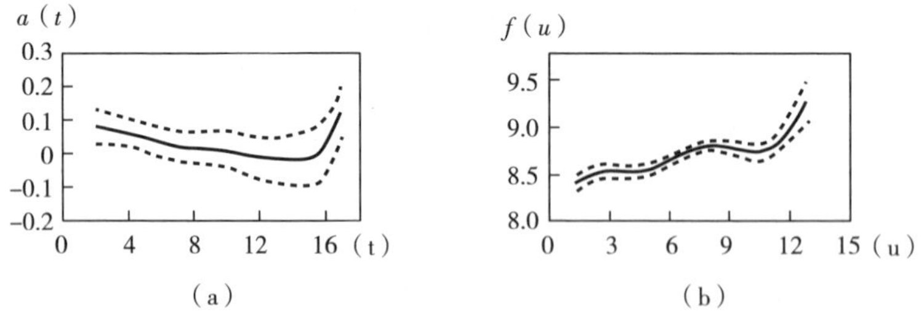

图5.3　平均年收入对房价的影响

注：实线是估计的曲线，虚线是它们对应的95%逐点置信区间（a）为$a(t)$的估计曲线；（b）为$f(u)$的估计曲线。

下面比较模型（5.78）和如下的部分函数线性回归的预测性能。

$$\log(Y_i) = \int_0^{17} a(t) X_i(t)\mathrm{d}t + Z_{i1}\beta_{01} + \cdots + Z_{i6}\beta_{06} + Z_{i7}\beta_{07} + U_i\beta_{08} + \varepsilon_i \tag{5.79}$$

其中，$Z_{i7}\equiv 1$，对数据应用“去一”交叉验证：在预测第 i 个城市的房价时，我们在拟合模型时省略了该城市的数据。图 5.4（a）和 5.4（b）分别描述了模型（5.78）和（5.79）的点（$\log(y_j)$，$\widehat{\log(y_j)}$），$j=1, 2, \cdots, 194$ 的散点图。图 5.4（c）展示了模型（5.78）和模型（5.79）绝对误差 $|\widehat{\log(y_j)}-\log(y_j)|$，$j=1, 2, \cdots, 194$ 的箱线图。两种模型的误差均值分别为 0.1465 和 0.2424。从图 5.4 和平均绝对预测误差可以看出，模型（5.78）的预测性能优于模型（5.79）。

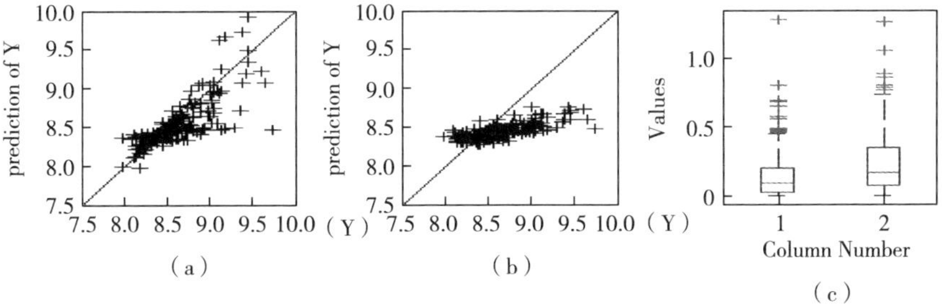

图 5.4　散点图

注：面板（a）和面板（b）分别是由模型（5.78）和模型（5.79）计算而来的点（$\log(y_j)$，$\widehat{\log(y_j)}$），$j=1, 2, \cdots, 194$ 的散点图。面板（c）是两个模型绝对误差 $|\widehat{\log(y_j)}) - \log(y_j)|$，$j=1, 2, \cdots, 194$ 的箱线图。

5.5　儿童注意力缺陷多动障碍分析

下面将本章提出的部分函数线性半参数分位数回归及估计方法应用于 ADHD－200 样本项目中关于注意力缺陷多动障碍（Attention Deficit Hyperactivity Disorder，ADHD）的数据集。Yu 等（2016）详细描述了该数据集。多动症是儿童时期最常见的行为障碍，可以持续到青春期和成年期，症状包括缺乏注意力、多动和冲动行为。我们使用的数据集是来自纽约大学儿童研究中心使用解剖自动标签（Anatomical Automatic Labeling，AAL）图集。AAL 包含 116 个使用近邻插值分割到函数空间的感兴趣的区域（ROI）。通过对原数据的整理，我们的研究包含 120 人的数据。响应变量 Y 是反映多动症严重程度的 ADHD 行为评分。在 AAL 数据中，每个区域计算了 172 个等间隔时间点的灰色尺度的平均值，通常认为大脑小脑中最重要的部分至少包含 4 个 ROI。函数型自变量 $X(s)$ 的取值为这个区域 ROI 灰色尺度的平均值。感兴趣的主要数值型自变量包括性别（Z_1）、年龄（T）、偏手性（Z_2，在 -1 到 1 之间连续取值）、诊断状态（三个水平的属性变量，分别为表现出 ADHD 症状、ADHD 症状不明显和正常发育，用 Z_3 和 Z_4 表示）、是否在用药（Z_5）、语言 IQ（Z_6）、全 4IQ（Z_7）以及行为 IQ（Z_8）。Yu 等（2016）使用部分函数线性分位数回归来分析这些数据。我们发现 ADHD 指数与年龄之间没有明显的线性关系，很可能 Y 与 T 非线性相关，基于此，我们以年龄（T）作为非线性变量，构造以下部分函数线性半参数分位数回归：

$$q_\tau(Y_i \mid Z_i, X_i(s), T_i) = \sum_{j=1}^{8} Z_{ij}\beta_{\tau j} + \int_0^1 \gamma_\tau(s)\, X_i(s)\,\mathrm{d}s + f_\tau(T_i) \tag{5.80}$$

此处，如果第 i 个个体为女孩，令 $Z_{i1}=1$，若为男孩，则令 $Z_{i1}=0$；若第 i 个个体主要使用左手，令 $Z_{i2}=-1$，若主要使用右手，则令 $Z_{i2}=1$；若第 i 个个体为正常发育的孩子，令 $Z_{i3}=0$，$Z_{i4}=0$，表现出 ADHD 症状的，令 $Z_{i3}=1$，$Z_{i4}=0$，而 ADHD 症状不明显的，令 $Z_{i3}=0$，$Z_{i4}=1$；若第 i 个个体在使用药物，令 $Z_{i5}=1$，未使用药物的，令 $Z_{i5}=0$。我们将函数型自变量 $X_i(s)$ 标准化以便 $E[X_i(s)]=0$ 并且 $E(\|X_i(s)\|^2)=1$。

为了研究各自变量对 ADHD 指数的影响，考虑分位数 $\tau=0.25$、0.5 以及 0.75 情形下的分位数模型（5.77）。模型（5.77）中未知参数和函数估计量由 5.3 节中给出的方法计算得到。表 5.12 报告了估计的分位数系数估计量，而图 5.5 显示了估计的分位数曲线估计量。从表 5.12 可以看到，不同 τ 下的自变量对 ADHD 指数的影响效应在数量上差别很大，但绝大多数在正负符号方面是相同的。男孩的多动症指数大于女孩，正常发育儿童的多动症指数远低于症状不明显多动症儿童和多动症儿童，而症状不明显多动症儿童的多动症指数低于多动症儿童。使用药物儿童的多动症指数大于未使用药物儿童的多动症指数。语言智商和行为智商对 ADHD 评分有积极的影响，而全智商对 ADHD 评分有负面的影响。图 5.5（a）显示，不同 τ 下的斜率曲线 $\gamma_\tau(s)$ 与非线性曲线

$f_\tau(t)$形状相似，但大小不同。从图 5.5（b）可以看到，函数$f_\tau(t)$的 ADHD 指数在低龄阶段随着年龄的增加而快速增加，之后，随着年龄的增长而趋于稳定，这表明 ADHD 指数与年龄存在非线性关系。图 5.5（b）还显示，稳定点随着分位数τ的增加而增加，例如，$\tau=0.5$ 的稳定点大约为 9，$\tau=0.75$ 的稳定点大约为 12.5。这些发现有助于揭示和理解多动症指数与性别、年龄等的潜在关系。

表 5.12 模型（5.80）中的分位数系数估计量

τ	$\beta_{\tau1}$	$\beta_{\tau2}$	$\beta_{\tau3}$	$\beta_{\tau4}$	$\beta_{\tau5}$	$\beta_{\tau6}$	$\beta_{\tau7}$	$\beta_{\tau8}$
0.25	−3.6872	−1.6626	26.8228	22.2464	2.4665	0.3136	−0.6275	0.3445
0.50	−2.9848	1.2263	30.1245	23.4713	2.5050	0.2178	−0.4732	0.2705
0.75	−4.6426	−2.9909	33.2756	25.7632	5.8309	0.2859	−0.6324	0.4690

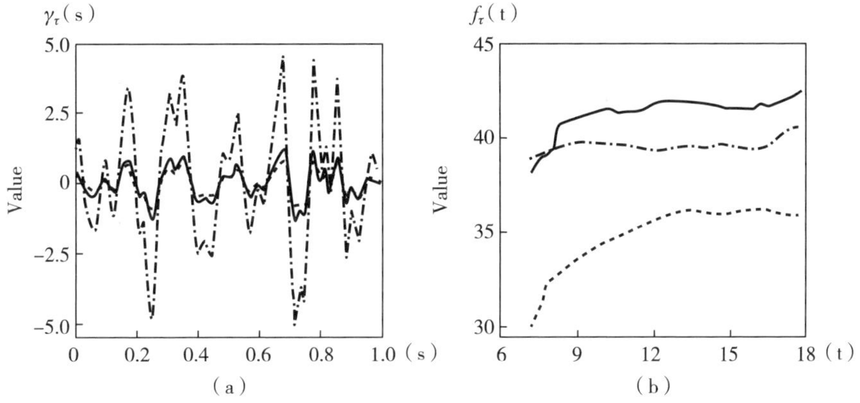

图 5.5 分位数曲线估计量

注：（a）是$\gamma_\tau(s)$的估计曲线，（b）是$f_\tau(t)$的估计曲线。－－－是$\tau=0.25$ 的估计曲线，—是$\tau=0.5$ 的估计曲线，…是$\tau=0.75$ 的估计曲线。

为了评估模型（5.80）与数据的拟合程度，我们通过比较 Y 的经验分布与该模型的模拟分布来进行评估分析。我们首先从 $U(0,1)$中生成τ。我们从数据中随机选择一个观察结果，用Y^*表示这个观察结果的 Y。设$\hat{\beta}_\tau^*(t)$、$\hat{\gamma}_\tau^*(t)$和$\hat{f}_\tau^*(t)$是估计的τ分位数估计量。通过将所选观测值和估计分位数估计值代入评估模型，得到模拟Y^*。多次重复这个过程，我们可以得到一个模拟样本。如果该模型能很好地吻合数据，则模拟的Y^*的边缘分布应与观察到的 Y 的边缘分布相匹配。图 5.6 显示了经验样本 Y 和模拟样本Y^*的 Q－Q 图，表明模型(5.80)与数据吻合良好。

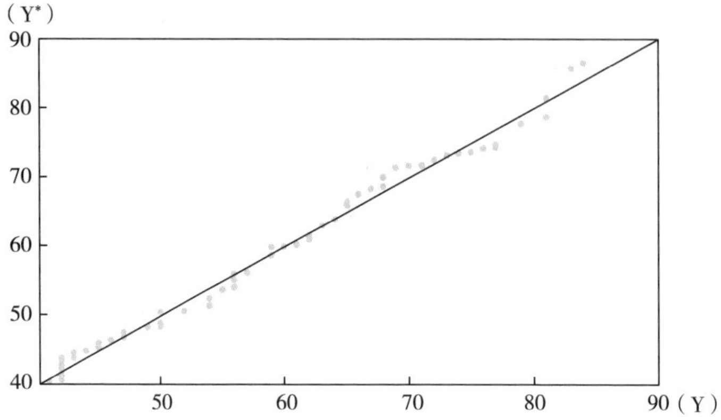

图 5.6　经验样本和模拟样本的 Q－Q 图

注：对角线为直线 $y=x$。

第6章 部分函数部分线性单指标模型

6.1 引言

部分函数部分线性单指标模型具有如下形式：

$$Y = \int_{\mathcal{T}} a(t)X(t)\mathrm{d}t + \boldsymbol{W}^T\boldsymbol{\alpha}_0 + g(\boldsymbol{Z}^T\boldsymbol{\beta}_0) + \varepsilon \tag{6.1}$$

其中，$X(t)$，$t\in\mathcal{T}\subset R$ 为平方可积零均值随机过程，$\mathcal{T}$为有界闭区间，$a(t)$ 是定义在 $\mathcal{T}$上的未知平方可积函数，$\boldsymbol{W}$ 为一 $q\times1$ 数值型自变量向量，$\boldsymbol{\alpha}_0$ 为一 $q\times1$ 未知系数向量，$\boldsymbol{Z}\in R^d$为一 $d\times1$ 数值型自变量向量，$\boldsymbol{\beta}_0$为一未知$d\times1$ 系数向量，ε 是均值为零的随机误差，并且与（$X(t)$，$\boldsymbol{W}$，$\boldsymbol{Z}$）独立。

模型（6.1）是一个十分灵活的模型，能够适应复杂的数据结构，通过引进单指标项 $g(\boldsymbol{Z}^T\boldsymbol{\beta}_0)$，该模型既能捕捉高维数据中的重要特征，又能避免“维数祸根”。这个模型既是第3章介绍的部分函数线性模型的有效推广，也是部分线性单指标模型 $Y=\boldsymbol{W}^T\boldsymbol{\alpha}_0+g(\boldsymbol{Z}^T\boldsymbol{\beta}_0)+\varepsilon$ 的推广。许多学者研究过部分线性单指标模型，详见 Carroll 等（1997）、Yu 和 Ruppert（2002）等。

6.2 参数和非参数的估计

下面结合函数主成分分析（FPCA）、B－样条方法来估计模型（6.1）中的未知参数和函数。

设随机过程 $X(t)$的协方差函数 $K(s, t)=\mathrm{Cov}(X(s), X(t))$是正定的并且

依特征值λ_j有谱分解：

$$K(s,t) = \sum_{j=1}^{\infty} \lambda_j \phi_j(s) \phi_j(t), s,t \in \mathcal{T}$$

其中，(λ_j, ϕ_j) 分别表示核函数 K 的线性算子的（特征值，特征函数）对，特征值按$\lambda_1 > \lambda_2 > \cdots$排序，函数$\phi_1$，$\phi_2$，…组成$L^2(\mathcal{T})$ 的一个正交基。依据 Karhunen－Loève 表达式，有 $X(t) = \sum_{j=1}^{\infty}\xi_j\phi_j(t)$，其中，$\xi_j = \int_{\mathcal{T}} X(t)\phi_j(t)\mathrm{d}t$，$j=1, 2, \cdots$是均值为 0，方差 $E\xi_j^2 = \lambda_j$的不相关随机变量。令 $a(t) = \sum_{j=1}^{\infty} a_j\phi_j(t)$，则模型（6.1）可以写为：

$$Y = \sum_{j=1}^{\infty} a_j \xi_j + \boldsymbol{W}^T\boldsymbol{\alpha}_0 + g(\boldsymbol{Z}^T\boldsymbol{\beta}_0) + \varepsilon \tag{6.2}$$

由式（6.2），得到

$$a_j = E\{[Y - (\boldsymbol{W}^T\boldsymbol{\alpha}_0 + g(\boldsymbol{Z}^T\boldsymbol{\beta}_0))]\xi_j\}/\lambda_j \tag{6.3}$$

令$(X_i(t), \boldsymbol{W}_i, \boldsymbol{Z}_i, Y_i)$，$i=1, 2, \cdots, n$ 为来自模型(6.1)的一个样本。K 的估计量及其特征分解为：

$$\hat{K}(s,t) = \frac{1}{n}\sum_{i=1}^{n} X_i(s) X_i(t) = \sum_{j=1}^{\infty} \hat{\lambda}_j \hat{\phi}_j(s) \hat{\phi}_j(t)$$

类似于 K 的情况，$(\hat{\lambda}_j, \hat{\phi}_j)$ 是核函数$\hat{K}$的线性算子的（特征值，特征函数）对，样本特征值按$\hat{\lambda}_1 \geqslant \hat{\lambda}_2 \geqslant \cdots \geqslant 0$ 排序。我们用 $(\hat{\lambda}_j, \hat{\phi}_j)$ 作为 (λ_j, ϕ_j) 的估计量并取

$$\tilde{a}_j = \frac{1}{n\hat{\lambda}_j}\sum_{i=1}^{n} [Y_i - (\boldsymbol{W}_i^T\boldsymbol{\alpha}_0 + g(\boldsymbol{Z}_i^T\boldsymbol{\beta}_0))]\hat{\xi}_{ij} \tag{6.4}$$

作为α_j的估计。

6.2.1 参数与斜率函数的估计

下面我们用 B－样条函数逼近 $g(\cdot)$，为确保可识别性，不妨假设$\|\boldsymbol{\beta}_0\| = 1$ 并且 $\boldsymbol{\beta}_0$ 的最后一个分量β_{0d} 为正。令 $\boldsymbol{\beta}_{-d} = (\beta_1, \cdots, \beta_{d-1})^T$ 并且 $\boldsymbol{\beta}_{0,-d} = (\beta_{01}, \cdots, \beta_{0(d-1)})^T$，由于$\beta_{0d} = \sqrt{1-(\beta_{01}^2 + \cdots + \beta_{0(d-1)}^2)} > 0$，于是，存在$\rho_0 \in (0, 1)$，使$\boldsymbol{\beta}_0 \in \Theta_{\rho_0} = \{\boldsymbol{\beta} = (\beta_1, \cdots, \beta_d)^T: \beta_d = \sqrt{1-(\beta_1^2 + \cdots + \beta_{d-1}^2)} \geqslant \rho_0\}$。令 D 为观测到的 $\boldsymbol{Z}_i$，$i=1, 2, \cdots, n$ 的离散点集的凸包，记$U_* = \inf_{\boldsymbol{Z}\in D, \boldsymbol{\beta}\in\Theta_{\rho_0}} \boldsymbol{Z}^T\boldsymbol{\beta}$ 以及$U^* = \sup_{\boldsymbol{Z}\in D, \boldsymbol{\beta}\in\Theta_{\rho_0}} \boldsymbol{Z}^T\boldsymbol{\beta}$。我们首先将$[U_*, U^*]$划分成$k_n$个小区间，节

点为$\{U_* = u_{n0} < u_{n1} < \cdots < u_{nk_n} = U^*\}$，对固定的$\boldsymbol{\beta}$，存在正整数$l$和$k_\beta$满足$u_{n(l-1)} < \inf_{Z\in D}\boldsymbol{Z}^T\boldsymbol{\beta} \leqslant u_{nl} < u_{n(l+k_\beta)} \leqslant \sup_{Z\in D}\boldsymbol{Z}^T\boldsymbol{\beta} < u_{n(l+k_\beta+1)}$，令$U_\beta = u_{nl}$和$U^\beta = u_{n(l+k_\beta)}$；对$s\geqslant 1$，令$S^s_{k_\beta}(u)$为$s$阶样条函数集，其节点为$\{U_\beta = u_{nl} < u_{n(l+1)} < \cdots < u_{n(l+k_\beta)} = U^\beta\}$，令$\{B_{k\beta}(u)\}_{k=1}^{K_\beta}$为$S^s_{k_\beta}(u)$的一个基，其中$K_\beta = k_\beta + s$。

对固定的$\boldsymbol{\alpha}$和$\boldsymbol{\beta}$，我们用$\sum_{j=1}^m \tilde{a}_j\hat{\xi}_j$作为式（6.2）中$\sum_{j=1}^\infty a_j\xi_j$的近似并利用$\sum_{k=1}^{K_\beta} b_k B_{k\beta}(u)$逼近函数$g(u)$，$u\in[U_\beta, U^\beta]$。我们首先解下列关于$b_1, \cdots, b_{K_\beta}$的最小化问题：

$$\sum_{i=1}^n \{Y_i - \sum_{j=1}^m \frac{\hat{\xi}_{ij}}{n\hat{\lambda}_j}\sum_{l=1}^n [Y_l - \boldsymbol{W}_l^T\boldsymbol{\alpha} - \sum_{k=1}^{K_\beta} b_k B_{k\beta}(\boldsymbol{Z}_i^T\boldsymbol{\beta})]\hat{\xi}_{lj} - \boldsymbol{W}_i^T\boldsymbol{\alpha} - \sum_{k=1}^{K_\beta} b_k B_{k\beta}(\boldsymbol{Z}_i^T\boldsymbol{\beta})\}^2 \tag{6.5}$$

记$\tilde{\xi}_{il} = \sum_{j=1}^m \hat{\xi}_{ij}\hat{\xi}_{lj}/\hat{\lambda}_j$，$\tilde{Y}_i = Y_i - \frac{1}{n}\sum_{l=1}^n Y_l\tilde{\xi}_{il}$，$\tilde{\boldsymbol{W}}_i = \boldsymbol{W}_i - \frac{1}{n}\sum_{l=1}^n \boldsymbol{W}_l\tilde{\xi}_{il}$以及$\tilde{B}_{k\beta}(\boldsymbol{Z}_i^T\boldsymbol{\beta}) = B_{k\beta}(\boldsymbol{Z}_i^T\boldsymbol{\beta}) - \frac{1}{n}\sum_{l=1}^n B_{k\beta}(\boldsymbol{Z}_l^T\boldsymbol{\beta})\tilde{\xi}_{il}$。那么式（6.5）可写成：

$$\sum_{i=1}^n \{\tilde{Y}_i - \tilde{\boldsymbol{W}}_i^T\boldsymbol{\alpha} - \sum_{k=1}^{K_\beta} b_k \tilde{B}_{k\beta}(\boldsymbol{Z}_i^T\boldsymbol{\beta})\}^2 \tag{6.6}$$

令$\tilde{\boldsymbol{B}}_\beta(\boldsymbol{Z}_i^T\boldsymbol{\beta}) = (\tilde{B}_{1\beta}(\boldsymbol{Z}_i^T\boldsymbol{\beta}), \cdots, \tilde{B}_{K_\beta\beta}(\boldsymbol{Z}_i^T\boldsymbol{\beta}))^T$，$\tilde{\boldsymbol{B}}(\beta) = (\tilde{\boldsymbol{B}}_\beta(\boldsymbol{Z}_1^T\boldsymbol{\beta}), \cdots, \tilde{\boldsymbol{B}}_\beta(\boldsymbol{Z}_n^T\boldsymbol{\beta}))^T$，$\tilde{\boldsymbol{Y}} = (\tilde{Y}_1, \cdots, \tilde{Y}_n)^T$，$\tilde{\boldsymbol{W}} = (\tilde{\boldsymbol{W}}_1, \cdots, \tilde{\boldsymbol{W}}_n)^T$，以及$\boldsymbol{b} = (b_1, \cdots, b_{K\beta})^T$。如果$\tilde{\boldsymbol{B}}^T(\beta)\tilde{\boldsymbol{B}}(\beta)$可逆，则$\boldsymbol{b}$的估计量$\tilde{\boldsymbol{b}}(\boldsymbol{\alpha}, \boldsymbol{\beta}) = (\tilde{b}_1(\boldsymbol{\alpha}, \boldsymbol{\beta}), \cdots, \tilde{b}_{K_\beta}(\boldsymbol{\alpha}, \boldsymbol{\beta}))^T$为：

$$\tilde{\boldsymbol{b}}(\boldsymbol{\alpha}, \boldsymbol{\beta}) = \{\tilde{\boldsymbol{B}}^T(\boldsymbol{\beta})\tilde{\boldsymbol{B}}(\boldsymbol{\beta})\}^{-1}\tilde{\boldsymbol{B}}^T(\boldsymbol{\beta})(\tilde{\boldsymbol{Y}} - \tilde{\boldsymbol{W}}\boldsymbol{\alpha}) \tag{6.7}$$

接下来，我们解下列最小化问题：

$$\min_{\boldsymbol{\alpha},\boldsymbol{\beta}}\{\tilde{\boldsymbol{Y}} - \tilde{\boldsymbol{W}}\boldsymbol{\alpha} - \tilde{\boldsymbol{B}}(\boldsymbol{\beta})\tilde{\boldsymbol{b}}(\boldsymbol{\alpha}, \boldsymbol{\beta})\}^T\{\tilde{\boldsymbol{Y}} - \tilde{\boldsymbol{W}}\boldsymbol{\alpha} - \tilde{\boldsymbol{B}}(\boldsymbol{\beta})\tilde{\boldsymbol{b}}(\boldsymbol{\alpha}, \boldsymbol{\beta})\} \tag{6.8}$$

得到估计量$\hat{\boldsymbol{a}}$和$\hat{\boldsymbol{\beta}}$。Newton – Raphson 算法可用来执行解上述最小化问题。$\boldsymbol{b}$的估计量可通过解下列最小化问题得到：

$$\min_{\boldsymbol{b}}\sum_{i=1}^n \{\tilde{Y}_i - \tilde{\boldsymbol{W}}_i^T\hat{\boldsymbol{a}} - \boldsymbol{b}^T\tilde{\boldsymbol{B}}_{\hat{\beta}}(\boldsymbol{Z}_i^T\hat{\boldsymbol{\beta}})\}^2 \tag{6.9}$$

若$\tilde{\boldsymbol{B}}^T(\hat{\boldsymbol{\beta}})\tilde{\boldsymbol{B}}(\hat{\boldsymbol{\beta}})$可逆，则$\boldsymbol{b}$的估计量为：

$$\hat{\boldsymbol{b}} = \tilde{\boldsymbol{b}}(\hat{\boldsymbol{\alpha}}, \hat{\boldsymbol{\beta}}) = \{\tilde{\boldsymbol{B}}^T(\hat{\boldsymbol{\beta}})\tilde{\boldsymbol{B}}(\hat{\boldsymbol{\beta}})\}^{-1}\tilde{\boldsymbol{B}}^T(\hat{\boldsymbol{\beta}})(\tilde{\boldsymbol{Y}} - \tilde{\boldsymbol{W}}\hat{\boldsymbol{\alpha}}) \tag{6.10}$$

令$\tilde{g}(u) = \sum_{k=1}^{K_{\hat{\beta}}}\hat{b}_k B_{k\hat{\beta}}(u)$，$u\in[U_{\hat{\beta}}, U^{\hat{\beta}}]$，我们可选取一个新的调节参数$\tilde{m}$，

$a(t)$的估计量由式（6.11）给出：

$$\hat{a}(t) = \sum_{j=1}^{\tilde{m}} \hat{a}_j \hat{\phi}_j(t) \tag{6.11}$$

其中：

$$\hat{a}_j = \frac{1}{n\hat{\lambda}_j}\sum_{i=1}^{n}\{Y_i - \boldsymbol{W}_i^T\hat{\boldsymbol{a}} - \tilde{g}(\boldsymbol{Z}_i^T\hat{\boldsymbol{\beta}})\}\hat{\xi}_{ij} \tag{6.12}$$

6.2.2 连接函数的估计

为了构建一个能获得最优收敛速度的函数$g(u)$的估计量，我们选择新的节点并构建新的B－样条基。令$\{U_{\hat{\beta}} = \bar{u}_{n0} < \bar{u}_{n1} < \cdots \bar{u}_{nk_n^*)}) = U^{\hat{\beta}}\}$为新节点并且$\{B_k^*(u)\}_{k=1}^{K_n^*}$为对应的基函数，其中，$K_n^* = k_n^* + s$。$B_{k\hat{\beta}}^*(\boldsymbol{Z}_i^T\hat{\boldsymbol{\beta}})$，$\boldsymbol{B}_{\hat{\beta}}^*(\boldsymbol{Z}_i^T\hat{\boldsymbol{\beta}})$以及$\boldsymbol{B}^*(\boldsymbol{\beta})$分别与$\tilde{\boldsymbol{B}}_{k\beta}(\boldsymbol{Z}_i^T\hat{\boldsymbol{\beta}})$，$\tilde{\boldsymbol{B}}_{\beta}(\boldsymbol{Z}_i^T\hat{\boldsymbol{\beta}})$以及$\tilde{\boldsymbol{B}}_{\beta}(\boldsymbol{\beta})$的定义类似，然后解下列最小化问题：

$$\min_{\boldsymbol{b}^*}\sum_{i=1}^{n}\{\tilde{Y}_i - \boldsymbol{W}_i^T\hat{\boldsymbol{\alpha}} - \boldsymbol{b}^{*T}\boldsymbol{B}_{\hat{\beta}}^*(\boldsymbol{Z}_i^T\hat{\boldsymbol{\beta}})\}^2 \tag{6.13}$$

得到$\boldsymbol{b}^*$的估计量，此处$\boldsymbol{b}^* = (b_1, \cdots b_{K_n^*})^T$。如果$\boldsymbol{B}^{*T}(\hat{\boldsymbol{\beta}})\boldsymbol{B}^*(\hat{\boldsymbol{\beta}})$可逆，则$\boldsymbol{b}^*$的估计量为：

$$\hat{\boldsymbol{b}}^* = \boldsymbol{b}^*(\hat{\boldsymbol{\alpha}}, \hat{\boldsymbol{\beta}}) = \{\boldsymbol{B}^{*T}(\hat{\boldsymbol{\beta}})\boldsymbol{B}^*(\hat{\boldsymbol{\beta}})\}^{-1}\boldsymbol{B}^{*T}(\hat{\boldsymbol{\beta}})(\tilde{\boldsymbol{Y}} - \tilde{\boldsymbol{W}}\hat{\boldsymbol{\alpha}}) \tag{6.14}$$

$g(u)$的估计量为$\hat{g}(u) = \sum_{k=1}^{K_n^*}\hat{b}_k^* B_{k\hat{\beta}}^*(u)$，$u \in [U_{\hat{\beta}}, U^{\hat{\beta}}]$。

6.2.3 关键参数的选择

为了有效地执行上面提出的估计方法，适当选取m、k_n、$\tilde{m}$以及K_n^*是必要的。m和k_n可由下面的BIC准则选取：

$$BIC(m,k_n) = \log\{\frac{1}{n}\sum_{i=1}^{n}(Y_i - \boldsymbol{W}_i\hat{\boldsymbol{\alpha}}_{m,k_n} - \sum_{j=1}^{m}\hat{a}_j\hat{\xi}_{ij} - \tilde{g}(\boldsymbol{Z}_i^T\hat{\boldsymbol{\beta}}_{m,k_n}))^2\} + \frac{\log(n)(m + k_n + s)}{n}$$

此处，$\hat{\boldsymbol{\alpha}}_{m,k_n}$和$\hat{\boldsymbol{\beta}}_{m,k_n}$依赖于$m$和$k_n$，较大的BIC值显示贫乏的适应。事实上，这里的$m$和$k_n$用于估计参数向量$\boldsymbol{\alpha}$和$\boldsymbol{\beta}$，通过模拟我们发现估计量$\hat{\boldsymbol{\alpha}}$和$\hat{\boldsymbol{\beta}}$对$m$和$k_n$的变化并不敏感，为简单起见，可选择$k_n = c_0 n^{1/(2s-1)}$，而$c_0$为某个正常数。调节参数$\tilde{m}$可由下面的BIC准则选取：

$$BIC(\tilde{m}) = \log\{\frac{1}{n}\sum_{i=1}^{n}(Y_i - \boldsymbol{W}_i\hat{\boldsymbol{\alpha}} - \sum_{j=1}^{\tilde{m}}\hat{a}_j\hat{\xi}_{ij} - \tilde{g}(\boldsymbol{Z}_i^T\hat{\boldsymbol{\beta}}))2\} + \frac{\log(n)(\tilde{m})}{n}$$

K_n^* 可由下面的 BIC 准则选取：

$$BIC(K_n^*)=\log\{\frac{1}{n}\sum_{i=1}^{n}(\hat{Y}_i-\hat{\boldsymbol{W}}_i\hat{\boldsymbol{\alpha}}-\hat{\boldsymbol{b}}^{*T}\boldsymbol{B}_{\hat{\beta}}^*(\boldsymbol{Z}_i^T\hat{\boldsymbol{\beta}})\}^2+\frac{\log(n)K_n^*}{n}$$

6.2.4 计算方法

实际应用中，提出的方法可依下列步骤执行：

（1）选取一个 m，用线性函数逼近联结函数 g，模型简化为部分函数线性模型，求解模型中的未知参数得到初始估计量 $\hat{\boldsymbol{\alpha}}^{(0)}$ 和 $\hat{\boldsymbol{\beta}}_1^{(0)}$，令 $\hat{\boldsymbol{\beta}}^{(0)}=\hat{\boldsymbol{\beta}}_1^{(0)}/\|\hat{\boldsymbol{\beta}}_1^{(0)}\|$。

（2）计算 $U_{\hat{\beta}^{(0)}}$ 和 $U^{\hat{\beta}^{(0)}}$，构建样条基 $\{B_{k\hat{\beta}^{(0)}}(u)\}_{k=1}^{K_{\hat{\beta}^{(0)}}}$，利用式（6.7）得到 $\tilde{b}(\hat{\boldsymbol{\alpha}}^{(0)},\hat{\boldsymbol{\beta}}^{(0)})$，解最小化问题（6.8）得到估计量 $\hat{\boldsymbol{\alpha}}$ 和 $\hat{\boldsymbol{\beta}}$。

（3）分别利用式（6.10）和式（6.12）计算 $\hat{\boldsymbol{b}}$ 和 $\hat{a}_j$，并进一步利用式（6.13）得到 $\hat{a}(t)$。

（4）计算 $U_{\hat{\beta}}$ 和 $U^{\hat{\beta}}$，构建基函数 $\{B_k^*(u)\}_{k=1}^{K_n^*}$，利用式（6.14）计算 $\hat{\boldsymbol{b}}^*$ 并进一步得到 $\hat{g}(u)$。

注 6.1 虽然基函数 $B_{k\beta}(u)$ 依赖于 $\boldsymbol{\beta}$，但所有基函数 $B_{k\beta}(u)$ 的个数是 k_n+s，在一些实际应用中，样本容量 n 并不大，k_n 也并不大，这时可取 $U_\beta=\inf_{Z\in D}\boldsymbol{Z}^T\boldsymbol{\beta}$ 以及 $U^\beta=\sup_{Z\in D}\boldsymbol{Z}^T\boldsymbol{\beta}$，为充分利用数据，选取节点 $\{U_\beta<u_{n(l+1)}<,\cdots,<u_{n(l+k_\beta-1)}<U^\beta\}$ 并构建基函数 $\{B_{k\beta}(u)\}_{k=1}^{K_\beta}$。也就是说，$[u_{nl},u_{n(l+1)}]$ 和 $[u_{n(l+k_\beta-1)},u_{n(l+k_\beta)}]$ 分别由 $[U_\beta,u_{n(l+1)}]$ 和 $[u_{n(l+k_\beta-1)},U^\beta]$ 来替代。

6.3 估计量的渐近性质

这部分将给出参数估计量的渐近正态性和非参数估计量的收敛速度。下列假设是建立估计量渐近性质所需要的。

假设 1 $E(Y^4)<+\infty$，$E(\|\boldsymbol{W}\|^4)<+\infty$ 并且 $\int_T E(X^4(t))\mathrm{d}t<\infty$，对 $i\neq j$，i，$j=1$，2，$\cdots$ 并且 $\boldsymbol{\beta}\in\Theta_{\rho0}$，有 $E(\xi_j\mid\boldsymbol{Z}^T\boldsymbol{\beta})=0$ 并且 $E(\xi_i\xi_j\mid\boldsymbol{Z}^T\boldsymbol{\beta})=0$。对 $j\geqslant1$，$E(\xi_j^{2r}\mid\boldsymbol{Z}^T\boldsymbol{\beta})\leqslant C_1\lambda_j^r$，$r=1$，$2$，此处 C_1 为一正常数。对任意的 j_1，$\cdots$，j_4，$E(j_1\cdots j_4\mid\boldsymbol{Z}^T\boldsymbol{\beta})=0$，除非每个指标 j_k 都重复。

假设 2 存在定义于 [0，1] 的凸函数 φ 满足 $\varphi(0)=0$ 并且 $\lambda_j=\varphi(1/j)$，$j\geq 1$。

假设 3 存在常数 $C_2>0$ 和 $\gamma>3/2$ 满足 $|a_j|\leq C_2 j^{-\gamma}$，$j\geq 1$。

假设 4 联结函数 $g(u)$ 是 s 次连续可微的并满足 $|g^{(s)}(u')-g^{(s)}(u)|\leq C_3|u'-u|^{\varsigma}$，$U_*\leq u'$，$u\leq U^*$，其中 $p=s+\varsigma>3$，$0<\varsigma\leq 1$ 且 $C_3>0$。节点 $\{U_*=u_{n0}<u_{n1}<\cdots<u_{nk_n}=U^*\}$ 满足 $h_0/\min_{1\leq k\leq k_n}h_{nk}\leq C_4$，此处 $h_{nk}=u_{nk}-u_{n(k-1)}$，$h_0=\max_{1\leq k\leq k_n}h_{nk}$ 并且 $C_4>0$ 为一正常数。

假设 5 $nh_0^{2p}\to 0$，$n^{-1/2}m\lambda_m^{-1}\to 0$，$n^{-1}m^4\boldsymbol{\lambda}_m^{-1}h_0^{-6}\log m\to 0$ 并且 $m^{-2\gamma}h_0^{-2}$。

假设 5* $m\to\infty$，$h_0\to 0$，$n^{-1/2}m\lambda_m^{-1}\to 0$，$n^{-1}m^4\boldsymbol{\lambda}_m^{-1}h_0^{-2}\log m\to 0$ 并且 $(nh_0^3)^{-1}(\log n)^2\to 0$。

假设 6 对 $u\in[U_\beta，U^\beta]$ 以及 $\boldsymbol{\beta}_0$ 某个领域内的 β，$\boldsymbol{Z}^T\boldsymbol{\beta}$ 的边缘密度函数 $f_\beta(u)$ 满足 $0<c_1\leq f_\beta(u)\leq C_5<+\infty$，此处 c_1 和 C_5 为正常数。

类似于部分函数线性模型，令 $\mathscr{A}$ 为满足如下条件的所有随机变量的集合：随机变量 $V\in\mathscr{A}$ 当且仅当 $V=\sum_{j=1}^{\infty}v_j\xi_j$ 且 $|v_j|\leq C_0 j^{-\gamma}$ 对所有的 $j\geq 1$ 成立，这里 γ 由假设 3 给出并且 $C_0>0$ 为一常数。令 V_r^* 为 $E(W_r|X)$ 在空间 $\mathscr{A}$ 内的映射，即 V_r^* 为 $\mathscr{A}$ 中的一随机变量且在 $\mathscr{A}$ 的所有随机变量中，V_r^* 离 $E(W_r|X)$ 最近。令 $\breve{V}_r=W_r-V_r^*$，$r=1$，…，d 并令 $\breve{\boldsymbol{V}}=(\breve{V}_1,\cdots,\breve{V}_d)^T$。

在假设 4 下，依据 Schumaker（1981）的引理 6.21，存在样条函数 $g_0(u)=\sum_{k=1}^{K_{\beta 0}}b_{0k}B_{k\beta_0}(u)$ 以及常数 $C_6>0$，使得：

$$\sup_{u\in[U_\beta,U^\beta]}|R^{(k)}(u)|\leq C_6h_0^{p-k},\ k=0,1,\cdots,s \tag{6.15}$$

此处，$R(u)=g(u)-g_0(u)$，$R^{(k)}(u)=d^kR/du^k$。记 $\boldsymbol{b}_0=(b_{01},\cdots,b_{0K_{\beta_0}})^T$，$\boldsymbol{B}_\beta(u)=(B_{1\beta}(u),\cdots,B_{K_\beta\beta}(u))^T$。定义：

$G(\boldsymbol{\alpha},\boldsymbol{\beta})=(\boldsymbol{\alpha}-\boldsymbol{\alpha}_0)^TE(\breve{\boldsymbol{V}}\breve{\boldsymbol{V}}^T)(\boldsymbol{\alpha}-\boldsymbol{\alpha}_0)-2\boldsymbol{b}_0^TE[(\boldsymbol{B}_{\beta_0}(\boldsymbol{Z}^T\boldsymbol{\beta}_0)\breve{\boldsymbol{V}}^T)](\boldsymbol{\alpha}-\boldsymbol{\alpha}_0)+\boldsymbol{b}_0^T\Gamma(\boldsymbol{\beta}_0,\boldsymbol{\beta}_0)\boldsymbol{b}_0-\Pi^T(\boldsymbol{\alpha}-\boldsymbol{\beta})\Gamma^{-1}(\boldsymbol{\beta},\boldsymbol{\beta})\Pi(\boldsymbol{\alpha}-\boldsymbol{\beta})+\sigma^2$

此处 $\boldsymbol{\Gamma}(\boldsymbol{\beta}_1,\boldsymbol{\beta}_2)=(\gamma_{kk'}(\boldsymbol{\beta}_1,\boldsymbol{\beta}_2))_{K_{\beta_1}\times K_{\beta_2}}$，其中，$\gamma_{kk'}(\boldsymbol{\beta}_1,\boldsymbol{\beta}_2)=E[B_{k\beta_1}(\boldsymbol{Z}^T\boldsymbol{\beta}_1)B_{k'\beta_2}(\boldsymbol{Z}^T\beta_2)]$，$\boldsymbol{\Pi}(\boldsymbol{\alpha}-\boldsymbol{\beta})=\boldsymbol{\Gamma}(\boldsymbol{\beta},\boldsymbol{\beta}_0)b_0-E[\boldsymbol{B}_\beta(\boldsymbol{Z}^T\boldsymbol{\beta})\breve{\boldsymbol{V}}^T](\boldsymbol{\alpha}-\boldsymbol{\alpha}_0)$。令 $\boldsymbol{\theta}=(\boldsymbol{\alpha}^T,\boldsymbol{\beta}^T)^T$，$\boldsymbol{\theta}_{-d}=(\boldsymbol{\alpha}^T,\boldsymbol{\beta}^T_{-d})^T$，$\hat{\boldsymbol{\theta}}_{-d}=(\hat{\boldsymbol{\alpha}}^T,\hat{\boldsymbol{\beta}}^T_{-d})^T$ 以及 $\boldsymbol{\theta}_{0,-d}=(\boldsymbol{\alpha}_0^T,\boldsymbol{\beta}_{0,-d}^T)^T$。定义：

$\boldsymbol{G}^*(\boldsymbol{\theta}_{-d})=\boldsymbol{G}^*(\boldsymbol{\alpha},\boldsymbol{\beta}_{-d})=\boldsymbol{G}(\boldsymbol{\alpha},\beta_1,\cdots,\beta_{d-1},\sqrt{1-\|\boldsymbol{\beta}_{-d}\|^2}$

以及它的 Hessian 矩阵$\boldsymbol{H}^*(\boldsymbol{\theta}_{-d}) = \frac{\partial^2}{\partial\theta_{-d}\partial\theta_{-d}^T}\boldsymbol{G}^*(\boldsymbol{\theta}_{-d})$。

假设7 $\boldsymbol{G}^*(\boldsymbol{\theta}_{-d})$在$\boldsymbol{\theta}_{0,-d}$是局部凸的函数，即对任意的$\varepsilon>0$，存在$\in>0$，只要$|\boldsymbol{G}^*(\boldsymbol{\theta}_{-d})-\boldsymbol{G}^*(\boldsymbol{\theta}_{0,-d})|<\in$，则有$\|\boldsymbol{\theta}_{-d}-\boldsymbol{\theta}_{0,-d}\|<\varepsilon$。此外，Hessian 矩阵$\boldsymbol{H}^*(\boldsymbol{\theta}_{-d})$在$\boldsymbol{\theta}_{0,-d}$的某个领域内连续且$\boldsymbol{H}^*(\boldsymbol{\theta}_{0,-d})>0$。

假设8 节点$\{U_{\hat{\beta}}=\bar{u}_{n0}<\bar{u}_{n1}<,\cdots,<\bar{u}_{n\vec{k}_n)}=U^{\hat{\beta}}\}$满足$h/\min_{1\leqslant k\leqslant\vec{k}_n}\bar{h}_{nk}\leqslant C_7$，此处，$\bar{h}_{nk}=\bar{n}_{nk}-\bar{n}_{n(k-1)}$，$h=\max_{1\leqslant k\leqslant\vec{k}_n}\bar{h}_{nk}$，而$C_7>0$为一常数。此外$h\to0$且$n^{-1}m^4\boldsymbol{\lambda}_m^{-1}h^{-4}\log m\to0$。

注6.2 如果$\lambda_j\sim j^{-\delta}$，$m\sim n^{\iota}$且$h_0\sim n^{-\tau}$，那么当$\iota<\min(1/(2(1+\delta)),1/(\delta+4))$且$1/(2p)<\tau<(1-\iota(\delta+4))/6$时，假设5成立，此处$\delta>1$，$\iota>0$以及$\tau>0$为常数。

定理6.1 （1）假定假设1至假设4以及5*、6和7成立。那么，当$n\to\infty$时，有：

$$\hat{\boldsymbol{a}}\xrightarrow{P}\boldsymbol{a}_0,\ \hat{\boldsymbol{\beta}}_{-d}\xrightarrow{P}\boldsymbol{\beta}_{0,-d}\tag{6.16}$$

（2）假定假设1至假设7成立。则有：

$$\hat{\boldsymbol{a}}-\boldsymbol{a}_0=o_p(h_0),\ \hat{\boldsymbol{\beta}}_{-d}-\boldsymbol{\beta}_{0,-d}=o_p(h_0)\tag{6.17}$$

为了建立$\hat{\boldsymbol{a}}$和$\hat{\boldsymbol{\beta}}_{-d}$的渐近分布，引进下列符号，定义：

$$\tilde{G}_n(\boldsymbol{\theta})=\tilde{G}_n(\boldsymbol{\alpha},\boldsymbol{\beta})=\frac{1}{n}\sum_{i=1}^{n}\{\tilde{Y}_i-\tilde{\boldsymbol{W}}_i^T\boldsymbol{\alpha}-\sum_{k=1}^{K_\beta}\tilde{b}_k(\boldsymbol{\alpha},\boldsymbol{\beta})\tilde{B}_{k\beta}(\boldsymbol{Z}_i^T\boldsymbol{\beta})\}^2\tag{6.18}$$

事实上，式（6.18）与式（6.8）紧密相连，由式（6.17），如果$u_{n(l-1)}<\inf_{\boldsymbol{Z}\in D}\boldsymbol{Z}^T\boldsymbol{\beta}_0<u_{nl}$，则有$U_{\hat{\beta}}=U_{\beta_0}=u_{nl}$，我们可以调整$u_{nl}$使得$\inf_{\boldsymbol{Z}\in D}\boldsymbol{Z}^T\boldsymbol{\beta}_0<u_{nl}$，于是有$U_{\hat{\beta}}=U_{\beta_0}=u_{nl}$。类似地，如果$\sup_{\boldsymbol{Z}\in D}\boldsymbol{Z}^T\boldsymbol{\beta}_0=u_{n(l+k\beta)}$，我们可以调整$u_{n(l+k\beta)}$使得$u_{n(l+k\beta)}<\sup_{\boldsymbol{Z}\in D}\boldsymbol{Z}^T\boldsymbol{\beta}_0$，于是有$U^{\hat{\beta}}=U^{\beta_0}=u_{n(l+k\beta)}$。因此，如果有必要，我们调整节点$\{u_{nk}\}_{k=0}^{k_n}$，以便存在$\boldsymbol{\beta}_{0,-d}$的领域$\delta^*(\boldsymbol{\beta}_{0,-d};r^*)$使得对充分大的$n$，当$\beta\in\delta^*(\boldsymbol{\beta}_{0,-d};r^*)$时有$U_\beta=U_{\beta_0}$以及$U_\beta=U^{\beta_0}$并且$\hat{\boldsymbol{\beta}}\in\delta^*(\boldsymbol{\beta}_{0,-d};r^*)$。令$K_n=K_{\beta_0}$，$B_k(u)=K_{k\beta_0}(u)$以及$\tilde{B}_k(u)=\tilde{B}_{k\beta_0}(u)$。对$\boldsymbol{\beta}\in\delta^*(\boldsymbol{\beta}_{0,-d};r^*)$时，有$K_\beta=K_n$，$B_k(u)=K_{k\beta}(u)$，$\tilde{B}_k(u)=\tilde{B}_{k\beta}(u)$。进而有：

$$\tilde{G}_n(\boldsymbol{\alpha},\boldsymbol{\beta})=\frac{1}{n}\sum_{i=1}^{n}\{\tilde{Y}_i-\tilde{\boldsymbol{W}}_i^T\boldsymbol{\alpha}-\sum_{k=1}^{K_n}\tilde{b}_k(\boldsymbol{\alpha},\boldsymbol{\beta})\tilde{B}_k(\boldsymbol{Z}_i^T\boldsymbol{\beta})\}^2$$

$$= \frac{1}{n}\{\widetilde{\boldsymbol{Y}} - \widetilde{\boldsymbol{W}}\alpha - \widetilde{\boldsymbol{B}}(\boldsymbol{\beta})\,\widetilde{\boldsymbol{b}}(\boldsymbol{\alpha},\boldsymbol{\beta})\}^T\{\widetilde{\boldsymbol{Y}} - \widetilde{\boldsymbol{W}}\boldsymbol{\alpha} - \widetilde{\boldsymbol{B}}(\boldsymbol{\beta})\,\widetilde{\boldsymbol{b}}(\boldsymbol{\alpha},\boldsymbol{\beta})\}$$

令$G_n(\boldsymbol{\theta}_{-d},\ \boldsymbol{b}) = G_n(\boldsymbol{\alpha},\ \boldsymbol{\beta}_{-d},\ \boldsymbol{b}) = \frac{1}{n}\{\widetilde{\boldsymbol{Y}} - \widetilde{\boldsymbol{W}}\boldsymbol{\alpha} - \widetilde{\boldsymbol{B}}(\boldsymbol{\beta}_{-d})\boldsymbol{b}\}^T\{\widetilde{\boldsymbol{Y}} - \widetilde{\boldsymbol{W}}\boldsymbol{\alpha} - \widetilde{\boldsymbol{B}}(\boldsymbol{\beta}_{-d})\boldsymbol{b}\}$，此处$\widetilde{\boldsymbol{B}}(\boldsymbol{\beta}_{-d}) = \widetilde{\boldsymbol{B}}(\beta_1,\ \cdots,\ \beta_{d-1},\ \sqrt{1-(\beta_1^2+\cdots+\beta_{d-1}^2)})$。由于$(\hat{\boldsymbol{\alpha}},\ \hat{\boldsymbol{\beta}})$是$\widetilde{G}_n(\boldsymbol{\alpha},\ \boldsymbol{\beta})$的最小值点，$(\hat{\boldsymbol{\alpha}},\ \hat{\boldsymbol{\beta}}_{-d},\ \hat{\boldsymbol{b}})$是$G_n(\boldsymbol{\alpha},\ \boldsymbol{\beta}_{-d},\ \boldsymbol{b})$的最小值点，此处$\hat{\boldsymbol{b}} = \widetilde{\boldsymbol{b}}(\hat{\theta}_{-d}) = \widetilde{\boldsymbol{b}}(\hat{\boldsymbol{\alpha}},\ \hat{\boldsymbol{\beta}}_{-d}) = \{\widetilde{\boldsymbol{B}}^T(\hat{\boldsymbol{\beta}}_{-d})\widetilde{\boldsymbol{B}}(\hat{\boldsymbol{\beta}}_{-d})\}^{-1}(\widetilde{\boldsymbol{B}}^T\hat{\boldsymbol{\beta}}_{-d})(\widetilde{\boldsymbol{Y}} - \widetilde{\boldsymbol{W}}\,\hat{a})$。从而有：

$$\frac{\partial G_n(\boldsymbol{\alpha},\ \boldsymbol{\beta}_{-d},\ \boldsymbol{b})}{\partial\boldsymbol{\alpha}}\Big|_{(\boldsymbol{\alpha},\boldsymbol{\beta}_{-d},\boldsymbol{b})=(\hat{\boldsymbol{\alpha}},\hat{\boldsymbol{\beta}}_{-d},\hat{\boldsymbol{b}})} = -\frac{2}{n}\widetilde{\boldsymbol{W}}^T\{\widetilde{\boldsymbol{Y}} - \widetilde{\boldsymbol{W}}\hat{\boldsymbol{\alpha}} - \widetilde{\boldsymbol{B}}(\hat{\boldsymbol{\beta}}_{-d})\hat{\boldsymbol{b}}\} = 0 \tag{6.19}$$

$$\frac{\partial G_n(\boldsymbol{\alpha},\ \boldsymbol{\beta}_{-d},\ \boldsymbol{b})}{\partial\beta_r}\Big|_{(\boldsymbol{\alpha},\boldsymbol{\beta}_{-d},\boldsymbol{b})=(\hat{\boldsymbol{\alpha}},\hat{\boldsymbol{\beta}}_{-d},\hat{\boldsymbol{b}})} = -\frac{2}{n}\widetilde{\boldsymbol{W}}^T\{\widetilde{\boldsymbol{Y}} - \widetilde{\boldsymbol{W}}\hat{\boldsymbol{\alpha}} - \widetilde{\boldsymbol{B}}(\hat{\boldsymbol{\beta}}_{-d})\hat{\boldsymbol{b}}\}^T$$

$$\dot{\widetilde{B}}_r(\hat{\boldsymbol{\beta}}_{-d})\hat{\boldsymbol{b}} = 0,\ r = 1,\ \cdots,\ d-1 \tag{6.20}$$

此处，$\dot{\widetilde{B}}_r(\boldsymbol{\beta}_{-d}) = \frac{\partial\widetilde{\boldsymbol{B}}(\boldsymbol{\beta}_{-d})}{\partial\beta_r}$。令$\dot{G}_n(\boldsymbol{\theta}_{-d},\ \boldsymbol{b}) = \frac{\partial G_n(\boldsymbol{\theta}_{-d},\ \boldsymbol{b})}{\partial\boldsymbol{\theta}_{-d}} = \left(\frac{\partial}{\partial\boldsymbol{\alpha}}G_n(\boldsymbol{\alpha},\ \boldsymbol{\beta}_{-d},\ \boldsymbol{b})^T,\ \frac{\partial}{\partial\boldsymbol{\beta}_{-d}}G_n(\boldsymbol{\alpha},\ \boldsymbol{\beta}_{-d},\ \boldsymbol{b})^T\right)^T$。依据式（6.19）和式（6.20）并利用 Taylor 展开式，得到：

$$\dot{\boldsymbol{G}}_n(\boldsymbol{\theta}_{0,-d},\ \widetilde{\boldsymbol{b}}(\boldsymbol{\theta}_{0,-d})) + \ddot{\boldsymbol{G}}_n(\boldsymbol{\theta}^*_{-d},\ \widetilde{\boldsymbol{b}}(\boldsymbol{\theta}^*_{-d}))(\hat{\boldsymbol{\theta}}_{-d} - \boldsymbol{\theta}_{0,-d}) = 0 \tag{6.21}$$

此处，$\ddot{\boldsymbol{G}}_n(\boldsymbol{\theta}_{-d},\ \widetilde{\boldsymbol{b}}(\boldsymbol{\theta}_{-d})) = \frac{\partial}{\partial\boldsymbol{\theta}_{-d}}\dot{G}_n(\boldsymbol{\theta}_{-d},\ \widetilde{\boldsymbol{b}}(\boldsymbol{\theta}_{-d}))$为一$(q+d-1)\times(q+d-1)$矩阵，$\boldsymbol{\theta}^*_{-d}$在$\hat{\boldsymbol{\theta}}_{-d}$与$\boldsymbol{\theta}_{0,-d}$之间。令

$$\boldsymbol{\Omega}_0 = (\varpi_{kr})_{(q+d-1)\times(q+d-1)}, \tag{6.22}$$

其中：

$\varpi_{kr} = E(\breve{V}_k\breve{V}_r) - E[\boldsymbol{B}(\boldsymbol{Z}^T\boldsymbol{\beta}_0)\breve{V}_k]^T\Gamma^{-1}(\boldsymbol{\beta}_0,\ \boldsymbol{\beta}_0)E[\boldsymbol{B}(\boldsymbol{Z}^T\boldsymbol{\beta}_0)\breve{V}_r]$，$k,\ r = 1,\ \cdots,\ q$，$\varpi_{k(q+r)} = E[\dot{\boldsymbol{B}}_r(\boldsymbol{Z}^T\boldsymbol{\beta}_0)\breve{V}_k]^T\boldsymbol{b}_0 - E[\boldsymbol{B}(\boldsymbol{Z}^T\boldsymbol{\beta}_0)\breve{V}_k]^T\Gamma^{-1}(\boldsymbol{\beta}_0,\ \boldsymbol{\beta}_0)\boldsymbol{H}_r(\boldsymbol{\beta}_0,\ \boldsymbol{\beta}_0)\boldsymbol{b}_0$并且$\varpi_{(q+r)k} = \varpi_{k(q+r)}$，$k = 1,\ \cdots,\ q$；$r = 1,\ \cdots,\ d-1$ 以及对 $k,\ r = 1,\ \cdots,\ d-1$，$\varpi_{(q+k)(q+r)} = \boldsymbol{b}_0^T\{R_{rk}(\boldsymbol{\beta}_0,\ \boldsymbol{\beta}_0) - \boldsymbol{H}_r^T(\boldsymbol{\beta}_0,\ \boldsymbol{\beta}_0)\Gamma^{-1}(\boldsymbol{\beta}_0,\ \boldsymbol{\beta}_0)H_k(\boldsymbol{\beta}_0,\ \boldsymbol{\beta}_0)\}\boldsymbol{b}_0$，此处，$\boldsymbol{B}(\boldsymbol{Z}^T\boldsymbol{\beta}) = (B_1(\boldsymbol{Z}^T\boldsymbol{\beta}),\ \cdots,\ B_{K_n}(\boldsymbol{Z}^T\boldsymbol{\beta}))^T$ 并且 $\dot{\boldsymbol{B}}_r(\boldsymbol{Z}^T\boldsymbol{\beta}) = \frac{\partial\boldsymbol{B}(\boldsymbol{Z}^T\boldsymbol{\beta})}{\partial\beta_r}$，而$\boldsymbol{\Gamma}(\boldsymbol{\beta},\ \boldsymbol{\beta}')$，$\boldsymbol{H}_r(\boldsymbol{\beta},\ \boldsymbol{\beta}')$以及$\boldsymbol{R}_{rk}(\boldsymbol{\beta},\ \boldsymbol{\beta}')$为$K_n\times K_n$矩阵，其第

$(l,\ l')$元素分别为$[B_l(\boldsymbol{Z}^T\boldsymbol{\beta})B_{l'}(\boldsymbol{Z}^T\boldsymbol{\beta}')]$，$E[B_l(\boldsymbol{Z}^T\boldsymbol{\beta})\dot{B}_{l'r}(\boldsymbol{Z}^T\boldsymbol{\beta}')]$以及$E[\dot{B}_{lr}(\boldsymbol{Z}^T\beta)\dot{\boldsymbol{B}}_{l'k}(\boldsymbol{Z}^T\boldsymbol{\beta}')]$. 而$\dot{B}_{lr}(\boldsymbol{Z}^T\boldsymbol{\beta})=\dfrac{\partial B_l(\boldsymbol{Z}^T\boldsymbol{\beta})}{\partial\beta_r}$。

定理 6.2　假定假设 1 至假设 7 成立，如果$\boldsymbol{\Omega}_0$可逆，则有：

$$\sqrt{n}\boldsymbol{\Omega}_0^{1/2}(\hat{\boldsymbol{\theta}}_{-d}-\boldsymbol{\theta}_{0,-d})\xrightarrow{d}N(0,\ \sigma^2\boldsymbol{I}_{1+d-1}),$$

此处$\boldsymbol{I}_{q+d-1}$为$(q+d-1)\times(q+d-1)$单位矩阵。

定理 6.3　假定假设 1 至假设 7 成立，此外，设$\tilde{m}\to\infty$且$n^{-1}\tilde{m}^2\lambda_{\tilde{m}}^{-1}\log\tilde{m}\to 0$。则有：

$$\int_T\{\hat{a}(t)-a(t)\}^2\mathrm{d}t=O_p\left(\frac{\tilde{m}}{n\lambda_{\tilde{m}}}+\frac{\tilde{m}}{n^2\lambda_{\tilde{m}}^2}\sum_{j=1}^{\tilde{m}}\frac{j^3a_j^2}{\lambda_j^2}+\frac{1}{n\lambda_{\tilde{m}}}\sum_{j=1}^{\tilde{m}}\frac{a_j^2}{\lambda_j}+\tilde{m}^{-2\gamma+1}\right)$$

如果，$\lambda_j\sim j^{-\delta}$，$\delta>0$，$\tilde{m}\sim n^{1/(\delta+2\gamma)}$，$\gamma>2$ 并且 $\gamma>1+\delta/2$，则有$\sum_{j=1}^{\tilde{m}}j^3a_j^2\lambda_j^{-2}\leqslant\bar{C}(\log\tilde{m}+\tilde{m}^{2\delta+4-2\gamma})$且$\sum_{j=1}^{\tilde{m}}a_j^2\lambda_j^{-1}<+\infty$，这里的$\bar{C}$为一正常数。于是有如下推论：

推论 6.1　假定假设 1 至假设 7 成立，如果$\lambda_j\sim j^{-\delta}$，$\delta>0$，$\tilde{m}\sim n^{1/(\delta+2\gamma)}$并且 $\gamma>\min(2,\ 1+\delta/2)$，则有：

$$\int_T\{\hat{a}(t)-a(t)\}^2\mathrm{d}t=O_p(n^{-(2\gamma-1)/(\delta+2\gamma)})$$

上述结果显示$\hat{a}$（t）具有与 Hall 和 Horowitz（2007）中结果一样的收敛速度，这种收敛速度在最小最大意义下是最优的。

注 6.3　调节参数$\tilde{m}$仅用于确定由式(6.11)给出的估计量$\hat{a}(t)$，而调节参数 m 用于求得 $\boldsymbol{\alpha}_0$和$\boldsymbol{\beta}_0$的估计量。推论 6.1 表明当$\tilde{m}\sim n^{1/(\delta+2\gamma)}$时，估计量$\hat{a}(t)$获得了最优收敛速度。从注 6.1 可知，只要 $m\sim n^{\iota}$且$0<\iota<n^{1/(\delta+2\gamma)}$就能推导出$\hat{\theta}_{-d}$的渐近正态性，因此，$m$ 的取值限制要比$\tilde{m}$少得多。

定理 6.4　假定假设 1 至假设 8 成立，那么有：

$$\int_{U_{\beta 0}}^{U^{\beta 0}}\{\hat{g}(u)-g(u)\}^2\mathrm{d}u=O_p((nh)^{-1}+h^{2p})$$

如果进一步有 $h=O(n^{-1/(2p+1)})$，则：

$$\int_{U_{\beta 0}}^{U^{\beta 0}}\{\hat{g}(u)-g(u)\}^2\mathrm{d}u=O_p(n^{-\frac{2p}{2p+1}})$$

上式表明估计量$\hat{g}(u)$获得了整体最优收敛速度。

注 6.4 在假设 1 至假设 7 下，类似于定理 6.4 的证明，可得：

$$\int_{U_{\beta_0}}^{U^{\beta_0}} \{\tilde{g}(u) - g(u)\}^2 du = O_p((nh_0)^{-1} + h_0^{2p}) = O_p((nh_0)^{-1})$$

由于 $nh_0^{2p}\to 0$，$\tilde{g}(u)$ 并不能获得最优收敛速度 $O_p(n^{-2p/(2p+1)})$，事实上 $nh_0^{2p}\to 0$ 是为了保证定理 6.2 中的估计量 $\hat{\boldsymbol{\beta}}_{-d}$ 的偏差可忽略，导致估计量 $\tilde{g}(u)$ 的整体收敛速度变慢。

记 $S=\{(Y_i, X_i, \boldsymbol{W}_i, \boldsymbol{Z}_i): i=1, 2, \cdots, n\}$，令 $(Y_{n+1}, X_{n+1}, \boldsymbol{W}_{n+1}, \boldsymbol{Z}_{n+1})$ 为来自总体 $(Y, X, \boldsymbol{W}, \boldsymbol{Z})$ 的新的观察并与 S 独立。定义均方预测误差（MSPE）为：

$$MSPE = E\left(\left\{\int_T \hat{a}(t) X_{n+1}(t)\mathrm{d}t + \boldsymbol{W}_{n+1}^T\hat{\boldsymbol{\alpha}} + \hat{g}(\boldsymbol{Z}_{n+1}\hat{\boldsymbol{\beta}}) - \left(\int_T a(t) X_{n+1}(t)\mathrm{d}t + \boldsymbol{W}_{n+1}^T\boldsymbol{\alpha}_0 + g(\boldsymbol{Z}_{n+1}\boldsymbol{\beta}_0)\right)\right\}^2 \mid S\right)$$

下面的定理给出了均方预测误差的收敛速度。

定理 6.5 在假设 1 至假设 4 以及假设 6 至假设 8 下，如果 $\lambda_j \sim j^{-\delta}$，$\tilde{m}\sim n^{1/(\delta+2\gamma)}$，$h=O(n^{-\frac{1}{2p+1}})$，其中 $\gamma>\min(2, 1+\delta/2)$，$h_0\sim n^{-\tau}$，$1/(2p)<\tau<(\gamma-2)/(3(\delta+2\gamma))$.

则有：

$$MSPE = O_p(n^{-\frac{\delta+2\gamma-1}{\delta+2\gamma}}) + O_p(n^{-\frac{2p}{2p+1}})$$

此外，如果 $\delta+2\gamma=2p+1$，则有：

$$MSPE = O_p(n^{-\frac{\delta+2\gamma-1}{\delta+2\gamma}}).$$

注 6.5 在定理 6.4 中，假设 $h_0\sim n^{-\tau}$ 且 $1/(2p)<\tau<(\gamma-2)/(3(\delta+2\gamma))$。如果 $\delta+2\gamma=2p+1$，那么条件 $p>\gamma$ 和 $\gamma>5+3/(2p)$ 是需要的。当 $p>\gamma\geqslant 5.3$ 时，可满足前面的条件。

上述定理的证明详见 Tang 等（2021）中的附件。

6.4 在阿尔茨海默病研究中的应用

在本节中，我们使用前面提出的方法来分析实际数据。为此，我们使用来自美国国立卫生研究院阿尔茨海默病神经影像学倡议（NIHADNI）项目研究的217名受试者的扩散张量成像（DTI）数据。有关这些数据的详细信息，可参阅 http：//www. adni－info. org。DTI 数据分为两个关键步骤处理，包括加权最小二乘估计方法（Basser 等，1994；Zhu 等，2007）在 FSL 中构造扩散张量和 TBSS 管道（Smith 等，2006）。这使我们能够注册来自多个主题的 DTI，从而创建一个平均图像和一个平均骨架。这些数据已经被许多作者使用不同的模型进行分析，如 Yu 等（2016）、Li 等（2016）以及其中的参考文献。

我们希望预测简短精神状态检查（MMSE）分数，MMSE 是一种筛查测试，广泛用于提供长时间的简短和客观的认知功能测量。MMSE 评分被视为可靠有效的临床指标，用于定量评估认知障碍的严重程度。以往的研究者认为，MMSE 分数受到人口统计学特征的影响，如年龄、受教育程度和文化背景（Tombaugh 和 McIntyre，1992）、性别（Pöysti 等，2012；O' Bryant 等，2008）以及可能的遗传因素，如 AOPE 多态等位基因（Liu 等，2013）。

通过整理，包括清理缺失数据等，最后的样本包含196人的数据。我们感兴趣的响应变量 Y 是 MMSE 分数。函数型自变量包括沿胼胝体（CC）纤维束的分数各向异性（FA）值，有83个等距格点，可以视为 pAc AAlA 弧长的函数。FA 测量了局部水扩散障碍的非均匀程度和局部水扩散的平均大小（Basser 等，1996）。主要感兴趣的数值型自变量包括性别（W_1）、偏手性（W_2）、教育水平（W_3）、apoe4 的基因型（W_4、W_5具有三个层次的分类数据）、年龄（W_6）、ADAS13（Z_1）和 ADAS11（Z_2）。基因型 apoe4 是载脂蛋白 E（ApoE）的三大等位基因之一，它是一种主要移植脂质运输和损伤修复的胆固醇载体。ApoE 多态性等位基因是导致阿尔茨海默病风险的主要遗传决定因素（Liu 等，2013）。ADAS11 和 ADAS13 分别是阿尔茨海默症评估量表——认知亚量表（ADAS－Cog）的第11和第13版本，最初用于测量阿尔茨海默病不同阶段患者的认知（Llano 等，2011；Zhou 等，2012；Podhorna 等，2016）。

我们构建如下两个模型：

$$Y = \int_0^1 a(t)X(t)\,\mathrm{d}t + \alpha_0 + \alpha_1 W_1 + \alpha_2 W_2 + \alpha_3 W_3 + \alpha_4 W_4 + \alpha_5 W_5 + \alpha_6 W_6 + \beta_1 Z_1 + \beta_2 Z_2 + \varepsilon, \tag{6.23}$$

$$Y = \int_0^1 a(t)X(t)\,\mathrm{d}t + \alpha_1 W_1 + \alpha_2 W_2 + \alpha_3 W_3 + \alpha_4 W_4 + \alpha_5 W_5 + \alpha_6 W_6 + g(\beta_1 Z_1 + \beta_2 Z_2) + \varepsilon, \tag{6.24}$$

其中，$W_1=1$ 代表男性，$W_1=0$ 代表女性；$W_2=1$ 表示偏右手，$W_2=0$ 表

示偏左手；$W_4=1$ 和 $W_5=0$ 表示 apoe4 的类型为0，$W_4=0$ 和 $W_5=1$ 表示 apoe4 的类型为1，$W_4=0$ 和 $W_5=0$ 表示 poe4 的类型为2。选择函数型自变量 $X(t)$ 为中心分数各向异性(FA)值，使得 $E[X(t)]=0$。模型(6.23)为部分函数线性模型，模型(6.24)为部分函数部分线性单指数模型，其中 ADAS13(Z_1)和 ADAS11(Z_2)为指标变量。

模型中的参数和非参数估计量由6.2节中给出的方法进行计算，其中非参数函数 g（u）由一个具有等间距节点的三次样条函数近似。由于 Z_1 和 Z_2 较大，在模型（6.24）的估计中，我们取 $h_0=5.0$，调节参数取为 $m=3$。表6.1给出了模型（6.23）和模型（6.24）的参数估计量，图6.1则显示了 a（t）和 $g(u)$ 的估计曲线以及它们95%逐点置信带。在模型（6.23）的估计中，$\hat{\alpha}_0=28.9388$。模型（6.23）和模型（6.24）Y 的均分误差（MSE）分别为2.8684和2.7782，而且通过增加节点数目，模型（6.24）Y 的 MSE 还会变小。

表6.1　模型（6.23）和模型（6.24）的参数估计量

模型	α_1	α_2	α_3	α_4	α_5	α_6	β_1	β_2
(6.23)	0.0758	0.4317	0.1105	0.6875	0.5581	−0.0239	−0.0429	−0.1865
(6.24)	−0.0754	0.1814	0.1138	0.5961	0.5245	−0.0305	0.1957	0.9807

从表6.1和图6.1可以观察到：两种模型的斜率函数 $a(t)$ 在形状上非常相似，而且在两种模型中，MMSE 皆随 ADAS13 和 ADAS11 的增加而下降。然而，如图6.1（c）中 $g(u)$ 的估计曲线所示，这种下降是非线性的。在单指标模型（6.24）中发现女性的 MMSE 比男性要高，这与 Pöysti 等（2012）以及 O' Bryant 等（2008）的结果一致，而模型（6.23）的结果却正好相反。虽然我们无法对模型拟合进行正式的测试，但这些观察结果显示了单指标模型（6.24）相比部分函数线性模型（6.23）的优越性。

为了评估这两个模型的预测性能，将 Bootstrap 方法和交叉核实方法应用到数据集上。每次运用 Bootstrap 方法到数据集时，我们将数据随机分成10个小部分，使用其中9个小部分的数据来估计模型，而剩下的1个小部分数据作为测试数据并计算了测试数据集的 MSPE。两个模型200次试验的 MSPE 呈现在图6.2中。模型（6.23）和模型（6.24）的200次试验的 MSPE 的平均值分别为3.6996和3.4249。模型（6.23）和模型（6.24）的200次实验的MSPE中位数分别为3.5464和3.3421。图6.2显示模型（6.24）的拟合数据比模型（6.23）更好。事实上，从图6.1中$g(u)$的估计曲线具有明显的非线性特征可以看出模型（6.24）比模型（6.23）更灵活。

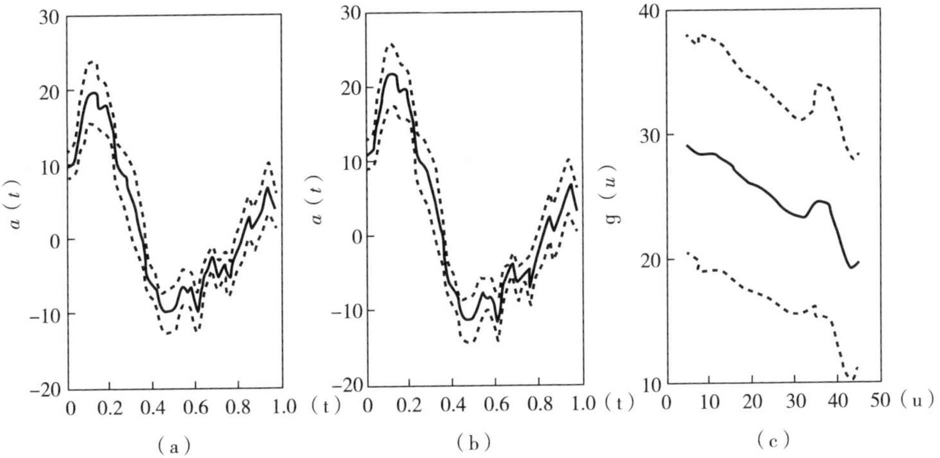

图6.1　$a(t)$和$g(u)$的估计曲线以及95%逐点置信带

注：实线和虚线分别为$a(t)$和$g(u)$的估计曲线和95%逐点置信带。(a)为模型（6.23）中$a(t)$的估计曲线；(b)为模型（6.24）中$a(t)$的估计曲线；(c)为模型（6.24）中$g(u)$的估计曲线。

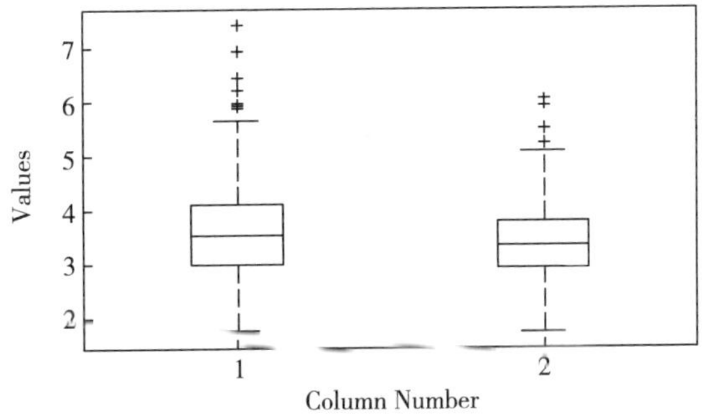

图6.2　模型（6.23）和模型（6.24）的平均平方预测误差（MSPE）箱线图

注：标签1为模型（6.23）的MSPE箱线图；标签2为模型（6.24）的MSPE箱线图。

6.5 函数型指标模型综述

Jiang 和 Wang（2011）提出了如下函数型单指标模型：

$$Y(t)=\mu(t,\ \boldsymbol{\beta}_0^T\boldsymbol{Z}(t))+\varepsilon(t,\ \boldsymbol{Z}(t))$$

这里的 μ 为未知二元连接函数，$\varepsilon(t,\ \boldsymbol{Z}(t))$ 为零均值随机误差函数。他们运用局部线性方法估计模型中的未知参数和函数并推导了估计量的渐近正态性。

Chen 等（2015）研究了如下部分线性单指标模型：

$$Y(t)=\boldsymbol{Z}^T(t)\boldsymbol{\beta}+\eta(\boldsymbol{X}^T(t)\boldsymbol{\theta})+\varepsilon(t)$$

此处，$\boldsymbol{\beta}$ 和 $\boldsymbol{\theta}$ 为未知参数向量，η 为未知连接函数，$\boldsymbol{Z}(t)$ 和 $X(t)$ 为向量随机过程。他们运用局部线性方法估计模型中的未知参数和函数并推导了估计量的渐近正态性。

Wang 和 Xue（2011）提出了如下部分函数系数单指标模型：

$$Y=\boldsymbol{Z}^T\boldsymbol{\theta}(U)+g(\boldsymbol{X}^T\boldsymbol{\beta}_0)+\varepsilon$$

其中，g 是未知连接函数。他们运用局部线性方法估计模型中的未知参数和函数并建立了估计量的渐近正态性和收敛速度。

Ding 等（2017）提出并研究了如下部分函数线性单指标模型：

$$Y=g\left(\int_{I_1}a(t)X(t)\,\mathrm{d}t\right)+\int_{I_2}\beta(t)Z(t)\,\mathrm{d}t+\varepsilon$$

其中，g 是未知连接函数，$Z(t)$ 为零均值随机过程。他们运用函数主成分分析法估计了上述模型中的未知函数并建立了估计量的整体收敛速度。

Chen 等（2011）研究了如下广义函数线性模型：

$$Y=g\left(\alpha_0+\int_{I_1}\beta_0(t)X(t)\,\mathrm{d}t\right)+\varepsilon$$

其中，g 为未知连接函数。他们运用核方法和局部线性方法并结合基函数展开估计模型中的未知参数和函数，并建立了估计量的收敛速度，他们还研究了多指标情况。Shang 和 Cheng（2015）也研究了上述模型并在文中考虑了模型估计和检验并建立了估计量的渐近性质。

Wang 等（2016）研究了如下部分函数线性单指标模型：

$$Y=\boldsymbol{Z}^T\boldsymbol{\gamma}_0+g\left(\int_T\beta_0(t)X(t)\,\mathrm{d}t\right)+\varepsilon$$

他们运用核光滑方法得到模型中未知参数和函数的估计量，并推导了估计量的渐近正态分布和整体收敛速度。

Ma（2016）提出了如下函数性单指标模型：

$$Y = g\left(\int_T \sum_{k=1}^{p} \beta_k(t)\, X_k(t)\,\mathrm{d}t\right) + \varepsilon$$

其中，$\beta_k(t)$，$k=1$，2，…，p 为未知参数，g 为未知连接函数。她运用 B－样条函数逼近未知参数，得到了 B－样条估计量，并建立了估计量的一致收敛速度和斜率函数的渐近置信带。

参考文献

[1] 唐庆国，王金德．变系数模型中的一步估计法［J］．中国科学·A辑：数学，2005，35（1）：23－38.

[2] 唐庆国，王金德．纵向数据变系数模型中的减元估计法［J］．中国科学·A辑：数学，2008，38（2）：187－206.

[3] 唐庆国，程龙生．空间数据变系数回归中的 B－spline 估计法［J］．中国科学·A辑：数学，2009，39（7）：783－800.

[4] Aneiros P G, Vieu P. Semi－Functional Partial Linear Regression［J］. Statistics & Probability Letters, 2006（76）: 1102－1110.

[5] Basser P J, Mattiello J, Lebihan D. Diffusion Tensor Spectroscopy and Imaging［J］. Biophysical Journal, 1994, 66（1）: 259－267.

[6] Basser P J, Pierpaoli C. Microstructural and Physiological Features of Tissues Elucidated by Quantitative－Diffusion－Tensor MRI［J］. Journal of Magnetic Resonance, Series B, 1996（111）: 209－219.

[7] Breiman L, Friedman J. Estimating Optimal Transformations for Multiple Regression and Correlation（With Discussion）［J］. J Am Statist Ass, 1985（80）: 580－619.

[8] Buja A, Hastie T, Tibshirani R. Linear Smoothers and Additive Models（With Discus－ Sion）［J］. Annals of Statistics, 1989（17）: 453－555.

[9] Cai T T, Hall P. Prediction in Functional Linear Regression［J］. Ann Statist, 2006（34）: 2159－2179.

[10] Cardot H, Ferraty F, Sarda P. Functional Linear Model［J］. Stat Probab Lett, 1999（45）: 11－22.

[11] Cardot H, Ferraty F, Sarda P. Spline Estimators for the Functional Linear Model［J］. Stat Sin, 2003（13）: 571－591.

[12] Cardot H, Mas A, Sarda P. CLT Infunctional Linear Models [J]. Probab Theory Relat Fields, 2007 (138): 325 -361.

[13] Carroll R J, Fan J, Gijbels I, Wand M P. Generalized Partially Linear Single - Index Models [J]. J Amer Statist Assoc, 1997 (92): 477 -489.

[14] Chavel I. Riemannian Geometry, 2nd Ed. Cambridge Studies in Advanced Mathematics 98 [M]. Cambridge: Cambridge Univercity Press, 2006.

[15] Chen D, Hall P, Müller, H. Single and Multiple Index Functional Regression Models with Nonparametric Link [J]. Annals of Statistics, 2011 (39): 1720 -1747.

[16] Chen J, Li D, Liang H, Wang S. Semiparametric GEE Analysis in Partially Linear Single - Index Models for Longitudinal Data [J]. Annals of Statistics, 2015 (43): 1682 -1715.

[17] Chen K, Jin Z. Partial Linear Regression Models for Clustered Data [J]. J Amer Statist Assoc, 2006 (101): 195 -204.

[18] Chen K., Müller, H. - G. Conditional Quantile Analysis When Covariates Are Functions, With Application to Growth Data [J]. J. R. Statist. Soc. B, 2012 (74): 67 -89.

[19] Chen Z., Hu, J., Zhu, H. Surface Functional Models [J]. Journal of Multivariate Analysis, 2020 (180): 1 -21.

[20] Cleveland W. S., Grosse E., Shyu W. M. Local Regression Models [M]. in Statistical Models in S (Eds J. M. Chambers and T. J. Hastie), Pacific Grove: Wadsworth and Brooks, 1992: 309 -376.

[21] Crambes C, Kneip A, Sarda P. Smoothing Splines Estimators for Functional Linear Regression [J]. Ann Stat, 2009 (37): 35 -72.

[22] Dauxois J, Pousse A, Romain Y. Asymptotic Theory for the Principal Component Analysis of A Vector Random Function: Some Applications to Statistical Inference [J]. Multivariate Anal, 1982 (12): 136 -54.

[23] Dauxois J, Pousse A. Les Analyses Factorielles En Calcul Desprobabilitès Et En Statistique: Essai D' études Yntéthique [D]. Phd Thesis, Université de Toulouse, 1976.

[24] De Boor C. A Practical Guide to Splines [M]. New York: Springer, 1978.

[25] Ding H, Liu Y, Xu W, Zhang R. A Class of Functional Partially Linear Single – Index Models [J]. Journal of Multivariate Analysis, 2017 (161): 68 – 82.

[26] Fan J, Jiang J. Variable Bandwidth and One – Step Local M – Estimator [J]. Sci Chin Ser A, 1999 (43): 65 – 81.

[27] Fan J, Li R. Variable Selection Via Nonconcave Penalized Likelihood and Its Oracle Properties [J]. Journal of the American Statistical Association, 2001 (96): 1348 – 1360.

[28] Fan J, Lv J. Non – Concave Penalized Likelihood With Np – Dimensionality [J]. IEEE Trans Inf. Theory, 2011 (57): 5467 – 5484.

[29] Fan J, Xue L, Zou H. Strong Oracle Optimality of Folded Concave Penalized Estimation [J]. Annals of Statistcs, 2014 (42): 819 – 849.

[30] Gao J, Lu Z, TjøStheim, D. Estimation in Semiparametric Spatial Regression [J]. Annals of Statistics, 2006 (34): 1395 – 1435.

[31] Green P J, Silverman B W. Nonparametric Regression and Generalized Linear Models: A Roughness Penalty Approach [M]. Champer and Hall, London, 1994.

[32] Gu C, Wahba G. Smoothing Spline ANOVA with Component – Wise Bayesian "Confidence Intervals" [J]. J Comput Graph Statist, 1993 (2): 97 – 117.

[33] Guan Y, Lin Z, Cao J. Estimating Truncated Functional Linear Models with A Nested Group Bridge Approach [J]. Journal of Computational and Graphical Statistics, 2020 (29): 620 – 628.

[34] Grenander U. Stochastic Processes and Satistical Inference [J]. Arkiv. Mat. 1950 (1): 195 – 277.

[35] Hall P, Hooker G. Truncated Linear Models for Functional Data [J]. Journal of Royal Statistical Society, Series B, 2016 (78): 637 – 653.

[36] Hall P, Horowitz J. Methodology and Convergence Rates for Functional Linear Regression [J]. Annals of Statistics, 2007 (35): 70 – 91.

[37] Hall P, Müller H, Wang J. Properties of Principal Component Methods for Functional and Longitudinal Data Analysis [J]. Annals of Statistics, 2006 (34): 1493 – 1517.

[38] Han K, Müller H G, Park B U. Additive Functional Regression for Den-

sities As Responses [J] . Journal of the American Statistical Association, 2020 (115): 997 - 1010.

[39] Harrison D, Rubinfeld D L. Hedonic Housing Prices and the Demand for Clean Air [J] . Journal of Environmental Economics and Management, 1978 (5): 81 - 102.

[40] Hastie T J, Tibshirani R J. Generalized Additive Models [M] . London: Chapman and Hall, 1990.

[41] Hastie T J, Tibshirani R J. Varying Coefficient Models [J] . J Roy Statist Soc Ser B, 1993 (55): 757 - 796.

[42] Hofmann B, Scherzer O. Local Ill - Posedness and Source Conditions of Operator Equations in Hilbert Space [J] . Inverse Problems, 1998 (14): 1189 - 1206.

[43] Hsing T, Eubank R. Theoretical Foundations of Functional Data Analysis, With an Introduction to Linear Operators [J] . Wiley Series in Probability and Statistics, 2015 (10): 750 - 755.

[44] Huang J, Horowitz J, We F. Variable Selection in Nonparametric Additive Models [J] . Annals of Statistics, 2010 (38): 2282 - 2313.

[45] Huang L, Zhao J, Wang H, Wang S. Robust Shrinkage Estimation and Selection for Functional Multiple Linear Model Through LAD Loss [J] . Computational Statistics and Data Analysis, 2016 (103): 384 - 400.

[46] Härdle W, Stoker T M. Investigating Smooth Multiple Regression by the Method of Average Derivatives [J] . Journal of the American Statistical Association, 1989 (84): 986 - 995.

[47] Jiang C, Wang J. Functional Single Index Models for Longitudinal Data [J] . Annals of Statistics, 2011 (39): 362 - 388.

[48] Jiang J, Mack Y P. Robust Local Polynomial Regression for Dependent Data [J] . Stat Sin, 2001 (11): 705 - 722.

[49] Karhunen K. Zur Spektraltheorie Stochastischer Prozesse [J] . Ann Acad Sci Fenn Ser A I Math, 1946 (34): 1 - 7.

[50] Kato K. Estimation in Functional Linear Quantile Regression [J] . Annals of Statistics, 2012 (40): 3108 - 3136.

[51] Kim K, Senturk D, Li R. Recent History Functional Linear Models for

Sparse Longitudinal Data [J]. Journal of Statistical Planning and Inference, 2011 (141): 1554 – 1566.

[52] Kleffe J. Principal Components of Random Variables With Values in A Separable Hilbert Space [J]. Math Oper Stat, 1973 (4): 391 – 406.

[53] Koenker R, Bassett, G. Regression Quantiles [J]. Econometrica, 1978 (46): 33 – 50.

[54] Kong D, Yao F, Zhang H. Partially Functional Linear Regression in High Dimensions [J]. Biometrika, 2016 (103): 147 – 159.

[55] Li J, Huang C, Zhu H. A Functional Varying – Coefficient Single Index Model for Functional Response Data [J]. J Amer Statist Assoc, 2016 (112): 1169 – 1181.

[56] Li K C. Sliced Inverse Regression for Dimensiom Reduction (With Discussion) [J]. J Am Statist Ass, 1991 (86): 316 – 342.

[57] Li Y, Hsing T. Uniform Convergence Rates for Nonparametric Regression and Principal Component Analysis in Functional/Logitudinal Data [J]. Annals of Statistics, 2010 (38): 3321 – 3351.

[58] Li Y, Wang N, Carroll R. Generalized Functional Linear Models with Semiparametric Single – Index Interactions [J]. Journal of the American Statistical Association, 2010 (105): 621 – 633.

[59] Llano D A, Laforet G, Devanarayan V. Derivation of A New {ADAS} – Cog Composite Using Tree – Based Multivariate Analysis: Prediction of Conversion From Mild Cognitive Impairment to Alzheimer Disease [J]. Alzheimer Disease & Associated Disorders, 2011, 25 (1): 73 – 84.

[60] Loève M. Fonctions Aléatoires à Decomposition Orthogonale Exponentielle [J]. La Rev Sci, 1946 (84): 159 – 62.

[61] Luo Y, Qi X. Function – On – Function Linear Regression by Signal Ompression [J]. Journal of the American Statistical Association, 2017 (112): 690 – 705.

[62] Lv J, Fan J. A Unified Approach to Model Selection and Sparse Recovery Using Regularized Least Squares [J]. Annals of Statistics, 2009 (37): 3498 – 352.

[63] Ma H, Li T, Zhu H, Zhu Z. Quantile Regression for Functional Partially Linear Model in Ultra – High Dimensions [J]. Computational Statistics and Data

Analysis, 2019 (129): 135 -147.

[64] Ma S. Estimation and Inference in Functional Single - Index Models [J]. Annals of the Institute of Statistical Mathematics, 2016 (68): 181 -208.

[65] Malfait N, Ramsay J. The Historical Functional Linear Model [J]. Canadian Journal of Statistics, 2003 (31): 115 -128.

[66] Müller H G, Stadtmuller U. Generalized Functional Linear Models [J]. Annals of Statistics, 2005 (33): 774 -805.

[67] Müller H G, Wu Y, Yao F. Continuously Additive Models for Nonlinear Functional Regression [J]. Biometrika, 2013 (100): 607 -622.

[68] Müller H G, Yao F. Functional Additive Models [J]. J Am Statist Assoc, 2008 (103): 1534 -44.

[69] Nir T M, Jahanshad N, Villalon - Reina J E, Toga A W, Jack C R, Weiner M W. Alzheimer'S Disease Neuroimaging Initiative (ADNI). Effectiveness of Regional DTI Measures in Distinguishing Alzheimer'S Disease, MCI, and Normal Aging [J]. Neuroimage: Clinical, 2013 (3): 180 -195.

[70] O'Bryant S E, Humphreys J D, Smith G E, Ivnik R J, Graff - Radford N R, Petersen R C and Lucas J A. Detecting Dementia With the Mini - Mental State Examination (MMSE) in Highly Educated Individuals [J]. Archives of Neurology, 2008, 65 (7): 963 -967.

[71] Pace R K, Gilley O W. Using the Spatial Configuration of the Data to Improve Estimation [J]. Journal of Real Estate Finance and Economics, 1997 (14): 333 -340.

[72] Park B, Chen C, Tao W, Müller H G. Singular Additive Models for Function to Function Regression [J]. Statistica Sinica, 2018 (28): 2497 -2520.

[73] Peng Q, Zhou J, Tang N. Varying Coefficient Partially Functional Linear Regression Models [J]. Stat Papers, 2016 (57): 827 -841.

[74] Podhorna J, Krahnke T, Shear M, Harrison J. Alzheimers Disease Assessment Scale Cognitive Subscale Variants in Mild Cognitive Impairment and Mild Alzheimers Disease: Change Over Time and the Effect of Enrichment Strategies [J]. Alzheimer'S Research & Therapy, 2016, 8 (1): 8.

[75] Pöysti M M, Laakkonen M L, Strandberg T, Savikko N, Tilvis R S, Eloniemi - Sulkava U, PitkäLä, K H. Gender Differences in Dementia Spousal Care-

giving [J/OL]. Inter J Alzheimer'S Disease. http://Dx. Doi. Org/10. 1155/2012/162960.

[76] Qi X, Luo R. Nonlinear Function – On – Function Additive Model with Multiple Predictor Curves [J]. Statistica Sinica, 2019 (29): 719 – 739.

[77] Ramsay J, Silverman B. Applied Functional Data Analysis: Methods and Case Studies [M]. New York: Springer, 2002.

[78] Ramsay J, Silverman B. Functional Data Analysis [M]. New York: Springer, 2005.

[79] Rao C R. Some Statistical Methods for Comparison of Growth Curves [J]. Biometrics, 1958 (14): 1 – 17.

[80] Sang P, Lockhart R, Cao J. Sparse Estimation for Functional Semiparametric Additive Models [J]. Journal of Multivariate Analysis, 2018 (168): 105 – 118.

[81] Schumaker L. Spline Functions: Basic Theory [M]. New York: Wiley, 1981.

[82] Senturk D, Müller H. Functional Varying Coefficient Models for Longitudinal Data [J]. Journal of the American Statistical Association, 2010 (105): 1256 – 1264.

[83] Shang Z, Cheng G. Nonparametric Inference in Generalized Functional Linear Models [J]. Ann. Statist, 2015 (43): 1742 – 1773.

[84] Shin H, Lee M H. On Prediction Rate in Partial Functional Linear Regression [J]. J Multivariate Anal, 2012 (103): 93 – 106.

[85] Shin H. Partial Functional Linear Regression [J]. Journal of Statistical Planning and Inference, 2009 (139): 3405 – 3418.

[86] Shumway W H. Applied Statistical Time Series Analysis [M]. Prentice – Hall, Englewood Cliffs, NJ, 1988.

[87] Smith S M, Jenkinson Johansen – Berg, Rueckert D, Nichols T E, Mackay C E, Watkins K E, Ciccarelli O, Cader M Z, Matthews P M Et Al. Tract – Based Spatial Statistics: Voxelwise Analysis of Multi – Subject Diffusion Data [J]. Neuroimage, 2006, 31 (4): 1487 – 1505.

[88] Stone C J, Hansen M, Kooperberg C, Truong Y K. Polynomial Splines and Their Tensor Products in Estended Linear Modeling [J]. Annals of Statistics, 1997 (25): 1371 – 1470.

[89] Stone C. Additive Rgression and Other Nonparametric Models [J]. Annals of Statistics, 1985 (13): 689-705.

[90] Tang Q, Cheng L. M-Estimation and B-Spline Approximation for Varying Coefficient Models With Longitudinal Data [J]. Journal of Nonparametric Statistics, 2008 (20): 611-625.

[91] Tang Q, Cheng L. Componentwise B-Spline Estimation for Varying Coefficient Models With Longitudinal Data [J]. Statistical Papers, 2012, 53 (3): 629-652.

[92] Tang Q, Kong L. Quantile Regression in Functional Linear Semiparametric Model [J]. Statistics, 2017, 51 (6): 1342-1358.

[93] Tang Q, Cheng L. Pantial Fanctional Linear Regression [J]. Science China Mathematics, 2014 (57): 2589-2608.

[94] Tang Q, Kong L, Ruppert D, Karunamuni R. Partial Functional Partially Linear Single-Index Models [J]. Statistica Sinica, 2021 (31): 107-133.

[95] Tang Q. B-Spline Estimation for Semiparametric Varying-Coefficient Partially Linear Regression With Spatial Data [J]. J Nonparametric Stat, 2013 (25): 361-378.

[96] Tang, Q. Estimation for Semi-Functional Linear Regression [J]. Statistics, 2015 (49): 1262-1278.

[97] Tang Q. Robust Estimation for Spatial Semiparametric Varying Coefficient Partially Linear Regression [J]. Statistical Papers, 2015 (56): 1137-1161.

[98] Tombaugh T N, Mcintyre N J. The Mini-Mental State Examination: A Comprehensive Review [J]. J Amer Geriatr Soc, 1992 (40): 922-935.

[99] Tuddenham R, Snyder M. Physical Growth of California Boys and Girls From Birth to Age 18 [J]. Calif Publ Chld Dev, 1954 (1): 183-364.

[100] Wang G, Feng X, Chen M. Functional Partial Linear Single-Index Model [J]. Scandinavian Journal of Statistics, 2016 (43): 261-274.

[101] Wang Q, Xue L. Statistical Inference in Partially Varying Coefficient Single Index Model [J]. J Multivariate Anal, 2011 (102): 1-19.

[102] Wong R, Li Y, Zhu Z. Partially Linear Functional Additive Models for Multivariate Functional Data [J]. Journal of the American Statistical Association, 2019 (114): 406-418.

[103] Wu Y, Fan J, Müller H. Varying – Coefficient Functional Linear Regression [J] . Bernoulli, 2010 (16): 730 – 758.

[104] Yao F, Müller H, Wang J. Functional Data Analysis for Sparse Longitudinal Data [J] . Journal of the American Statistical Association, 2005 (100): 577 – 590.

[105] Yao F, Müller H, Wang J. Functional Linear Regression Analysis for Longitudinal Data [J] . Annals of Statistics, 2005 (33): 2873 – 2903.

[106] Yu D, Kong L, Mizera I. Partial Functional Linear Quantile Regression for Neuroimaging Data Analysis [J] . Neurocomputing, 2016 (195): 74 – 87.

[107] Yu Y, Ruppert D. Penalized Spline Estimation for Partially Linear Single – Index Models [J] . Journal of the American Statistical Association, 2002 (97): 1042 – 1054.

[108] Zhang C H. Nearly Unbiased Variable Selection Under Minimax Concave Penalty [J] . Annals of Statistics, 2010 (38): 894 – 942.

[109] Zhang J, Chen J. Statistical Inferences for Functional Data [J]. Annals of Statistics, 2007 (35): 1052 – 1079.

[110] Zhang T, Wang Q. Functional Singular Component Analysis Based Functional Additive Models [J] . Science China Mathematics, 2016 (59): 2443 – 2462.

[111] Zhang X, Wang J. Varying – Coefficient Additive Models for Functional Data [J] . Biometrika, 2015 (102): 15 – 32.

[112] Zhou B, Nakatani E, Teramukai S, Nagai Y, Fukushima M. Risk Classification in Mild Cognitive Impairment Patients for Developing Alzheimer's Disease [J] . J Alzheimer's Disease, 2012, 30 (2): 367 – 375.

[113] Zhu H, Li L, Kong L. Multivariate Varying Coefficient Model for Functional Responses [J] . Annals of Statistics, 2012 (40): 2634 – 2666.

[114] Zhu H, Zhang H, Ibrahim J G, Peterson B S. Statistical Analysis of Diffusion Tensors in Diffusion – Weighted Magnetic Resonance Imaging Data [J] . Journal of the American Statistical Association, 2007 (102): 1085 – 1102.

函数型回归模型的统计推断及其应用

函数型数据分析的主要研究对象是随机过程及其产生的样本，函数型回归模型的统计分析是函数型数据分析的主要内容。本书首先介绍了函数型数据分析的基础理论、研究方法和最新研究动态。本书详细地阐述了五类重要函数型回归模型的统计推断以及它们的应用，这些模型包括函数线性模型、部分函数线性模型、部分函数半参数模型、部分函数部分线性可加性模型、部分函数部分线性单指标模型等。

本书可供统计学专业高年级本科生、研究生、青年教师以及应用函数型数据分析解决相关问题的其他专业如经济、金融、医学、气象、环境等领域的科研和应用科技工作者参考。

STATISTICAL INFERENCE OF FUNCTIONAL REGRESSION MODELS AND THEIR APPLICATION

组稿编辑：魏晨红
责任编辑：魏晨红
封面设计：

ISBN 978-7-5096-8194-7
9 787509 681947
定价：68.00元
网址：www.E-mp.com.cn
YT25